Spring Boot
从入门到实战

章为忠 编著

机械工业出版社
China Machine Press

图书在版编目（CIP）数据

Spring Boot从入门到实战 / 章为忠编著. – 北京：机械工业出版社，2021.11

ISBN 978-7-111-69402-1

Ⅰ. ①S… Ⅱ. ①章… Ⅲ. ①JAVA语言－程序设计 Ⅳ. ①TP312.8

中国版本图书馆CIP数据核字（2021）第213635号

　　本书针对 Spring Boot 2.x 以上版本，采用"知识点＋实例"的形式，重点讲解 Spring Boot 企业应用开发所涉及的知识点，同时针对某些常见的应用场景提供了完整的解决方案，最后带领读者从零开始构建一个完整的 Spring Boot 项目。

　　本书内容紧扣互联网企业的实际需求，对于 Java 开发人员，尤其是初学 Spring Boot 的人员，以及从传统 Spring 转向 Spring Boot 开发的技术人员具有很高的参考价值。

Spring Boot 从入门到实战

出版发行：机械工业出版社（北京市西城区百万庄大街 22 号　邮政编码：100037）

责任编辑：迟振春　　　　　　　　　　　　　　　　　　　责任校对：王　叶

印　　刷：中国电影出版社印刷厂　　　　　　　　　　　　版　　次：2022 年 1 月第 1 版第 1 次印刷

开　　本：188mm×260mm　1/16　　　　　　　　　　　　印　　张：25.25

书　　号：ISBN 978-7-111-69402-1　　　　　　　　　　　定　　价：109.00 元

客服电话：（010）88361066　　88379833　　68326294　　　　投稿热线：（010）88379604

华章网站：www.hzbook.com　　　　　　　　　　　　　　　读者信箱：hzjsj@hzbook.com

前　言

众所周知，Java 技术的迭代更新非常频繁，而 SSH（Spring、Struts2、Hibernate）、SSM（Spring、SpringMVC、MyBatis）的配置复杂且臃肿，开发者早已苦不堪言，急需优雅且简便的框架来代替，于是 Spring Boot 应运而生。

Spring Boot 是 Spring 技术的集大成者，它带来全新的自动化配置解决方案，因此一经出现就受到了极大的关注和好评，成为 Java 领域的焦点之一。作为 Java 程序员，不了解 Spring Boot，就会跟不上时代的潮流。

Spring Boot 的优点可以概括为以下几个方面：

- 快速构建：使用 Spring Initializr 可以快速创建项目，同时提供了丰富的解决方案，便于快速集成各种解决方案，提升开发效率。
- 简化依赖：提供丰富的 Starters，简化 Maven 配置，避免版本不兼容问题。
- 一键部署：内嵌 Servlet 容器、Tomcat、Jetty，能够直接打包成可执行 JAR 文件独立运行，支持 Jenkins、Docker，轻松实现自动化运维。
- 应用监控：自带 Actuator 监控组件，轻松监控服务的各项状态。使用 Spring Boot Admin 可以轻松部署功能完善的应用监控系统。

本书基于 Spring Boot 2.3.4 完成。相对于 Spring Boot 1.5.X，Spring Boot 2.X 带来了许多新变化和新特性，同时也有一些需要注意的"坑"，这些在本书的相关章节中都有介绍。

本书分为 17 章，主要内容包括：

第 1~3 章为入门篇，带领读者了解 Spring Boot 以及 Spring Boot 基础配置。

第 4~6 章为 Web 开发篇，学习 Spring Boot 对 Web 应用开发的支持、Thymeleaf 模板引擎以及构建 RESTful 服务。

第 7~9 章为数据库技术篇，介绍 JdbcTemplate、MyBatis、JPA 三种流行的数据库持久层框架。

第 10~15 章为整合篇，从实战角度出发，整合目前流行的 Quartz、Redis、RabbitMQ、Elasticsearch、Security、Actuator 等技术框架，使读者熟悉并掌握定时任务、缓存、消息服务、安全、搜索引擎、应用监控等企业应用开发的各个技术点。

第 16~17 章为实战篇，介绍 Spring Boot 应用在 Linux、Docker 等环境下的发布和部署，最后从零开始构建 Spring Boot 项目，通过实际项目整合前面所有的框架和技术。

本书适合有一定 Java Web 基础的开发者阅读，零基础的读者可以先学习 Java SE 和 Java Web 相关基础知识再来阅读本书。当然，读者也可以根据自己的兴趣选择部分章节来学习。

本书资源可以登录机械工业出版社华章公司的网站（www.hzbook.com）下载，方法是搜索到本书，然后在页面上的"资源下载"模块下载即可。如果下载有问题，请发送电子邮件至 booksaga@126.com。本书的读者 QQ 群为 705927832，欢迎读者加群交流。

由于编者水平有限，疏漏之处在所难免，欢迎专家和读者朋友给予批评和指正。

编 者
2021 年 6 月

目　录

第1章

初识 Spring Boot

本章主要介绍 Spring Boot 是什么、Spring Boot 的优点、为什么要学习 Spring Boot，最后介绍 Spring、Spring Boot 和 Spring Cloud 三者之间的关系，让读者对 Spring Boot 有初步的认识。

1.1　Spring Boot 是什么

Spring Boot 是由 Pivotal 团队提供的基于 Spring 的全新框架，旨在简化 Spring 应用的初始搭建和开发过程。该框架使用了特定的方式来进行配置，从而使开发人员不再需要定义样板化的配置。Spring 官网给的定义是：Spring Boot 是所有基于 Spring 开发项目的起点。

Spring Boot 集成了绝大部分目前流行的开发框架，就像 Maven 集成了所有的 JAR 包一样，Spring Boot 集成了几乎所有的框架，使得开发者能快速搭建 Spring 项目。

Spring Boot 的核心设计思想是"约定优于配置"。基于这一设计原则，Spring Boot 极大地简化了项目和框架的配置。比如在使用 Spring 开发 Web 项目时，我们需要配置 web.xml、Spring 和 MyBatis 等，还需要将它们集成在一起。而使用 Spring Boot 一切将变得极其简单，它采用了大量的默认配置来简化这些文件的配置过程，只需引入对应的 Starters（启动器）。

Spring Boot 可以构建一切。设计它就是为了使用最少的配置，以最快的速度来启动和运行 Spring 项目。

1. Spring Boot 的背景

多年来，随着 Spring 的飞速发展，新功能不断增加，Spring 变得越来越复杂。通过访问 Spring 官网就可以看到 Spring 的所有子项目和组件框架，如此多的子项目和组件使得 Spring 逐渐笨重起来，这显然已经无法适应云计算和微服务时代的发展趋势。

于是 Spring Boot 应运而生。Spring Boot 建立在 Spring 基础之上，遵循"约定优于配置"的原则，避免了创建项目或框架时必须做的繁杂配置，帮助开发者以最少的工作量，更加简单、方便地使用现有 Spring 中的所有功能组件。

2. Spring Boot 的特性

Spring Boot 的一系列特性使得微服务架构的落地变得非常容易，对于目前众多的技术栈，Spring Boot 是 Java 领域微服务架构的最优落地技术。图 1-1 所示为 Spring Boot 的一些特性。

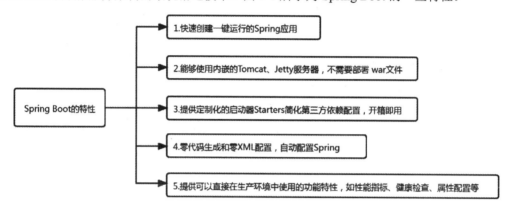

图 1-1　Spring Boot 的特性

3. Spring Boot 的核心组件

Spring Boot 官方提供了很多当前流行的基础功能组件的封装，命名一般以 spring-boot-starter 开头，比如 spring-boot-starter-quartz 定时任务组件和 spring-boot-starter-thymeleaf 页面模板引擎等。另外，由于 Spring Boot 的流行，很多第三方中间件也按照 Spring Boot 的规范提供了针对 Spring Boot 项目的 Starters（启动器），一般以组件名开头，比如 MyBatis 针对 Spring Boot 提供的组件包 mybatis-spring-boot-starter。Spring Boot 的核心组件如图 1-2 所示。

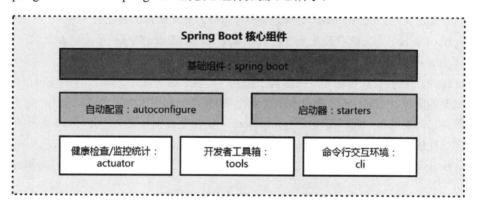

图 1-2　Spring Boot 的核心组件

1.2　Spring Boot 的优点

Spring Boot 继承了 Spring 一贯的优点和特性，同时增加了一些新功能和新特性，这让 Spring Boot

非常容易上手，也让编程变得更加简单。总结起来 Spring Boot 有如下几个优点：

1）遵循"约定优于配置"的原则，使用 Spring Boot 只需要很少的配置或使用默认的配置。

2）使用 JavaConfig，避免使用 XML 的烦琐。

3）提供 Starters（启动器），简化 Maven 配置，避免依赖冲突。

4）提供内嵌 Servlet 容器，可选择内嵌 Tomcat、Jetty 等容器，不需要单独的 Web 服务器。这意味着不再需要启动 Tomcat 或其他任何中间件。

5）提供了一系列项目中常见的非功能特性，如安全监控、应用监控、健康检测等。

6）与云计算、微服务的天然集成。

从软件发展的角度来讲，越简单的开发模式越流行，越有活力，其可以让开发者将精力集中在业务逻辑本身，提高软件开发效率。Spring Boot 就是尽可能地简化应用开发的门槛，让应用开发、测试、部署变得更加简单。

1.3 为什么学习 Spring Boot

最近几年，Spring 生态圈最流行的技术框架莫过于 Spring Boot 和 Spring Cloud。目前，各个企业都在推动微服务技术架构的落地，将一个复杂的应用拆分成多个小的独立模块，分开部署，互不干扰，从而达到松散耦合、提高开发效率和降低运维成本的目的。

Spring Boot 作为微服务框架的基础被越来越多地应用于企业级开发中，它是 Spring Cloud 的基础。要学习 Spring Cloud，就必须了解 Spring Boot 框架的架构和设计理念。

Spring Boot 是 Spring 生态下的一个子项目，用于快速、敏捷地开发新一代基于 Spring 框架的应用程序。同时，它将目前各种比较成熟的服务框架和第二方组件组合起来（如 Redis、MongoDB、JPA、RabbitMQ、Quartz 等），按照"约定优于配置"的设计思想封装成 Starters 组件。这样，我们在 Spring Boot 应用中几乎可以零配置地使用这些组件，达到开箱即用的效果，从而从繁杂的配置中解放出来，更加专注于业务逻辑的开发。

Spring Boot 的优点可以概括为以下几个方面：

- 快速构建：使用 Spring Initializr 可以快速创建项目，同时提供了丰富的解决方案，便于快速集成各种解决方案，提升开发效率。
- 简化依赖：提供丰富的 Starters，简化 Maven 配置，避免版本兼容问题。
- 一键部署：内嵌 Servlet 容器，如 Tomcat、Jetty，能够直接打包成可执行 JAR 文件独立运行，支持 Jenkins、Docker，轻松实现自动化运维。
- 应用监控：自带 Actuator 监控组件，轻松监控服务的各项状态。使用 Spring Boot Admin 可以轻松部署功能完善的应用监控系统。

总的来说，Spring Boot 让构建、编码、配置、部署、监控都变得非常简单。Spring Boot 可以说是近年来 Spring 社区乃至整个 Java 社区非常有影响力的项目之一。

初次学习 Spring Boot 的读者，千万不要把它想得太复杂。Spring Boot 不是新的语言、新的技术，它只是把现有的比较流行的框架集成在一起，遵循"约定优于配置"的原则，开箱即用，使得我们不需要再去关注那些烦琐的配置。有了这个概念之后，就可以带着轻松的心情去学习 Spring Boot。

1.4 什么是"约定优于配置"

我们知道 Spring Boot 的核心设计思想是"约定优于配置"，Spring Boot 提供的所有 Starters 都是遵循这一思想实现的。那么，究竟什么是"约定优于配置"呢？

"约定优于配置"也被称作"按约定编程"，是一种软件设计范式，旨在减少软件开发者需要的配置项，这样既能使软件保持简单而又不失灵活性。

从本质上来说，系统、类库或框架应该约定合理的默认值，开发者仅需规定应用中不符合约定的部分。例如，如果模型中有一个名为 Product 的类，那么数据库中对应的表就会默认命名为 product，只有在偏离这个约定时才需要定义有关这个名字的配置，例如将该表命名为 product_info。

简单来说"约定优于配置"就是遵循约定。如果你所用工具的约定配置符合你的要求，那么就可以省去此配置；不符合，就通过修改相关的配置来达到你所期待的方式。

"约定优于配置"不是新的概念，许多框架使用了"约定优于配置"的设计范式，包括 Maven、Spring、Grails、Grok、Apache Wicket 等。

Spring Boot 是 Spring 对"约定优于配置"的最佳实践产物。小到配置文件、中间件的默认配置，大到内置容器、Spring 生态中的各种 Starters，无不遵循"约定优于配置"的设计思想。正是因为简化的配置和众多的 Starters，才让 Spring Boot 变得简单、易用、容易上手，也正是"约定优于配置"的设计思想的彻底落地，才让 Spring Boot 走向辉煌。

1.5 Spring、Spring Boot 和 Spring Cloud 的关系

随着 Spring、Spring Boot 和 Spring Cloud 的不断发展，越来越多的开发者加入 Spring 的大军中。对于初学者而言，可能不太了解 Spring、Spring Boot 和 Spring Cloud 这些概念以及它们之间的关系，下面我们一起来将一捋它们之间的关系。

Spring 是一个开源生态体系，是集大成者。其核心是控制反转（Inversion of Control，IoC）和面向切面编程（Aspect Oriented Programming，AOP）。正是 IoC 和 AOP 这两个核心功能成就了强大的 Spring，Spring 在这两大核心功能上不断地发展壮大，才有了 Spring MVC 等一系列成熟的产品，最终构建了功能强大的 Spring 生态帝国。

Spring Boot 是在 Spring 的基础上发展而来的，它不是为了取代 Spring，而是为了简化 Spring 应用的创建、运行、调试、部署，让开发者更容易地使用 Spring。它将目前各种比较成熟的服务框架和第三方组件组合起来，按照"约定优于配置"的设计思想进行重新封装，屏蔽掉复杂的配置和实现，最终给开发者提供一套简单、易用、易部署、易维护的分布式系统开发工具包。

Spring Cloud 是基于 Spring Boot 实现的分布式微服务框架，它利用 Spring Boot 简单、易用、便利的特性简化了分布式系统基础设施的开发，如服务发现、服务注册、配置中心、消息总线、负载均衡、断路器、数据监控等基础组件都可以用 Spring Boot 的开发风格做到一键启动和部署。

我们都知道，采用微服务架构，服务的数量会非常多，管理特别麻烦，而 Spring Cloud 就是一套分布式微服务治理框架，可以说是这些微服务的大管家。作为大管家 Spring Cloud 就需要提供各种组件和方案来治理与维护整个微服务系统，比如服务之间的通信、熔断、监控等。Spring Cloud 利用 Spring Boot 的特性集成了开源行业中优秀的组件，在微服务架构中对外提供了一套服务治理的解决方案。

Spring Boot 在 Spring Cloud 中起到了承上启下的作用，如果要学习 Spring Cloud，则必须学习 Spring Boot。三者之间的关系如图 1-3 所示。

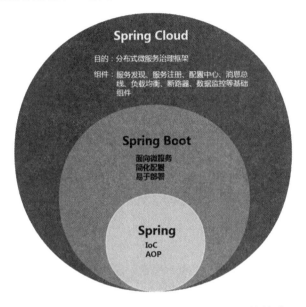

图 1-3　Spring、Spring Boot 和 Spring Cloud 的关系

我们可以这样理解：正是由于 IoC 和 AOP 这两个强大的功能才有了强大的 Spring；Spring 生态不断地发展才有了 Spring Boot；Spring Boot 开发、部署的简化，使得 Spring Cloud 微服务治理方案彻底落地。

1.6　本章小结

本章主要介绍了什么是 Spring Boot、 Spring Boot 的优点和特性、为什么要学习 Spring Boot，最后介绍了 Spring Boot 与 Spring、Spring Cloud 的关系。总的来说，Spring Boot 是一套快速开发框架，在微服务架构的大环境下，一经推出就受到开源社区的关注。而且 Spring Boot 有强大的生态集成能力，提供了众多的 Starters，因而可以非常方便地集成第三方开源软件，达到"开箱即用"的效果。

Spring Boot 整体的设计思想是"约定优于配置"。基于此设计思想，Spring Boot 让开发、测试、部署更加便捷，使用 Spring Boot 开发项目变得更加简单。Spring Boot 和微服务架构都是未来软件开发的趋势，越早参与其中受益越大。

第2章

开始 Spring Boot 之旅

本章主要介绍如何开始 Spring Boot 项目，通过一个简单的 helloworld 程序演示 Spring Boot 的项目结构与启动流程，然后介绍 Spring Boot 是如何进行单元测试的，最后介绍非常实用的功能：配置开发环境热部署。

2.1 第一个 Spring Boot 项目：helloworld

本节从简单的 helloworld 程序开始介绍创建 Spring Boot 项目的方法和流程，以及 Spring Boot 项目结构，最后介绍项目中非常重要的 pom.xml 文件。

2.1.1 创建 Spring Boot 项目

有两种方式来构建 Spring Boot 项目的基础框架：第一种是使用 Spring 官网提供的构建页面，第二种是使用 IntelliJ IDEA 中的 Spring 插件。

1. 使用 Spring 官网提供的构建页面

步骤01 访问 Spring 官网。

步骤02 选择构建工具为 Maven Project，编程语言选择 Java，Spring Boot 版本为 2.3.7，填写项目基本信息，具体如图 2-1 所示。

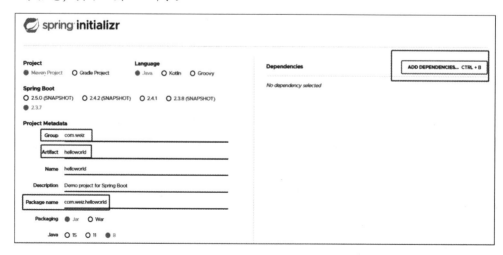

图 2-1　Spring 官网提供的构建页面

步骤 **03** 单击 Generate 创建并下载项目压缩包。

步骤 **04** 解压后，使用 IDEA 引入项目，选择 File→Open File or Project，选择解压后的文件夹，单击 OK 按钮，项目即可创建完成。

2. 使用 IDEA 构建

步骤 **01** 选择 File→New→Project 命令，弹出新建项目的对话框。

步骤 **02** 选择 Spring Initializr，单击 Next 按钮出现配置界面，IDEA 已经帮助做了集成。如图 2-2 所示，IDEA 界面中的 Group、Artifact 等输入框就对应着项目的 pom.xml 中的 groupId、artifactId 等配置项。

- Group：一般输入公司域名，比如百度公司就会输入 com.baidu，本次演示输入 com.weiz。
- Artifact：可以理解为项目的名称，用户根据实际情况来输入，本次演示输入 helloworld。
- Dependencies：添加项目所依赖的 Spring Boot 组件，可以多选。

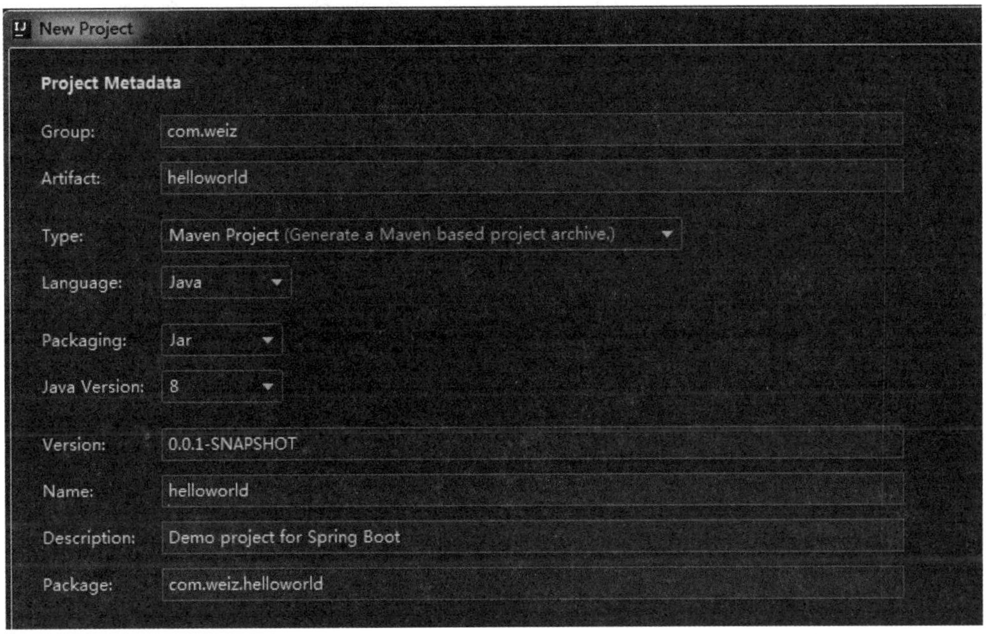

图 2-2　IDEA 构建项目页面

填完相关的信息之后，直接单击 NEXT 按钮来创建项目。

2.1.2　项目结构

基本上所有 Java 项目的结构都大同小异，Spring Boot 项目的结构和其他 Java 项目的结构类似。但是，还是有必要从头讲一讲 Spring Boot 项目的结构，只有掌握了项目的基本结构，后面开发起来才会更加得心应手。

前面的第一个 Spring Boot 项目 helloworld 创建成功之后，接下来用 IDEA 打开，我们来看看该项目的目录结构，如图 2-3 所示。

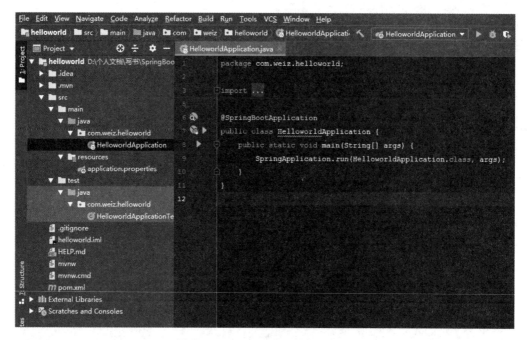

图 2-3 helloworld 项目的目录结构

Spring Boot 的基础结构共有 3 个主要目录，具体如下：

- src/main/java: 程序开发以及主程序目录。
- src/main/resources: 配置文件和资源文件目录。
- src/test/java: 测试程序目录。

从上面我们可以了解到，新建的 helloworld 项目只有 java、resources、test 三个基础结构目录。通常，完整的项目包括前台页面、model 实体、数据库访问、公共基础类等非常多的文件和目录，Spring Boot 建议的目录结构如下：

```
myproject
    +-src
        +- main
            +- java
                +- com.example.myproject
                    +- comm
                    +- model
                    +- repository
                    +- service
                    +- web
                    +- Application.java
            +- resources
                +- static
                +- templates
                +- application.properties
            +- test
    +-pom.xml
```

如上所示，其实就是把 java、resources、test 三大基础目录进行细化，定义每个子目录存放的文件和作用。

1）java 目录下的 com.example.myproject 为后台 java 文件的根目录，包括：

- Application.java：建议放到根目录下，是项目的启动类，注意 Spring Boot 项目只能有一个 main()方法入口。
- comm：建议放置公共的类，如全局的配置文件、工具类等。
- model：主要用于实体（Entity）。
- repository：主要是数据库访问层代码。
- service：主要是业务类代码。
- web：负责前台页面访问的 Controller 路由。

2）resources 目录下包括：

- static：存放 Web 访问的静态资源，如 JS、CSS、图片等。
- templates：存放页面模板。
- application.properties：存放项目的配置信息。

3）test 目录存放单元测试的代码，目录结构和 java 目录保持一致。

4）pom.xml 用于配置项目依赖包以及其他配置。

采用 Spring Boot 推荐的默认配置可以省掉很多设置。当然，也可以根据技术规范进行调整。
至此，我们的第一个 Spring Boot 项目就创建完成了。

2.1.3　pom.xml 详解

Spring Boot 项目根目录下的 pom.xml 文件是 Maven 项目中非常重要的配置文件。Gradle 项目的配置文件是 build.gradle，主要描述项目包的依赖和项目构建时的配置。pom.xml 配置文件主要分为四部分，下面就来一一介绍 pom.xml 文件的各个组成部分以及它们的作用。

1. 项目的描述信息

```
<groupId>com.wei</groupId>
<artifactId>hello</artifactId>
<version>2.0.5.RELEASE</version>
<packaging>jar</packaging>
<name>hello</name>
<description>Demo project for Spring Boot</description>
```

上面的配置内容基本是创建项目时定义的有关项目的基本描述信息，其中比较重要的是 groupId、artifactId。各个属性说明如下：

- groupId：项目的包路径。
- artifactId：项目名称。
- version：项目版本号。
- packaging：一般有 jar、war 两个值，表示使用 Maven 打包时是构建成 JAR 包还是

WAR 包。

- name: 项目名称。
- description: 项目描述。

2. 项目的依赖配置信息

此部分为项目的依赖信息，主要包括 Spring Boot 的版本信息和第三方组件的版本信息。示例代码如下：

```
<parent>
    <groupId>org.springframework.boot</groupId>
    <artifactId>spring-boot-starter-parent</artifactId>
    <version>2.0.5.RELEASE</version>
    <relativePath/> <!-- lookup parent from repository -->
</parent>
<dependencies>
    <dependency>
        <groupId>org.springframework.boot</groupId>
        <artifactId>spring-boot-starter-web</artifactId>
    </dependency>
    <dependency>
        <groupId>org.springframework.boot</groupId>
        <artifactId>spring-boot-devtools</artifactId>
        <scope>runtime</scope>
    </dependency>
    <dependency>
        <groupId>org.springframework.boot</groupId>
        <artifactId>spring-boot-starter-test</artifactId>
        <scope>test</scope>
    </dependency>
</dependencies>
```

项目的依赖信息主要分为 parent 和 dependencies 两部分。

- parent: 配置父级项目的信息。Maven 支持项目的父子结构，引入后会默认继承父级的配置。此项目中引入 spring-boot-starter-parent 定义 Spring Boot 的基础版本。
- dependencies: 配置项目所需要的依赖包，Spring Boot 体系内的依赖组件不需要填写具体版本号，spring-boot-starter-parent 维护了体系内所有依赖包的版本信息。

另外，<dependency>标签是 Maven 项目定义依赖库的重要标签，通过 groupId、artifactId 等 "坐标" 信息定义依赖库的路径信息。

3. 构建时需要的公共变量

```
<properties>
    <project.build.sourceEncoding>UTF-8</project.build.sourceEncoding>
    <project.reporting.outputEncoding>UTF-8</project.reporting.outputEncoding>
    <java.version>1.8</java.version>
</properties>
```

上面配置了项目构建时所使用的编码、输出所使用的编码，最后指定了项目使用的 JDK 版本。

4．构建配置

此部分为构建配置信息，这里使用 Maven 构建 Spring Boot 项目，所以必须在<plugins>中添加 spring-boot-maven-plugin 插件，它能够以 Maven 的方式为应用提供 Spring Boot 的支持。

```
<build>
    <plugins>
        <plugin>
            <groupId>org.springframework.boot</groupId>
            <artifactId>spring-boot-maven-plugin</artifactId>
        </plugin>
    </plugins>
</build>
```

上面配置 spring-boot-maven-plugin 构建插件，将 Spring Boot 应用打包为可执行的 JAR 或 WAR 文件，然后以简单的方式运行 Spring Boot 应用。如果需要更改为 Docker 构建方式，则只要更改此部分即可。

2.1.4　第一个 helloworld 程序

熟悉 Spring Boot 的项目目录结构以及项目中非常重要的文件 pom.xml 之后，接下来通过第一个 helloworld 示例程序演示 Spring Boot 项目究竟是如何运行的。

步骤 01 在目录 src\main\java\com\weiz\helloworld\controller 下创建 HelloController，然后添加/hello 的路由地址和方法，示例代码如下：

```
@RestController
public class HelloController {
    @RequestMapping("/hello")
    public String hello() {
        return "Hello @ Spring Boot!!! ";
    }
}
```

在上面的示例中，我们创建了 HelloController 并创建了一个 hello()方法，最后使用 @RestController 和@RequestMapping 注解实现 HTTP 路由。

1）@RestController 表示 HelloController 为数据处理控制器。Spring Boot 中有 Controller 和 RestController 两种控制器，都用来表示 Spring 中某个类是否可以接收 HTTP 请求，但不同的是：

● @Controller：返回数据和页面，处理 HTTP 请求。
● @RestController：返回客户端数据请求，主要用于 RESTful 接口。

可以说@RestController 是@Controller 与@ResponseBody 的结合体，因而具有两个标注合并起来的作用。

2）@RequestMapping("/hello")提供路由映射，意思是"/hello"路径的 HTTP 请求都会被映射到 hello()方法上进行处理。

步骤 02 运行 helloworld 程序。

右击项目中的 HelloApplication→run 命令就可以启动项目，若出现如图 2-4 所示的内容则表示启动成功。

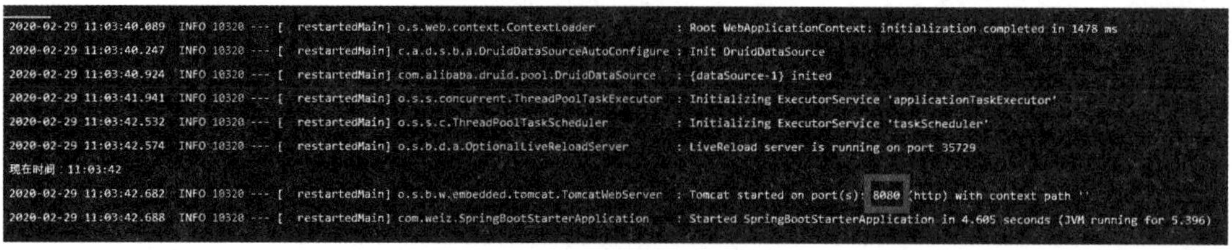

图 2-4　helloworld 项目启动日志

通过系统的启动日志可以看到，系统运行在 8080 端口。如果需要切换到其他端口，可在 application.properties 配置文件中自行定义。

步骤 03 打开浏览器，访问 http://localhost:8080/hello 地址，查看页面返回的结果，如图 2-5 所示。

Hello @ Spring Boot!!!

图 2-5　helloworld 数据返回结果

访问/hello 地址后，后台成功接收到页面请求并返回"Hello @ Spring Boot!!!"，说明我们的第一个 Spring Boot 项目运行成功。

2.2　单元测试

单元测试在日常项目开发中必不可少，Spring Boot 提供了完善的单元测试框架和工具用于测试开发的应用。接下来介绍 Spring Boot 为单元测试提供了哪些支持，以及如何在 Spring Boot 项目中进行单元测试。

2.2.1　Spring Boot 集成单元测试

单元测试主要用于测试单个代码组件，以确保代码按预期方式工作。目前流行的有 JUnit 或 TestNG 等测试框架。Spring Boot 封装了单元测试组件 spring-boot-starter-test。下面通过示例演示 Spring Boot 是如何实现单元测试的。

1. 引入依赖

首先创建 Spring Boot 项目。在项目中引入 spring-boot-starter-test 组件，示例配置如下：

```
<dependency>
    <groupId>org.springframework.boot</groupId>
    <artifactId>spring-boot-starter-test</artifactId>
    <scope>test</scope>
</dependency>
```

2. 创建单元测试

在 src/test 目录下新建一个 HelloTest 测试类，如果只想输出一句"Hello Spring Boot Test"，只需要用一个@Test 注解即可。示例代码如下：

```
@SpringBootTest
public class HelloTest {
    @Test
    public void hello(){
        System.out.println("Hello Spring Boot Test");
    }
}
```

在类的上面添加@SpringBootTest 注解，系统会自动把这段程序加载到 Spring Boot 容器。@Test 注解表示该方法为单元测试方法。

3. 运行单元测试

单击 Run Test 或在方法上右击，再选择"Run 'hello'"，运行测试方法，运行结果如图 2-6 所示。

图 2-6   单元测试的运行结果

由图 2-6 可知，单元测试方法运行成功并输出相应的结果，同时 IDEA 也会显示运行的所有单元测试结果，包括测试是否通过、运行时间、测试总数和成功次数等。

以上示例中的测试方法只是 spring-boot-starter-test 组件中的一部分功能，Spring Boot 自带的 spring-boot-starter-test 框架对测试的支持非常完善，包括 Web 请求测试、Service 方法测试等，后面会逐一介绍。

2.2.2   测试 Service 方法

一般使用 Spring Boot 进行单元测试主要是针对 Service 和 API（Controller）进行。接下来通过示例演示 Spring Boot 如何测试 Service 方法。

1. 创建 Service 测试类

创建 Service 测试类非常简单，使用 IDEA 可以一键自动创建单元测试类。首先，选择需要测试的 Service 类或方法，然后在对应的 Service 类中右击，选择 Go To→Test→Create New Test，打开如图 2-7 所示的创建测试类界面。

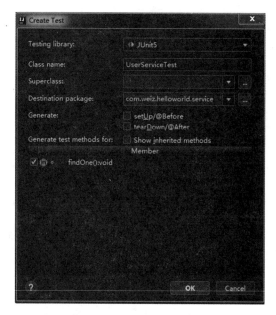

图 2-7　IDEA 创建测试类界面

单击 OK 按钮，IDEA 会在 Test 目录下创建一个 UserServiceTest 测试类，并为勾选的测试类自动生成单元测试的方法。

2. 实现单元测试

在上面创建好的 UserServiceTest 类中会自动创建对应的单元测试方法，我们只需要在测试方法中实现对应的测试代码即可，具体的示例代码如下：

```
@SpringBootTest
public class UserServiceTest {
    @Autowired
    private UserService userService;

    @Test
    public void findOne() throws Exception {
        Assert.assertEquals("1002", userService.findOne());
    }
}
```

如以上示例代码所示，在自动测试类上增加@SpringBootTest 注解即可。首先注入需要测试的 Service，然后在单元测试中调用该方法，最后通过 Assert 断句判断返回结果是否正确。

执行单元测试也非常简单，只需将鼠标放在对应的方法上，右击并选择 Run 执行该方法即可。

2.2.3　测试 Controller 接口方法

上面是针对 Service 进行测试，但是有时需要对 API（Controller）进行测试，这时需要用到 MockMvc 类。MockMvc 能够模拟 HTTP 请求，使用网络的形式请求 Controller 中的方法，这样可以使得测试速度快、不依赖网络环境，而且它提供了一套完善的结果验证工具，测试和验证也非常简单、高效。

spring-boot-starter-test 具备强大的 Mock 能力，使用@WebMvcTest 等注解实现模拟 HTTP 请求测试。下面通过示例演示如何测试 Controller 接口。

步骤 01 创建 Controller 的测试类 HelloControllerTest，实现单元测试方法。示例代码如下：

```java
@RunWith(SpringRunner.class)
@WebMvcTest(HelloController.class)
class HelloControllerTest {

    @Autowired
    private MockMvc mockMvc;

    @Test
    public void hello() throws Exception {
        mockMvc.perform(MockMvcRequestBuilders.post("/hello")    //执行一个请求
                .contentType(MediaType.APPLICATION_JSON))        //接收的数据类型
                .andExpect(status().isOk())   //添加执行完成后的断句，请求的状态响应码
//是否为200，如果不是则测试不通过
                .andDo(print()); //添加一个结果处理程序，表示要对结果进行处理，比如此处
//使用 print()输出整个响应结果信息
    }
}
```

在上面的示例中，通过使用 MockMvc 构造一个 post 请求，MockMvcRequestBuilders 可以支持 post 和 get 请求，调用 print()方法将请求和相应的过程都打印出来。示例代码说明如下：

- MockMvcRequestBuilders.post("/hello")：构造一个 post 请求。
- contentType (MediaType.APPLICATION_JSON))：设置 JSON 返回编码，避免出现中文乱码的问题。
- andExpect(status().isOk())：执行完成后的断句，请求的状态响应码是否为 200，如果不是则测试不通过。
- andDo(print())：添加一个结果处理程序，表示要对结果进行处理，比如此处调用 print()输出整个响应结果信息。

步骤 02 执行单元测试。

完成测试方法之后，执行测试方法：将鼠标放在对应的方法上，右击并选择 Run 执行该方法即可。可以看到输出如下：

```
MockHttpServletRequest:
      HTTP Method = POST
      Request URI = /hello
       Parameters = {}
          Headers = [Content-Type:"application/json;charset=UTF-8"]
             Body = null
    Session Attrs = {}

Handler:
             Type = com.weiz.helloworld.web.HelloController
           Method = com.weiz.helloworld.web.HelloController#hello()

Async:
```

```
        Async started = false
        Async result = null

    Resolved Exception:
              Type = null

    ModelAndView:
          View name = null
               View = null
              Model = null

    FlashMap:
         Attributes = null

    MockHttpServletResponse:
               Status = 200
        Error message = null
              Headers = [Content-Type:"text/plain;charset=UTF-8",
Content-Length:"17"]
          Content type = text/plain;charset=UTF-8
                 Body = hello Spring Boot
        Forwarded URL = null
       Redirected URL = null
              Cookies = []
```

从上面的输出中可以看到,返回完整的 Http Response,包括 Status=200、Body = hello Spring Boot,说明接口请求成功并成功返回。

如果接口有登录验证,则需要通过 MockHttpSession 注入用户登录信息,或者修改登录拦截器取消对单元测试的登录验证。

2.2.4 常用的单元测试注解

在实际项目中,除了@SpringBootTest、@Test 等注解之外,单元测试还有很多非常实用的注解,具体说明如表 2-1 所示。

表 2-1 单元测试类常用注解

注 解	说 明
@RunWith(SpringRunner.class)	声明测试运行在 Spring 环境。SpringRunner 是 SpringJUnit4ClassRunner 的新名字,这样做仅仅是为了让名字看起来更简单一点
@SpringBootTest	用于 Spring Boot 应用测试,它默认会根据包名逐级往上找,一直找到 Spring Boot 主程序,通过类注解是否包含@SpringBootApplication 来判断是否为主程序,并在测试时启动该类来创建 Spring 上下文环境
@BeforeClass	针对所有测试,只执行一次,并且必须为 static void
@BeforeEach	初始化方法,在当前测试类的每个测试方法前执行
@Test	测试方法,在这里可以测试期望异常和超时时间
@AfterEach	释放资源,在当前测试类的每个测试方法后执行
@AfterClass	针对所有测试,只执行一次,且必须为 static void
@Ignore	忽略的测试方法

2.3　开发环境热部署

本节介绍 Spring Boot 非常实用的功能：开发环境热部署。在实际的项目开发调试过程中会频繁地修改后台类文件，导致需要重新编译、重新启动，整个过程非常麻烦，影响开发效率。下面介绍 Spring Boot 如何解决这个问题。

2.3.1　devtools 实现原理

我们在开发调试 Spring Boot 项目时，需要经历重新编译、重新启动程序的过程。由于系统启动时，需要加载一系列的组件和依赖包，因此整个过程非常耗时，大大影响开发效率。

Spring Boot 在这方面做了很好的支持，提供了 spring-boot-devtools 组件，使得无须手动重启 Spring Boot 应用即可重新编译、启动项目，大大缩短编译、启动的时间，从而提高开发效率。

spring-boot-devtools 的核心是两个类加载器（ClassLoader）：一个是 Base 类加载器（Base ClassLoader），负责加载那些不会改变的类，如第三方 JAR 包等；另一个是 Restart 类加载器（Restart ClassLoader），负责加载那些正在开发的会改变的类。这样如果只修改 Java 代码，devtools 只会重新加载被修改的类文件，不会重新加载其他第三方的 JAR 包，所以重启较快，从而达到热部署的效果。

我们在项目中引入 devtools 组件之后，devtools 会监听 classpath 下的文件变动，当文件被修改时会重新编译，重新生成类文件；devtools 监听到类文件变动，触发 Restart 类加载器重新加载该类，从而实现类文件和属性文件的热部署。

需要注意的是，并不是所有的更改都需要重启应用（如静态资源、视图模板）。我们可以通过设置 spring.devtools.restart.exclude 属性来指定一些文件或目录的修改不用重启应用。例如，可以设置/static 和/public 下的所有文件更新都不触发应用重启。

2.3.2　配置开发环境热部署

步骤 01 在 pom.xml 配置文件中添加 dev-tools 依赖。

```
<dependency>
    <groupId>org.springframework.boot</groupId>
    <artifactId>spring-boot-devtools</artifactId>
    <!- optional 依赖是否传递，设置为 true 时，表示依赖不会传递 -->
    <optional>true</optional>
</dependency>
```

在上面的示例中，使用 optional=true 表示依赖不会传递，即该项目依赖 devtools；其他项目如果引入此项目生成的 JAR 包，则不会包含 devtools，如果想要使用 devtools，则需要重新引入。

步骤 02 在 application.properties 中配置 devtools。

```
# 热部署生效
spring.devtools.restart.enabled=true
# 设置重启的目录
spring.devtools.restart.additional-paths=src/main/java
# classpath 目录下的 WEB-INF 文件夹内容修改不重启
```

```
spring.devtools.restart.exclude=WEB-INF/**
```

上面的配置主要是打开 devtools 热部署，然后指定监控的后台文件目录，最后指明文件变更不需要重新编译部署的目录。配置完成之后，devtools 会监听 classpath 下的文件变动，并且会立即重启应用。

需要注意的是，devtools 也可以实现前台页面热部署，即页面修改后会立即生效，需要在 application.properties 文件中配置 spring.thymeleaf.cache=false，以指定不缓存前端页面。

步骤 03 验证配置是否生效。

配置完成后，需要验证热部署是否生效。首先启动项目，修改项目中的某个 java 文件，然后在 IDEA 后台可以看到 devtools 自动重启应用，后台日志输出如图 2-8 所示。

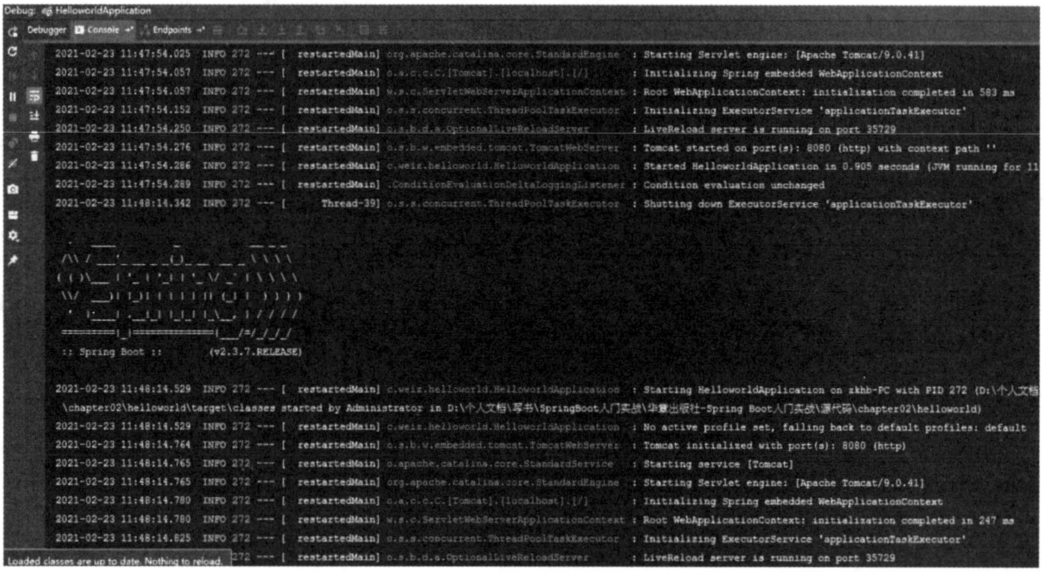

图 2-8　devtools 项目重启日志

我们手动修改 java 后台代码就会发现 Spring Boot 已经重新编译该文件，然后自动重新加载，无须手动重启。

2.4　本章小结

本章介绍了如何从零开始创建 Spring Boot 项目并完成项目所需的基础环境搭建，介绍了 Spring Boot 项目的目录结构、pom 文件，最后介绍了 Spring Boot 如何进行单元测试以及如何配置 Spring Boot 开发环境热部署的功能。使用 Spring Boot 可以非常方便、快速地搭建项目，而不用关心框架之间的兼容性、组件版本差异化等问题。在项目中使用组件时，仅仅添加一个配置即可，所以 Spring Boot 非常适合构建微服务。

通过本章的学习，读者应该能熟练创建并配置 Spring Boot 项目，能够使用自己搭建的 Spring Boot 项目环境创建简单的应用并运行。

2.5　本章练习

1）使用 IDEA 手动创建一个 Spring Boot 项目，创建一个控制器，并使用@Controller 和 @RestController 注解实现相应的方法。

2）创建一个单元测试类，熟悉单元测试方法的创建、运行和测试。

第 3 章

Spring Boot 的系统配置

我们知道 Spring Boot 遵循"约定优于配置"的原则，绝大部分配置项都约定了默认值， Spring Boot 甚至可以做到无须任何手动配置就能启动成功，这大大降低了系统配置的复杂程度。当然，Spring Boot 也支持自定义修改系统配置，比如系统端口、启动图案、数据库连接等配置。下面介绍 Spring Boot 在实际项目中使用到的系统配置、如何自定义配置。

3.1 系统配置文件

本节讲述 Spring Boot 的系统配置文件，包括 application.properties 和 application.yml 配置文件的使用以及 YML 和 Properties 配置文件有什么区别，最后介绍如何更改 Spring Boot 的启动图案。

3.1.1 application.properties

Spring Boot 支持两种不同格式的配置文件：一种是 Properties，另一种是 YML。Spring Boot 默认使用 application.properties 作为系统配置文件，项目创建成功后会默认在 resources 目录下生成 application.properties 文件。该文件包含 Spring Boot 项目的全局配置。我们可以在 application.properties 文件中配置 Spring Boot 支持的所有配置项，比如端口号、数据库连接、日志、启动图案等。接下来将介绍在 Spring Boot 项目开发过程中与配置相关的一些知识。

1. 基本语法

Spring Boot 项目创建成功后会默认 resources 目录下会自动创建 application.properties 文件。使用也非常简单，配置格式如下：

```
# 服务器端口配置
server.port=8081
```

在上面的示例中配置了应用的启动端口。如果不配置此项，则默认使用 8080 端口；如果需要使用其他端口，则通过 server.port=8081 修改系统启动端口。

此外，Properties 文件中的配置项可以是无序的，但是为了保证配置文件清晰易读，建议把相关的配置项放在一起，比如：

```
# thymeleaf 模板
spring.thymeleaf.prefix=classpath:/templates/
spring.thymeleaf.suffix=.html
spring.thymeleaf.mode=HTML
spring.thymeleaf.encoding=UTF-8
spring.thymeleaf.servlet.content-type=text/html
```

以上示例将 thymeleaf 模板相关的配置放在一起，这样看起来清晰明了，从而便于快速找到 thymeleaf 的所有配置。

2. 配置文件加载顺序

Spring Boot 项目的配置文件默认存放在 resources 目录中。实际上，Spring Boot 系统启动时会读取 4 个不同路径下的配置文件：

1）项目根目录下的 config 目录。

2）项目根目录。

3）classpath 下的 config 目录。

4）classpath 目录。

Spring Boot 会从这 4 个位置全部加载主配置文件，这 4 个位置中的 application.properties 文件的优先级按照上面列出的顺序依次降低。如果同一个属性都出现在这 4 个文件中，则以优先级高的文件为准。

3. 修改默认配置文件名

可能有人会问，项目的配置文件必须命名为 application.properties 吗？当然不是，我们可以通过修改项目启动类，调用 SpringApplicationBuilder 类的 properties()方法来实现自定义配置文件名称。示例代码如下：

```
new SpringApplicationBuilder(ApplicationDemo.class)
        .properties("spring.config.location=classpath:/
application.propertie").run(args);
```

在上面的示例中，Spring Boot 项目启动加载时默认读取更改名称的配置文件，即可修改默认加载的 application.yml 文件名。

3.1.2　application.yml

application.yml 是以 yml 为后缀，使用 YAML（YAML Ain't a Markup Language）的配置文件。与 XML 等标记语言相比，YMAL 结构更清晰易读，更适合用作属性配置文件。

1. 基本语法

YML 基本语法为 key:（空格）value 的键值对形式，冒号后面必须加上空格。通过空格的缩进来控制属性的层级关系，只要是左对齐的一列数据，都是同一个层级的。具体格式如下：

```
# 日志配置
logging:
  level:
    root: warn
  file:
    max-history: 30
    max-size: 10MB
    path: /var/log
```

在上面的示例中，自定义配置了系统的日志级别、文件路径等属性。可以看到 logging 下包含 level 和 file 两个子配置项。

YML 文件虽然格式简洁直观，但是对格式要求较高，使用 YML 配置文件时需要注意以下几点：

1）属性值和冒号中间必须有空格，如 name: Weiz 正确，使用 name:Weiz 就会报错。

2）需要注意各属性之间的缩进和对齐。

3）缩进不允许使用 tab，只允许空格。

4）属性和值区分字母大小写。

2. 数据类型

YML 文件以数据为中心，支持数组、JSON 对象、Map 等多种数据格式，因此更适合用作配置文件。

（1）普通的值（数字、字符串、布尔值）

普通的数据通过 k: v 的键值对形式直接编写，普通的值类型或字符串默认不用加上单引号或者双引号。

当然，也可以使用双引号（""）来转义字符串中的特殊字符，特殊字符转义后就表示它自身的意思，例如：

```
name: "zhangsan \n lisi"
```

上面的示例会输出：

```
zhangsan
lisi
```

使用单引号（''）不会转义特殊字符，所有字符都按照普通字符处理，作为字符串数据，例如：

```
name: 'zhangsan \n lisi'
```

上面的示例会输出：zhangsan \n lisi。"\n" 字符作为普通的字符串，而不转义为换行。

（2）对象、Map（属性和值）

对象同样是以 k: v 的键值对方式展现的，只是对象的各个属性和值的关系通过换行和缩进方式来编写。示例代码如下：

```
person:
    lastName: zhangsan
    age: 20
```

如果使用行内写法，可以将对象的属性和值写成 JSON 格式，具体写法如下：

```
person: {lastName: zhangsan,age: 20}
```

（3）数组（List、Set）

数组是以- value 的形式表示数组中的元素的，具体写法如下：

```
persons:
 - zhangsan
 - lisi
 - wangwu
```

还可以采用行内写法，数组使用中括号的形式，具体写法如下：

```
persons: [zhangsan, lisi, wangwu]
```

我们可以看到，YML 文件除了支持基本的数据类型之外，还支持对象、Map、JSON、数组等格式，这样可以在配置文件中直接定义想要的数据类型，无须额外转换。这也是程序员喜欢用 application.yml 的原因之一。

3.1.3　Properties 与 YML 配置文件的区别

Spring Boot 中的配置文件有 Properties 或者 YML 两种格式。一般情况下，两者可以随意使用，我们可以根据自己的使用习惯选择适合的配置文件格式。这两者完全一样吗？肯定不是，YML 和 Properties 配置文件的区别如下：

1）YML 文件以数据为中心，对于数据的支持和展现非常友好。

2）Properties 文件对格式的要求没那么严格，而 YML 文件以空格的缩进来控制层级关系，对格式的要求比较高，缩进格式不对时容易出错。

3）Properties 文件支持@PropertySource 注解，而 YML 文件不支持。

4）YML 文件支持多文档块的使用方式，使用起来非常灵活。

5）Properties 配置的优先级高于 YML 文件。因为 YML 文件的加载顺序先于 Properties 文件，如果两个文件存在相同的配置，后面加载的 Properties 中的配置会覆盖前面 YML 中的配置。

3.1.4　实战：自定义系统的启动图案

我们知道 Spring Boot 程序启动时，控制台会输出由一串字符组成的 Spring 符号的启动图案（Banner）以及版本信息（见图 3-1）。

图 3-1　Spring Boot 程序默认的后台启动画面

Spring Boot 自带的启动图案是否可以自定义呢？答案是肯定的。下面通过示例来演示如何自定义 Spring Boot 的启动图案。

步骤01 在项目的 resources 目录下新建 banner.txt，示例代码如下：

```
${AnsiColor.BRIGHT_YELLOW}
##      ## ###### ##        ##           #######
##      ## ##      ##        ##          ##     ##
##      ## ##      ##        ##          ##     ##
######## ######  ##        ##          ##     ##
##      ## ##      ##        ##          ##     ##
##      ## ##      ##        ##          ##     ##
##      ## ###### #######  #######  #######
${AnsiColor.BRIGHT_RED}
Application Name: ${application.title}
Application Version: ${application.formatted-version}
Spring Boot Version: ${spring-boot.formatted-version}
```

在上面的配置中，通过$\{\}$获取 application.properties 配置文件中的相关配置信息，如 Spring Boot 版本、应用的版本、应用名称等信息。

- ${AnsiColor.BRIGHT_RED}：设置控制台中输出内容的颜色，可以自定义，具体参考 org.springframework.boot.ansi.AnsiColor。
- ${application.version}：用来获取 MANIFEST.MF 文件中的版本号，这就是在 Application.java 中指定 SpringVersion.class 的原因。
- ${application.formatted-version}：格式化后的{application.version}版本信息。
- ${spring-boot.version}：Spring Boot 的版本号。
- ${spring-boot.formatted-version}：格式化后的{spring-boot.version}版本信息。

步骤02 在 application.properties 中配置 banner.txt 的路径等信息。

```
# 指定 Banner 配置文件的位置
spring.banner.location=/banner.txt
# 是否显示横幅图案
# 可选值有 3 个，一般不需要修改
# console:显示在控制台
# log:显示在文件
# off:不显示
# spring.main.banner-mode=console
application.version=1.0.0.0
application.formatted-version=v1.0.0.0
spring-boot.version=2.1.2.RELEASE
spring-boot.formatted-version=v2.1.2.RELEASE
application.title=My App
```

在上面的配置中，在 application 中设置 banner.txt 文件的路径、应用的版本、Spring Boot 的版本等信息。

步骤03 启动项目，查看修改之后的启动横幅图案是否生效，如图 3-2 所示。

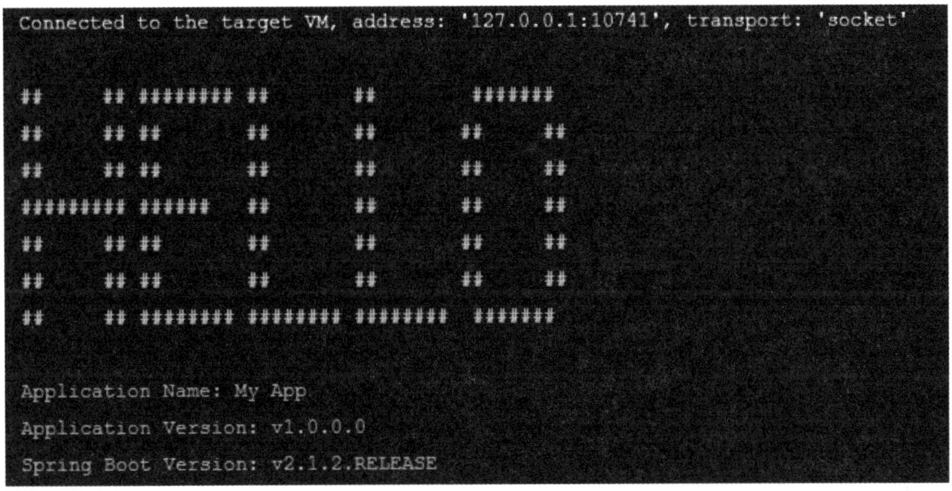

图 3-2 Spring Boot 程序默认的后台启动画面

通过系统输出的启动日志可以看到，系统的启动图案已经变成我们自定义的样子，也就是 Spring Boot 的默认启动图案已经更改成自定义的启动图案。

Spring Boot 也支持使用 GIF、JPG 和 PNG 格式的图片文件来定义横幅图案。当然，并不会把图片直接输出在控制台上，而是将图片中的像素解析并转换成 ASCII 编码字符之后再输出到控制台上。

3.2 自定义配置项

本节将介绍 Spring Boot 实现自定义配置项（也称为配置属性）。在项目开发的过程中，经常需要自定义系统业务方面的配置文件及配置项，Spring Boot 如何实现自定义属性配置呢？其实非常简单，Spring Boot 提供了 @Value 注解、@ConfigurationProperties 注解和 Environment 接口等 3 种方式自定义配置项。

3.2.1 @Value

在实际项目中，经常需要在配置文件中定义一些简单的配置项，Spring Boot 提供@Value 注解来设置简单的配置项，默认读取 application.properties 文件中的配置属性。下面通过示例来演示使用 @Value 注解添加自定义配置项。

首先，在 application.properties 配置文件中添加自定义配置项：

```
com.weiz.costum.firstname=Zhang
com.weiz.costum.secondname=Weiz
```

在上面的示例中，我们添加了 firstname 和 secondname 两个自定义配置项。

然后，在使用的位置调用@Value 注解来获取配置项的值：

```
@Value("${com.weiz.costum.firstname}")
private String firstName;
```

```
@Value("${com.weiz.costum.secondname}")
private String secondName;
```

在上面的示例中，通过@Value 注解获取了配置文件中对应的配置项的值。

需要注意的是：

1）使用@Value 注解时，所在类必须被 Spring 容器管理，也就是使用@Component、@Controller、@Service 等注解定义的类。

2）@Value 需要传入完整的配置项的 Key 值。

3）@Value 注解默认读取 application.properties 配置文件，如果需要使用其他的配置文件，可以通过@PropertySource 注解指定对应的配置文件。

3.2.2　Environment

Environment 是 Spring 为运行环境提供的高度抽象的接口，它会自动获取系统加载的全部配置项，包括命令行参数，系统属性，系统环境，随机数，配置文件等。使用时无须其他的额外配置，只要在使用的类中注入 Environment 即可。下面通过示例演示 Environment 读取系统自定义的配置项。

首先，在 application.properties 配置文件中增加如下的配置项：

```
com.weiz.costum.firstname=Zhang
com.weiz.costum.secondname=Weiz
```

在上面的示例中，我们在 application.properties 中配置了 firstname 和 secondname 两个自定义配置项。Environment 读取的是系统中所有的配置。我们既可以在 application.properties 中设置自定义的配置项，又可以在自定义配置文件中添加配置项。

然后，创建单元测试方法，并注入 Environment 读取系统配置。示例代码如下：

```
@Autowired
private Environment env;

@Test
void getEnv() {
    System.out.println(env.getProperty("com.weiz.costum.firstname"));
    System.out.println(env.getProperty("com.weiz.costum.secondname"));
}
```

上面就是 Environment 使用的示例代码，非常简单。不过，使用 Environment 时还需要注意以下两点：

1）使用 Environment 无须指定配置文件，其获取的是系统加载的全部配置文件中的配置项。

2）需要注意配置文件的编码格式，默认为 ISO8859-1。

3.2.3　@ConfigurationProperties

在实际项目开发中，需要注入的配置项非常多时，前面所讲的@value 和 Environment 两种方法就会比较烦琐。这时可以使用注解@ConfigurationProperties 将配置项和实体 Bean 关联起来，实现配置项和实体类字段的关联，读取配置文件数据。下面通过示例演示@ConfigurationProperties 注解如何读取配置文件。

1. 创建自定义配置文件

在 resources 下创建自定义的 website.properties 配置文件，示例代码如下：

```
com.weiz.resource.name=weiz
com.weiz.resource.website=www.weiz.com
com.weiz.resource.language=java
```

在上面的示例中，创建了自定义的 website.properties 配置文件。增加了 name、website、language 等三个配置项，这些配置项的名称的前缀都是 com.weiz.resource。

2. 创建实体类

创建 WebSiteProperties 自定义配置对象类，然后使用@ConfigurationProperties 注解将配置文件中的配置项注入到自定义配置对象类中，示例代码如下：

```
@Configuration
@ConfigurationProperties(prefix = "com.weiz.resource")
@PropertySource(value = "classpath:website.properties")
public class WebSiteProperties {
    private String name;
    private String website;
    private String language;
    public String getName() {
        return name;
    }
    public void setName(String name) {
        this.name = name;
    }   public String getWebsite() {
        return website;
    }   public void setWebsite(String website) {
        this.website = website;
    }   public String getLanguage() {
        return language;
    }   public void setLanguage(String language) {
        this.language = language;
    }
}
```

从上面的示例代码可以看到，我们使用了@Configuration 注解、@ConfigurationProperties 和 @PropertySource 三个注解来定义 WebSiteProperties 实体类：

1）@Configuration 定义此类为配置类，用于构建 bean 定义并初始化到 Spring 容器。

2）@ConfigurationProperties(prefix = "com.weiz.resource") 绑定配置项，其中 prefix 表示所绑定的配置项名的前缀。

3）@PropertySource(value = "classpath:website.properties") 指定读取的配置文件及其路径。@PropertySource 不支持引入 YML 文件。

通过上面的 WebSiteProperties 类即可读取全部对应的配置项。

3. 调用配置项

使用配置实体类中的方式也非常简单，只需将 WebSiteProperties 注入到需要使用的类中，示例代码如下：

```
@Autowired
private WebSiteProperties website;

@Test
void getProperties() {
    System.out.println(website.getName());
    System.out.println(website.getWebsite());
    System.out.println(website.getLanguage());
}
```

3.2.4　使用配置文件注意事项

在实际项目中会碰到很多读取配置文件的应用场景，需要注意各种坑，否则会让你很惆怅。所以，我总结了一些使用配置文件时需要注意的事项：

1）使用 YML 文件时注意空格和格式缩进。

2）Properties 文件默认使用的是 ISO8859-1 编码格式，容易出现乱码问题。如果含有中文，加入 spring.http.encoding.charset=UTF-8 配置即可。

3）Properties 配置的优先级高于 YML 文件。因为 YML 文件的加载顺序先于 Properties 文件，如果两个文件存在相同的配置，后面加载的 Properties 中的配置会覆盖前面 YML 中的配置。

4）@PropertySource 注解默认只会加载 Properties 文件，YML 文件不能使用此注解。

5）简单值推荐使用@Value，复杂对象推荐使用@ConfigurationProperties。

6）只有 Spring 容器中的组件才能使用容器提供的各类方法，所以，配置读取类需要增加 @Component 注解才能加入 Spring 容器中。

3.3　其他配置

上一节介绍了自定义的配置，根据项目的需要自定义配置属性。Spring Boot 支持很多非常实用的参数配置功能。本节介绍 Spring Boot 配置生成随机数、配置引用等实际项目中的实用配置。

3.3.1　随机数

在项目开发过程中，可能需要配置生成随机数，比如说随机配置的服务器端口、随机生成登录密钥等等。Spring Boot 支持在系统加载时配置随机数，使用${random}可以生成各种不同类型的随机值，从而简化代码生成的麻烦，例如生成 int 值、long 值、string 字符串。

Spring Boot 提供的 RandomValuePropertySource 配置类可以很方便地生成随机数，可以生成 integer、long、uuids 和 string 类型的数据。下面通过示例来演示如何配置生成随机数。

首先，在 application.properties 中添加随机数的配置项。

```
# 随机字符串
cfg.random.value=${random.value}
# uuid
cfg.random.uuid=${random.uuid}
# 随机int
cfg.random.number=${random.int}
```

```
# 随机 long
cfg.random.bignumber=${random.long}
# 10 以内的随机数
cfg.random.test1=${random.int(10)}
# 10-20 的随机数
cfg.random.test2=${random.int[10,20]}
```

上面的示例中，在 application.properties 配置文件中增加配置项以使用${radom.xxx}的形式实现生成随机数。

然后，创建配置映射类 ConfigRandomValue 获取随机数配置项，读取配置项的方式和读取普通配置项的方式一样：通过@Value 或者@ConfigurationProperties 注解来读取。示例代码如下：

```
@Component
public class ConfigRandomValue {
    @Value("${cfg.random.value}")
    private String secret;
    @Value("${cfg.random.number}")
    private int number;
    @Value("${cfg.random.bignumber}")
    private long bigNumber;
    @Value("${cfg.random.uuid}")
    private String uuid;
    @Value("${cfg.random.test1}")
    private int number2;
    @Value("${cfg.random.test2}")
    private int number3;

    //省略 get、set
}
```

在上面的示例中，我们创建了 ConfigRandomValue 配置生成类，通过@Value 注解读取了配置文件中的配置。

最后，验证随机数配置是否生效。创建单元测试，验证随机数是否生成成功。示例代码如下：

```
@Autowired
private ConfigRandomValue randomValue;

@Test
void getRandom() {
    System.out.println(randomValue.getSecret());
    System.out.println(randomValue.getUuid());
    System.out.println(randomValue.getBigNumber());
    System.out.println(randomValue.getNumber());
    System.out.println(randomValue.getNumber2());
    System.out.println(randomValue.getNumber3());
}
```

在上面的示例中，首先注入了自定义的随机数生成配置类，然后调用了相关的配置项来验证随机数规则是否生效。

3.3.2　配置引用

Spring Boot 支持使用占位符获取之前的属性配置，也就是在后一个配置的值中直接引用先前定义过的配置项，直接解析其中的值。这样做的好处是：在多个具有相互关联的配置项中，只需要对其中一处配置项预先设置，其他地方都可以引用，省去了后续多处修改的麻烦。

使用格式为：${name}，name 表示先前在配置文件中已经设置过的配置项名。下面通过示例演示如何在配置文件中实现参数引用。

我们修改 application.properties 配置文件，示例代码如下：

```
my.name=ZhangSan
my.sex=1
my.des=My name is ${my.name}.
```

在上述示例中，首先设置了 my.name=ZhangSan；接着在 my.des 配置项中使用${my.name}来引用 my.name 配置项的值。my.des 获取到的是：My name is ZhangSan。

${my.name}还可以使用 ":" 指定默认值，避免没有配置参数导致程序异常，示例代码如下：

```
my.des=My name is ${my.name:weiz}
```

在上面的示例中，我们通过冒号 ":" 设置配置项的默认值为：weiz，如果配置项为空或者未找到该配置项，系统也不会出错，my.des 获取到的是：My name is weiz。

随机数和配置引用非常简单，在项目开发过程中非常实用。

3.4　日志配置

我们知道日志对于系统监控、故障定位非常重要，比如当生产系统发生问题时，完整清晰的日志记录有助于快速定位问题。接下来介绍 Spring Boot 对日志的支持。

3.4.1　Spring Boot 日志简介

Spring Boot 自带 spring-boot-starter-logging 库实现系统日志功能，spring-boot-starter-logging 组件默认使用 LogBack 日志记录工具。系统运行日志默认输出到控制台，也能输出到文件中。下面通过示例来演示 Spring Boot 项目配置日志的功能。

修改 pom.xml 文件，添加 spring-boot-starter-logging 依赖。

```
<groupId>org.springframework.boot</groupId>
<artifactId>spring-boot-starter-logging</artifactId>
```

启动项目，查看控制台的日志输出情况，如图 3-3 所示。

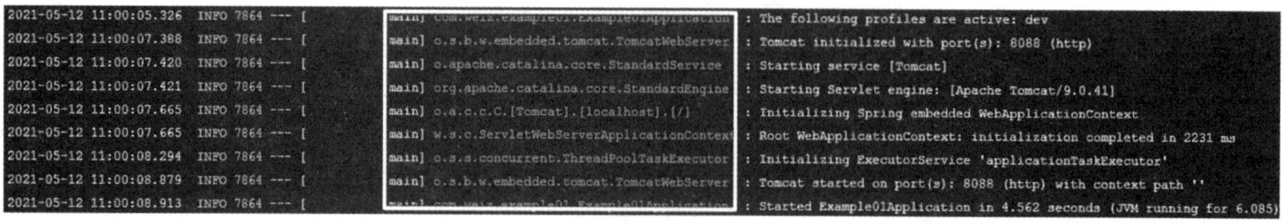

图 3-3　Spring Boot 控制台启动日志

在默认情况下，Spring Boot 会用 LogBack 来记录日志，并用 INFO 级别输出到控制台。运行应用程序，可以看到很多 INFO 级别的日志。

3.4.2　配置日志格式

在 Spring Boot 项目中配置日志功能之后，如何定制自己的日志格式、自定义记录的信息呢？Spring Boot 提供了 logging.pattern.console 和 logging.pattern.file 配置项来定制日志输出格式，只需在 application.properties 文件中添加 logging.pattern.console 的配置项即可：

```
logging.pattern.console=%d{yyyy-MM-dd-HH:mm:ss}
[%thread] %-5level %logger- %msg%n
logging.pattern.file=%d{yyyy-MM-dd-HH:mm} [%thread] %-5level %logger- %msg%n
```

上述配置的示例中，对应符号的含义如下：

- %d{HH:mm:ss.SSS}：日志输出时间。
- %thread：输出日志的进程名，这在 Web 应用以及异步任务处理中很有用。
- %-5level：日志级别，使用 5 个字符靠左对齐。
- %logger-：日志输出者的名称。
- %msg：日志消息。
- %n：平台的换行符。

修改完配置项再重启项目，查看控制台的日志输出情况，如图 3-4 所示。

图 3-4　Spring Boot 控制台启动日志

Spring Boot 控制台启动日志的格式已经改成配置的格式。

3.4.3　日志输出级别

一般而言，系统的日志级别为 TRACE < DEBUG < INFO < WARN < ERROR < FATAL，级别逐渐提高。如果日志级别设置为 INFO，则意味着 TRACE 和 DEBUG 级别的日志都不会输出。

Spring Boot 通过 logging.level 配置项来设置日志输出级别，下面通过示例演示 Spring Boot 日志输出级别。

首先，添加 Log 级别测试类 LogDemo，示例代码如下：

```
@Configuration
public class LogDemo {

    Logger logger = LoggerFactory.getLogger(getClass());
```

```
@Bean
public String logMethod() {
    // 从 trace 到 error 日志级别由低到高
    // 可以调整输出的日志级别，日志就只会在这个级别后的高级别生效
    logger.trace("LogDemo trace 日志...");
    logger.debug("LogDemo debug 日志...");
    // Spring Boot 默认使用的是 info 级别，没有指定级别就用 Spring Boot 默认规定的级
    别，即 root 级别
    logger.info("LogDemo info 日志...");
    logger.warn("LogDemo warn 日志...");
    logger.error("LogDemoerror 日志...");
    return "hello log";
}
}
```

在上面的示例中，针对每个日志级别输出了一行日志。我们可以调整输出的日志级别，让其只在该级别以后的高级别生效。

然后，配置日志输出级别，在 application.properties 中添加如下配置：

```
logging.level.root=warn
```

在上面的示例中，使用 logging.level.root 指定整个项目的日志级别为 WARN。当然，我们也可以对某个包指定单独的日志级别，例如：

```
logging.level.root=INFO
logging.level.com.weiz.example01.log=WARN
```

在上面的配置示例，我们将整个项目的日志级别设置为 INFO，同时将指定包 com.weiz.example01 下的日志级别设置为 WARN。

最后，启动项目验证日志的输出情况，如图 3-5 所示。

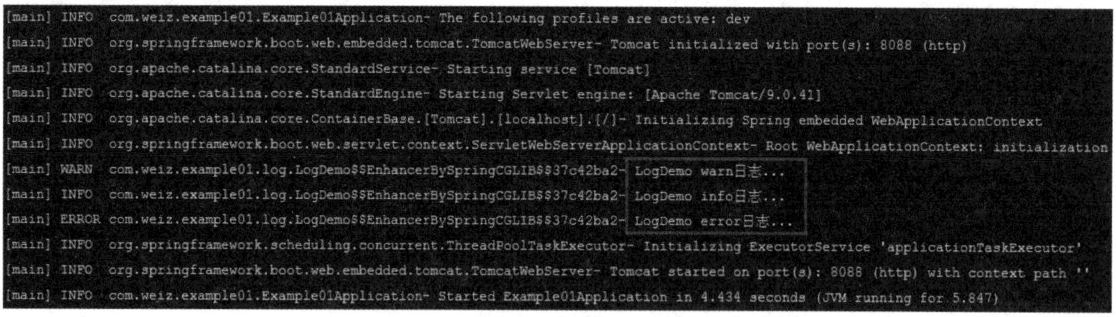

图 3-5　系统控制台启动日志

如图 3-5 所示，Spring Boot 控制台输出的系统启动日志为 INFO 级别，而 com.weiz.example01.log 下 LogDemo 的日志级别设置为 WARN，输出了 WARN、INFO 和 ERROR 的日志。

3.4.4　保存日志文件

一般情况下，在开发环境中习惯通过控制台查看日志，但是生产环境中需要将日志信息保存到磁盘上，以便于日后的日志查询。应该如何配置才能将日志信息保存到日志文件内呢？下面演示保存日志文件的过程。

在 resources 目录下的 application.properties 配置文件中添加如下配置项：

```
logging.file.name=D:/var/log/spring_log.log
```

重新启动项目，可以看到在 D:/var/log 目录下生成了 spring_log.log 文件，该文件的内容和控制台打印输出的内容一致，如图 3-6 所示。

图 3-6　Spring Boot 保存的日志文件

3.5　实战：实现系统多环境配置

在实际项目开发的过程中，需要面对不同的运行环境，比如开发环境、测试环境、生产环境等，每个运行环境的数据库、Redis 服务器等配置都不相同，每次发布测试、更新生产都需要手动修改相关系统配置。这种方式特别麻烦，费时费力，而且出错的概率极大。庆幸的是，Spring Boot 为我们提供了更加简单方便的配置方案来解决多环境的配置问题，下面就来演示 Spring Boot 系统如何实现多环境配置。

3.5.1　多环境的配置

通常应用系统可能在开发环境（dev）、测试环境（test）、生产环境（prod）中运行，那么如何做到多个运行环境配置灵活、快速切换呢？Spring Boot 提供了极简的解决方案，只需要简单的配置，应用系统就能灵活切换运行环境配置。

1. 创建多环境配置文件

创建多环境配置文件时，需要遵循 Spring Boot 允许的命名约定来命名，格式为 application-{profile}.properties，其中{profile}为对应的环境标识。在项目 resources 目录下分别创建 application-dev.properties、application-test.properties 和 application-prod.properties 三个配置文件，对应开发环境、测试环境和生产环境，如图 3-7 所示。

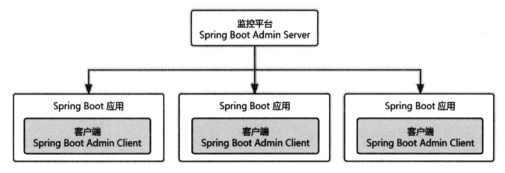

图 3-7　Spring Boot 各系统环境配置文件

如图 3-7 所示，根据应用系统中常见的三个运行环境拆分成了多个不同的配置文件，分别独立配置上面各运行环境的配置项。具体如下所示：

- application.properties 为项目主配置文件，包含项目所需的所有公共配置。
- application-dev.properties 为开发环境配置文件，包含项目所需的单独配置。
- application-test.properties 为测试环境配置文件。
- application-prod.properties 为生产环境配置文件。

2. 修改配置文件

通常情况下，开发环境、测试环境和生产环境使用的数据库是不一样的，所以接下来以不同环境配置不同数据库为例来演示多环境的配置。

首先，修改 application.properties，配置系统的启动端口：

```
# 服务器端口配置
server.port=8088
```

在上面的示例中，application.properties 包含项目所需的所有公共配置，这里配置系统的启动端口，所有环境的启动端口都是 8088。

然后，修改 application-dev.properties 开发环境的配置，增加数据库的连接配置，代码示例如下：

```
# 指定数据库驱动
spring.datasource.driver-class-name=com.mysql.jdbc.Driver
# 数据库 jdbc 连接 url 地址
spring.datasource.url=jdbc:mysql://127.0.0.1:3306/myapp_dev
# 数据库账号
spring.datasource.username=root
spring.datasource.password=root
```

配置数据库连接的相关属性，我们看到开发环境配置的数据库是 myapp_dev。

其他环境的配置文件修改对应的配置连接即可，以上项目的多环境配置就完成了。接下来演示切换项目运行环境。

3.5.2　多环境的切换

前面讲了如何配置多环境，那么，在实际测试、运行过程中如何切换系统运行环境呢？这个也非常简单，通过修改 application.properties 配置文件中的 spring.profiles.active 配置项来激活相应的运行环境。如果没有指定任何 profile 的配置文件，Spring Boot 默认会启动 application-default.properties（默认环境）。

指定项目的启动环境有以下 3 种方式：

（1）配置文件指定项目启动环境

Spring Boot 支持通过 spring.profiles.active 配置项目启动环境，在 application.properties 配置文件中增加如下配置项指定对应的环境目录：

```
# 系统运行环境
spring.profiles.active=dev
```

在上面的示例中，通过在 application.properties 配置文件中设置 spring.profiles.active 的配置项来配置系统的运行环境。这里配置的是 dev 开发环境。

（2）IDEA 编译器指定项目启动环境

一般在 IDEA 启动时，直接在 IDEA 的 Run/debug Configuration 页面配置项目启动环境，如图 3-8 所示。

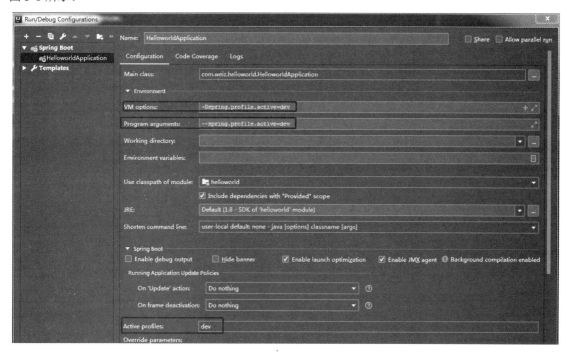

图 3-8　IDEA 编译器指定项目启动环境

如图 3-8 所示，项目调试运行时，IDEA 编译器可以通过 VM options、Program arguments、Active profiles 三个参数设置启动方式。

（3）命令行启动指定项目环境

在命令行通过 java -jar 命令启动项目时，需要如下指定启动环境：

```
java -jar xxx.jar --spring.profiles.active=dev
```

如上所示，程序打包之后，可以在命令行使用 java –jar 的方式启动，并设置启动参数 spring.profiles.active=dev，以开发环境为默认配置。在 application-{profile}.properties 中配置完成后，启动项目时，在系统启动日志中可以看到加载的是哪个环境的配置文件，如图 3-9 所示。

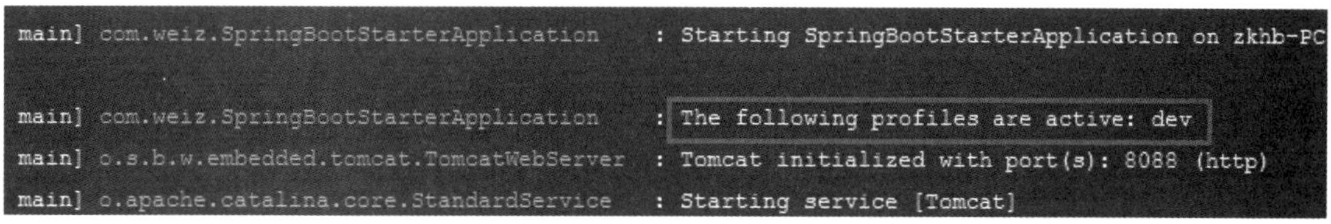

```
main] com.weiz.SpringBootStarterApplication     : Starting SpringBootStarterApplication on zkhb-PC

main] com.weiz.SpringBootStarterApplication     : The following profiles are active: dev
main] o.s.b.w.embedded.tomcat.TomcatWebServer   : Tomcat initialized with port(s): 8088 (http)
main] o.apache.catalina.core.StandardService    : Starting service [Tomcat]
```

图 3-9　在 Spring Boot 项目启动日志中可以看到加载的是哪个环境的配置文件

在上面的启动日志中可以看到系统目前启动的是 dev 开发环境。如果实现相关的数据库测试方法，可以验证相应的数据库操作是否生效。

3.6　本章小结

本章主要介绍 Spring Boot 的系统配置，讲解了 application.properties、application.yml 文件的使用方式与区别，通过@Value、Environment、@ConfigurationProperties 等方式实现了自定义属性配置，然后介绍了 Spring Boot 系统的日志配置，从而方便系统监控和故障调试。最后从实战的角度出发，介绍了如何配置多个开发环境并快速切换。

通过本章的学习，读者应该熟悉了 Spring Boot 的系统基本配置，同时可以根据实际的业务需求增加新的配置功能。

3.7　本章练习

1）使用 IDEA 手动创建一个 Spring Boot 项目，修改系统的默认端口和系统默认的图标（Icon）。

2）实现系统多环境配置，让开发环境和测试环境连接到不同的数据库。

第4章

Web 开发

本章主要讲解 Spring Boot 开发 Web 应用的相关技术点，包括使用 spring-boot-starter-web 组件来实现 Web 应用开发、URL 地址映射、参数传递、数据校验规则等，然后介绍统一数据返回和统一异常处理，最后介绍如何根据项目需求配置 Web 项目，包括拦截器、跨域访问、视图解析、数据格式化等。

4.1 Web 开发简介

本节主要介绍 Spring Boot 对 Web 应用开发提供了哪些支持，首先介绍 Spring Boot 提供的 Web 组件 spring-boot-starter-web，然后介绍@Controller 和@RestController 注解，以及控制数据返回的 @ResponseBody 注解，最后介绍 Web 配置，以便让读者对使用 Spring Boot 开发 Web 系统有初步的了解。

4.1.1 Web 入门

当前，Spring 毫无疑问已经成为 Java 企业应用开发的标准框架之一，它提供了众多的可配置功能模块和第三方组件，几乎可以解决企业开发中的所有问题。不过，Spring 也带来了复杂的配置项，这对初学者而言简直就是灾难，于是 Spring Boot 应运而生。Spring Boot 将传统 Web 开发的 mvc、json、validation、tomcat 等框架整合，提供了 spring-boot-starter-web 组件，简化了 Web 应用配置、开发的难度，将初学者从繁杂的配置项中解放出来，专注于业务逻辑的实现。

1. spring-boot-starter-web 介绍

Spring Boot 自带的 spring-boot-starter-web 组件为 Web 应用开发提供支持，它内嵌的 Tomcat 以及 Spring MVC 的依赖使用起来非常方便。

Spring Boot 创建 Web 应用非常简单，先创建一个普通的 Spring Boot 项目，然后修改 pom.xml 文件将 spring-boot-starter-web 组件加入项目就可以创建 Web 应用。

```
<dependency>
    <groupId>org.springframework.boot</groupId>
    <artifactId>spring-boot-starter-web</artifactId>
</dependency>
```

我们使用 IDEA 编辑器打开新创建的 Web 项目。打开 Maven 中的 Dependencies，查看 spring-boot-starter-web 启动器（Starters）会引入哪些依赖 JAR 包，如图 4-1 所示。

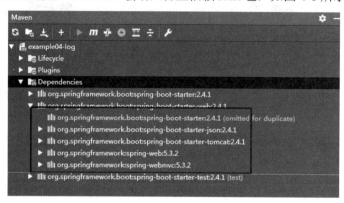

图 4-1　spring-boot-starter-web 依赖的基础库

由图 4-1 可见，spring-boot-starter-web 启动器主要包括 web、webmvc、json、tomcat 等基础依赖组件，作用是提供 Web 开发场景所需的所有底层依赖。其中 webmvc 为 Web 开发的基础框架，json 为 JSON 数据解析组件，tomcat 为自带的容器依赖。所以，只需引入 spring-boot-starter-web 启动器即可实现 Web 应用开发，而无须额外引入 Tomcat 以及其他 Web 依赖文件。

另外，开发 Web 应用可能还会用到模板引擎，Spring Boot 提供了大量的模板引擎，包括 FreeMarker、Groovy、Thymeleaf、Velocity 和 Mustache 等。Spring Boot 官方推荐使用 Thymeleaf。

2. Web 项目结构

Spring Boot 的 Web 应用与其他的 Spring Boot 应用基本没有区别，只是 resources 目录中多了 static 静态资源目录以及 templates 页面模板目录。Spring Boot Web 项目结构如图 4-2 所示。

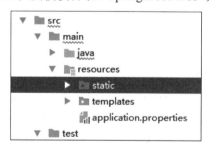

图 4-2　Spring Boot Web 项目结构

3. 实现简单的 Web 请求

Spring Boot 不像传统的 MVC 框架那样必须继承某个基础类才能处理 HTTP 请求，只需要在类上声明@Controller 注解，标注这是一个控制器，然后使用@RequestMapping 注解把 HTTP 请求映射到对应的方法即可。具体使用如下：

```
@RestController
public class HelloController {
    @RequestMapping("/hello")
    public String hello(){
        return "hello,world";
    }
}
```

上面的示例中，@RequestMapping 注解用于定义请求的路由地址，既可以作用在方法上，又可以作用在类上。

启动项目，在浏览器中访问 http://localhost:8080/hello 地址，就可以看到页面返回"hello,world"。这说明一个简单的 Web 项目创建成功了。

4.1.2 @Controller 和@RestController

Spring Boot 提供了@Controller 和@RestController 两种注解来标识此类负责接收和处理 HTTP 请求。如果请求的是页面和数据，使用@Controller 注解即可；如果只是请求数据，则可以使用 @RestController 注解。

1. @Controller 的用法

Spring Boot 提供的@Controller 注解主要用于页面和数据的返回。下面创建 HelloController 响应前台页面请求，示例代码如下：

```
@Controller
@RequestMapping("user")
public class UserController {
    @RequestMapping("/index")
    public String index() {
        map.addAttribute("name", "thymeleaf-index");
        return "thymeleaf/index";
    }
}
```

上面的示例用于请求/user/index 地址，返回具体的 index 页面和 name=thymeleaf-index 的数据。在前端页面中可以通过${name}参数获取后台返回的数据并显示到页面中。

在@Controller 类中，如果只返回数据到前台页面，需要使用@ResponseBody 注解，否则会报错。示例代码如下：

```
@Controller
public class HelloController {
    @RequestMapping("/hello")
    @ResponseBody
    public String hello(){
        return "hello,world";
    }
}
```

2. @RestController 的用法

Spring Boot 提供的@RestController 注解用于实现数据请求的处理。默认情况下,@RestController

注解会将返回的对象数据转换为 JSON 格式。示例代码如下：

```
@RestController
@RequestMapping("/user")
public class UserController {
    @RequestMapping("/getUser")
    public User getUser(){
        User u = new User();
        u.setName("weiz222");
        u.setAge(20);
        u.setPassword("weiz222");
        return u;
    }
}
```

在上面的示例中，定义/user/getUser 接口返回 JSON 格式的 User 数据。同时，@RequestMapping 注解可以通过 method 参数指定请求的方式。如果请求方式不对，则会报错。

近几年前端框架越来越强大，前后端分离的 RESTful 架构成为主流。Spring Boot 对 RESTful 也做了非常完善的支持，使用也特别简单，使用@RestController 注解自动返回 JSON 格式的数据，同时使用@GetMapping、PostMapping 等注解实现映射 RESTful 接口。

3. @RestController 和@Controller 的区别

@Controller 和 @RestController 注解都是标识该类是否可以处理 HTTP 请求，可以说 @RestController 是@Controller 和@ResponseBody 的结合体，是这两个注解合并使用的效果。虽然二者的用法基本类似，但还是有一些区别，具体如下：

1）@Controller 标识当前类是 Spring MVC Controller 处理器，而@RestController 则只负责数据返回。

2）如果使用@RestController 注解，则 Controller 中的方法无法返回 Web 页面，配置的视图解析器 InternalResourceViewResolver 不起作用，返回的内容就是 Return 中的数据。

3）如果需要返回指定页面，则使用@Controller 注解，并配合视图解析器返回页面和数据。如果需要返回 JSON、XML 或自定义内容到页面，则需要在对应的方法上加上@ResponseBody 注解。

4）使用@Controller 注解时，在对应的方法上，视图解析器可以解析返回的 JSP、HTML 页面，并且跳转到相应页面。若返回 JSON 等内容到页面，则需要添加@ResponseBody 注解。

5）@RestController 注解相当于@Controller 和@ResponseBody 两个注解的结合，能直接将返回的数据转换成 JSON 数据格式，无须在方法前添加@ResponseBody 注解，但是使用@RestController 注解时不能返回 JSP、HTML 页面，因为视图解析器无法解析 JSP、HTML 页面。

总之，在 Web 系统中使用@Controller 较多，而在 Web API 中基本使用@RestController 注解。

4.1.3 @RequestMapping

@RequestMapping 注解主要负责 URL 的路由映射。它可以添加在 Controller 类或者具体的方法上，如果添加在 Controller 类上，则这个 Controller 中的所有路由映射都将会加上此映射规则，如果添加在方法上，则只对当前方法生效。

@RequestMapping 注解包含很多属性参数来定义 HTTP 的请求映射规则。常用的属性参数如下：

- value：请求 URL 的路径，支持 URL 模板、正则表达式。
- method：HTTP 请求的方法。
- consumes：允许的媒体类型，如 consumes="application/json"为 HTTP 的 Content-Type。
- produces：相应的媒体类型，如 consumes="application/json"为 HTTP 的 Accept 字段。
- params：请求参数。
- headers：请求头的值。

以上属性基本涵盖了一个 HTTP 请求的所有参数信息。其中，value 和 method 属性比较常用。

4.1.4　@ResponseBody

@ResponseBody 注解主要用于定义数据的返回格式，作用在方法上，默认使用 Jackson 序列化成 JSON 字符串后返回给客户端，如果是字符串，则直接返回。

在 Controller 中有时需要返回 JSON 格式的数据，如果想直接返回数据体而不是视图名，则需要在方法上使用@ResponseBody。使用方式如下：

```
@Controller
@RequestMapping("/user")
public class UserController {
    @RequestMapping("/getUser")
    @ResponseBody
    public User getUser(){
        User u = new User();
        u.setName("weiz222");
        u.setAge(20);
        u.setPassword("weiz222");
        return u;
    }
}
```

在上面的示例中，请求/user/getUser 时，返回 JSON 格式的 User 数据。这与@RestController 的作用类似。

需要注意的是，使用@ResponseBody 注解时需要注意请求的类型和地址，如果期望返回 JSON，但是请求 URL 以 html 结尾的页面，就会导致 Spring Boot 认为请求的是 HTML 类型的资源，而返回 JSON 类型的资源，与期望类型不一致，因此报出如下错误：

```
There was an unexpected error (type=Not Acceptable, status=406). Could not find
acceptable representation
```

根据 RESTful 规范的建议，在 Spring Boot 应用中，如果期望返回 JSON 类型的资源，URL 请求资源后缀就使用 json；如果期望返回视图，URL 请求资源后缀就使用 html。

4.2 URL 映射

上一节介绍了 Spring Boot 对 Web 项目开发都做了哪些支持，还介绍了@Controller 和 @RestController 等注解，那么 Spring Boot 是如何将 HTTP 请求映射到具体方法的呢？Spring Boot 支持 URL 路径匹配、HTTP Method 匹配、params 和 header 匹配等 URL 映射。本节开始介绍 Spring Boot 的 URL 映射。

4.2.1 URL 路径匹配

1. 精确匹配

@RequestMapping 的 value 属性用于匹配 URL 映射，value 支持简单表达式：

```
@RequestMapping("/getDataById/{id}")
public String getDataById(@PathVariable("id") Long id) {
    return "getDataById:"+id ;
}
```

在上面的示例中，@PathVariable 注解作用在方法参数中，用于表示参数的值来自 URL 路径。如果 URL 中的参数名称与方法中的参数名称一致，则可以简化为：

```
@RequestMapping("/getDataById/{id}")
public String getDataById(@PathVariable Long id) {
    return "getDataById:"+id ;
}
```

在上面的示例中，当在浏览器中访问/getDataById/1 时，会自动映射到后台的 getDataById 方法，传入参数 id 的值为 1。

2. 通配符匹配

@RequestMapping 支持使用通配符匹配 URL，用于统一映射某些 URL 规则类似的请求，示例代码如下：

```
@RequestMapping("/getJson/*.json")
public String getJson() {
    return "get json data";
}
```

在上面的示例中，当在浏览器中请求/getJson/a.json 或者/getJson/b.json 时都会匹配到后台的 Json 方法。

@RequestMapping 的通配符匹配非常简单实用，支持"*""?""**"等通配符。使用时需要了解通配符的匹配规则，否则容易出错。通配符匹配规则如下：

1）符号"*"匹配任意字符，符号"**"匹配任意路径，符号"?"匹配单个字符。
2）有通配符的优先级低于没有通配符的，比如/user/add.json 比/user/*.json 优先匹配。
3）有"**"通配符的优先级低于有"*"通配符的。

4.2.2 Method 匹配

HTTP 请求 Method 有 GET、POST、PUT、DELETE 等方式。HTTP 支持的全部 Method 和说明如表 4-1 所示。

表4-1 HTTP Method说明

序 号	HTTP Method	说 明
1	GET	用于获取 URL 对应的数据
2	POST	用于提交后台数据
3	HEAD	类型为 GET, 不返回消息体, 用于返回对应 URL 的元信息
4	PUT	类型为 POST, 对同一个数据多次进行 PUT 操作不会导致数据改变
5	DELETE	删除操作
6	PATCh	类似于 PUT 操作, 表示信息的局部更新

对于 Web 应用, GET 和 POST 是经常使用的选项, 而对于 RESTful 接口, 则会使用 PUT、DELETE 等从语义上进一步区分操作。

@RequestMapping 注解提供了 method 参数指定请求的 Method 类型, 包括 RequestMethod.GET、RequestMethod.POST、RequestMethod.DELETE、RequestMethod.PUT 等值, 分别对应 HTTP 请求的 Method。示例代码如下:

```
@RequestMapping(value="/getData",method = RequestMethod.GET)
public String getData() {
    return "RequestMethod GET";
}

@RequestMapping(value="/getData",method = RequestMethod.POST)
public String PostData() {
    return "RequestMethod POST";
}
```

上面的示例实现了 GET 和 POST 两种方式。当使用 GET 方式请求/data/getData 接口时, 会返回 "RequestMethod GET", 使用 POST 方式请求/data/getData 接口时, 则返回 "RequestMethod POST", 说明@RequestMapping 通过 HTTP 请求 Method 映射不同的后台方法。

4.2.3 consumes 和 produces 匹配

@RequestMapping 注解提供了 consumes 和 produces 参数用于验证 HTTP 请求的内容类型和返回类型。

- consumes 表示请求的 HTTP 头的 Content-Type 媒体类型与 consumes 的值匹配才可以调用方法。
- produces 表示 HTTP 请求中的 Accept 字段只有匹配成功才可以调用。

下面通过示例演示 consumes 和 produces 参数的用法。

```
//处理 request Content-Type 为 "application/json" 类型的请求
@RequestMapping(value = "/Content", method = RequestMethod.POST, consumes =
"application/json")
```

```
public String Consumes(@RequestBody Map param) {
    return "Consumes POST Content-Type=application/json";
}
```

上面的示例只允许 Content-Type=application/json 的 HTTP 请求映射此方法，其他类型则返回
"Unsupported Media Type" 的错误。

4.2.4　params 和 header 匹配

@RequestMapping 注解提供了 header 参数和 params 参数，通过 header 参数可以根据 HTTP 请求中的消息头内容映射 URL 请求，通过 params 参数可以匹配 HTTP 中的请求参数实现 URL 映射。

1. params

Spring Boot 除了通过匹配 URL 和 Method 的方式实现映射 HTTP 请求之外，还可以通过匹配 params 的方式来实现。Spring Boot 从请求参数或 HTTP 头中提取参数，通过判断参数，如 params="action=save"确定是否通过。同时还可以设置请求参数包含某个参数、不包含某个参数或者参数等于某个值时通过，具体如下：

1）params={"username"}，存在"username"参数时通过。

2）params={"!password"}，不存在"password"参数时通过。

3）params={"age=20"}，参数 age 等于 20 时通过。

通过@PostMapping 设置的 params 参数来检查请求的 params，实现 HTTP 的 URL 映射。示例代码如下：

```
@RequestMapping(value="paramsTest",params="action=save")
public String paramsTest(@RequestBody Map param){
    return "params test";
}
```

在上面的示例中，当请求的参数 action=save 时，映射此方法。

2. header

header 的使用和 params 类似，它检查 HTTP 的 header 头中是否有 Host=localhost:8080 的参数，如果有则匹配此方法。示例代码如下：

```
@RequestMapping(value="headerTest",headers={"Host=localhost:8080"})
public String headerTest()
{
    return "header test";
}
```

4.3　参数传递

本节开始介绍 Spring Boot 是如何实现参数传递的。参数传递是 Web 开发的基础内容，前端页面和后端服务通过请求和返回的参数来判断所执行的业务逻辑，因此参数的传递和接收是 Web 开发中最基础却非常重要的功能。

Spring Boot 支持多种参数接收方式，通过提供注解来帮助限制请求的类型、接收不同格式的参数等，接下来我们通过示例一一介绍。

4.3.1　@PathVariable

在 Web 应用中，最常用的参数传递方式就是 URL 传参，也就是将参数放在请求的 URL 中。例如微博上不同用户的个人主页应该对应不同的 URL：http://weibo.com/user/1、http://weibo.com/user/2。我们不可能对每个用户都定义一个@RequestMapping 注解的方法来映射 URL 请求。对于相同模式的 URL，可以采用同一种规则进行处理。

1. 定义 URL 变量

@RequestMapping 注解使用{}来声明 URL 变量，例如@RequestMapping("/user/{username}")。其中，{username}是定义的变量规则，username 是变量的名字。此 URL 路由可以匹配下列任意 URL 请求：

```
/user/tianmaying
/user/ricky
/user/tmy1234
```

在@RequestMapping 中定义变量规则后，Spring Boot 提供的@PathVariable 注解帮助我们获取 URL 中定义的变量参数，示例如下：

```
@RequestMapping("/user/{username}")
@ResponseBody
public String userProfile(@PathVariable String username){
    return "user: " + username;
}
```

在上面的示例中，Spring Boot 会自动将 URL 中定义的变量传递给 userProfile 方法的 username 参数（同名赋值），例如当 HTTP 请求为/users/weiz 时，URL 变量 username 的值 weiz 会被赋给函数参数 username，返回的数据为 user：weiz。

需要注意的是，在默认情况下，变量参数不能包含 URL 的分隔符"/"，也就是说上面定义的 URL 路由不能匹配/users/weiz/zhang，即使 weiz/zhang 是一个存在的用户名。

2. 定义多个 URL 变量

上面介绍了传递单个变量的例子，那么多个变量呢？同样，@RequestMapping 支持定义包含多个 URL 变量的路由，示例如下：

```
@RequestMapping("/user/{username}/blog/{blogId}")
@ResponseBody
public String getUerBlog(@PathVariable String username , @PathVariable int
blogId) {
    return "user: " + username + "blog: " + blogId;
}
```

在上面的示例中，@RequestMapping("/user/{username}/blog/{blogId}") 传入 {username} 和 {blogId}两个参数，然后使用@PathVariable 映射对应的变量参数。

在多变量参数的情况下，Spring Boot 能够根据变量名自动赋值对应的函数参数值，也可以在 @PathVariable 中显式声明具体的 URL 变量名。

在默认情况下，@PathVariable 注解的参数支持自动转换一些基本的数据类型，如 int、long、date、string 等，Spring Boot 能够根据 URL 变量的具体值以及函数参数的数据类型来进行转换，例如/user/weiz/blog/1 会将"weiz"的值赋给 username，而 1 赋给 int 类型的变量 blogId。

3. 匹配正则表达式

虽然@RequestMapping 路由支持 URL 变量，但是很多时候需要对 URL 变量进行更加精确的定义和限制，例如用户名只包含小写字母、数字、下划线：

```
/user/fpc 是一个合法的 URL
/user/#$$$不是一个合法的 URL
```

这种情况下，简单定义{username}变量就无法满足需求了。没关系，@RequestMapping 注解同样支持正则表达式匹配，可以通过定义正则表达式更精确地控制，定义语法是{变量名:正则表达式}，示例代码如下：

```
@RequestMapping("/user/{username:[a-zA-Z0-9_]+}/blog/{blogId}")
@ResponseBody
public String getUerBlog(@PathVariable String username , @PathVariable int
blogId) {
    return "user: " + username + "blog: " + blogId;
}
```

在上面的示例中，使用[a-zA-Z0-9_]+正则表达式来限定 username 参数值只能包含小写字母、大写字母、数字、下划线。如此设置 URL 变量规则后，不合法的 URL 不会被处理，直接返回 404Not Found。

4.3.2　使用 Bean 对象接收参数

针对参数较多的表单提交，Spring Boot 可以通过创建一个 JavaBean 对象来接收 HTTP 传入的表单参数。需要注意的是，JavaBean 对象中必须含有默认的构造函数，同时，需要设置属性字段必须有 setter 方法。

1. 增加 Bean 实体类

首先，增加表单对应的实体类，具体代码如下：

```
public class Student {
    private  String firstName;
    private  String lastName;
    // 省略 get 和 set
}
```

上面的示例定义了 Student 数据实体类。

2. 增加后台方法

在 StudentController 控制器中增加 save()方法，接收前台传来的数据。定义 save()方法的示例代码如下：

```
@RequestMapping("/save")
public String save(Student student){
    String firstName = student.getFirstName();
    String lastName = student.getLastName();
    return firstName +" "+ lastName;
}
```

在浏览器中提交表单数据时，Spring Boot 会自动把提交的表单数据转为 Student 对象，然后传递给 save()方法。

4.3.3　@RequsetBody 接收 JSON 数据

@RequestBody 主要是将前端传入的 JSON 数据对象映射成后端的实体对象。比如，前端传入 JSON 格式的数据后，@RequestBody 注解会自动将 JSON 数据反序列化成 Student 对象。使用时需要注意以下两点：

1）前端传递的对象属性和类型必须与后端对应。比如后端定义的 user 属性为"int id，String name"，前端必须使用相同的数据类型和字段来定义。

2）要使用 JSON 数据集进行传递，也就是设置为 contentType: "application/json"。

下面通过示例代码演示如何使用@RequsetBody 接收 JSON 数据：

```
@PostMapping(path = "/save2")
public String save2(@RequestBody Student student) {
    String firstName = student.getFirstName();
    String lastName = student.getLastName();
    return firstName +" "+ lastName;
}
```

@PostMapping 注解包含 consumes 参数，默认为 application/json，表示前台需要传入 JSON 格式的参数。另外，Spring Boot 会根据名称一一对应，将数据转换成相应的数据类型。例如 JSON 数据中有 int 或 date 类型，前台传过来都是字符串，Spring Boot 会自动将其转换成实体类中的数据类型。

4.3.4　@ModelAttribute

熟悉 MVC 的读者应该都知道，我们可以将@ModelAttribute 注解放置在控制器（Controller）中的某个方法上。当请求这个控制器中的某个 URL 时，会首先调用这个被注解的方法并将该方法的结果作为公共模型的属性，然后调用对应 URL 的处理方法，前端页面通过模型获取返回的数据。

@ModelAttribute 标注的方法会在 Controller 类的每个映射 URL 的控制执行方法之前执行。使用方法如下面的示例代码所示：

```
@ModelAttribute
public void findUserById(@PathVariable("userId") Long userId, Model model) {
    model.addAttribute("user", userService.findUserById(userId));
}

@GetMapping("/user/{userId}")
public String findUser(Model model) {
```

```
        System.out.println(model.containsAttribute("user"));
        return "success !";
    }
```

在上面的示例中,当我们请求接口/user/1 时,会先调用 findUserById()方法,在方法内通过 userId 查询到对应的 User 对象放置到 Model 中。如果仅仅添加一个对象到 Model 中,上面的代码可以再精练一些:

```
@ModelAttribute
public User findUserById(@PathVariable("userId") Long userId) {
    return userService.findUserById(userId);
}
```

通过上述代码返回的 User 对象会被自动添加到 Model 中,相当于手动调用了 model.addAttribute(user)方法。

Model 通过 addAttribute()方法向页面传递参数。@ModelAttribute 修饰的方法会先于 login 调用,它把请求的参数值赋给对应的变量。可以向方法中的 Model 添加对象,前提是在方法中加入一个 Model 类型的参数。

需要注意的是,被@ModelAttribute 注释的方法会在此控制器的每个方法执行前被执行,因此对于一个控制器映射多个 URL,要谨慎使用。

4.3.5　ModelAndView 对象

ModelAndView 也是 Spring MVC 中常用的数据返回对象。当控制器处理完请求时,通常会将包含视图对象和数据的 ModelAndView 对象一起返回前台。它的作用类似于 request 对象的 setAttribute()方法。

ModelAndView 对象有两个作用:

1)设置转向地址(这也是 ModelAndView 和 ModelMap 的主要区别)。
2)将后台数据传回到前台页面。

ModelAndView 使用起来也特别简单,在控制器中把前台页面需要的数据放到 ModelAndView 对象中,然后返回 mv 对象。下面通过示例演示使用 ModelAndView 对象返回数据到前台页面:

```
@RequestMapping(value="/detail/{id}")
public ModelAndView detail(@PathVariable Long id){
    ModelAndView mv = new ModelAndView();
    User user =userService.getUserById(id);
    // 设置 user 对象的 username 属性
    mv.addObject("user","user");
    // 地址跳转,设置返回的视图名称
    mv.setViewName("detail");
    return mv;
}
```

上面的示例中,先获取用户数据,然后将数据和对象一起返回到前台 detail 页面。这样 Spring MVC 将使用包含的视图对模型数据进行渲染。

4.4　数据验证

对于应用系统而言，任何客户端传入的数据都不是绝对安全有效的，这就要求我们在服务端接收到数据时也对数据的有效性进行验证，以确保传入的数据安全正确。接下来介绍 Spring Boot 是如何实现数据验证的。

4.4.1　Hibernate Validator 简介

数据校验是 Web 开发中的重要部分，也是必须要考虑和面对的事情。应用系统必须通过某种手段来确保输入的数据从语义上来讲是正确的。

目前数据校验的规范、组件非常多，有 JSR-303/JSR-349、Hibernate Validator、Spring Validation。下面就来捋一捋它们之间的关系。

● JSR（Java Specification Request）规范是 Java EE 6 中的一项子规范，也叫作 Bean Validation。它指定了一整套基于 bean 的验证 API，通过标注给对象属性添加约束条件。

● Hibernate Validator 是对 JSR 规范的实现，并增加了一些其他校验注解，如@Email、@Length、@Range 等。

● Spring Validation 是 Spring 为了给开发者提供便捷，对 Hibernate Validator 进行了二次封装。同时，Spring Validation 在 SpringMVC 模块中添加了自动校验，并将校验信息封装进了特定的类中。

所以， JSR 定义了数据验证规范，而 Hibernate Validator 则是基于 JSR 规范，实现了各种数据验证的注解以及一些附加的约束注解。Spring Validation 则是对 Hibernate Validator 的封装整合。

JSR 和 Hibernate Validator 中的常用注解如表 4-2 所示。

表4-2　Hibernate Validator注解说明

注　解	作用目标	检查规则
JSR-303 定义的验证条件		
@NotNull	属性	检查值是否非空（not null）
@Null	属性	检查值必须为空
@AssertFalse	属性	检查方法的演算结果是否为 false（对以代码方式而不是注解表示的约束很有用）
@AssertTrue	属性	检查方法的演算结果是否为 true（对以代码方式而不是注解表示的约束很有用）
@Max(value=)	属性（以 numeric 或者 string 类型来表示一个数字）	检查值是否小于或等于最大值
@Min(value=)	属性（以 numeric 或者 string 类型来表示一个数字）	检查值是否大于或等于最小值
@Size(min=, max=)	属性（array，collection，map）	检查元素大小是否在最小值和最大值之间（包括临界值）
@Digits(integer, fraction)	属性	检查元素必须是数字，且其值必须在指定的范围内
@Past	属性（date 或 calendar）	检查日期是否是过去的日期

（续表）

注　解	作用目标	检查规则
@Feature	属性（date 或 calendar）	检查日期是否是未来的日期
@Pattern(regex="regexp", flag=)	属性（string）	检查属性是否与给定匹配标志的正则表达式相匹配
Hibernate Validator 定义的验证条件		
@Range(min=, max=)	属性（以 numeric 或者 string 类型来表示一个数字）	检查值是否在最小值和最大值之间（包括临界值）
@Length(min=, max=)	属性（String）	检查字符串长度是否符合范围
@Email	属性（String）	检查字符串是否符合有效的 Email 地址规范
@NotEmpty	属性（String）	检查字符串不能为空

表 4-2 中包含了 Hibernate Validator 实现的 JSR-303 定义的验证注解和 Hibernate Validator 自己定义的验证注解，同时也支持自定义约束注解。所有的注解都包含 code 和 message 这两个属性。

- Message 定义数据校验不通过时的错误提示信息。
- code 定义错误的类型。

Spring Boot 是从 Spring 发展而来的，所以自然支持 Hibernate Validator 和 Spring Validation 两种方式，默认使用的是 Hibernate Validator 组件。

4.4.2　数据校验

使用 Hibernate Validator 校验数据需要定义一个接收的数据模型，使用注解的形式描述字段校验的规则。下面以 User 对象为例演示如何使用 Hibernate Validator 校验数据。

1. JavaBean 参数校验

Post 请求参数较多时，可以在对应的数据模型（Java Bean）中进行数据校验，通过注解来指定字段校验的规则。下面以具体的实例来进行演示。

首先，创建 Java Bean 实体类：

```
public class User {
    @NotBlank(message = "姓名不允许为空！")
    @Length(min = 2,max = 10,message = "姓名长度错误，姓名长度 2-10！")
    private String name;

    @NotNull(message = "年龄不能为空！")
    @Min(18)
    private int age;

    @NotBlank(message = "地址不能为空！")
    private String address;

    @Pattern(regexp =
"^((13[0-9])|(14[5,7,9])|(15([0-3]|[5-9]))|(166)|(17[0,1,3,5,6,7,8])|(18[0-9])|
(19[8|9]))\\d{8}$", message = "手机号格式错误")
    private String phone;
```

```
@Email(message = "邮箱格式错误")
private String email;

// 省略 get 和 set 方法
}
```

在上面的示例中，每个注解中的属性 message 是数据校验不通过时要给出的提示信息，如 @Email(message="邮件格式错误")，当邮件格式校验不通过时，提示邮件格式错误。

然后，添加数据校验方法：

```
@PostMapping(path = "/check")
public String check(@RequestBody @Valid User user, BindingResult result) {
    String name = user.getName();
    if(result.hasErrors()) {
        List<ObjectError> list = result.getAllErrors();
        for (ObjectError error : list) {
            System.out.println(error.getCode()+ "-" +
error.getDefaultMessage());
        }
    }
    return name;
}
```

在上面的示例中，在 @RequestBody 注解后面添加了 @Valid 注解，然后在后面添加了 BindingResult 返回验证结果，BindingResult 是验证不通过时的结果集合。

注意，BindingResult 必须跟在被校验参数之后，若被校验参数之后没有 BindingResult 对象，则会抛出 BindException。

最后，运行验证。

启动项目，在 postman 中请求/user/check 接口，后台输出了数据验证的结果：

```
Length-密码长度错误，密码长度 6-20！
Min-最小不能小于 18
Length-姓名长度错误，姓名长度 2-10！
```

通过上面的输出可以看到，应用系统对传入的数据进行了校验，同时也返回了对应的数据校验结果。

2. URL 参数校验

一般 GET 请求都是在 URL 中传入参数。对于这种情况，可以直接通过注解来指定参数的校验规则。下面通过实例进行演示。

```
@Validated
public class UserController {
    @RequestMapping("/query")
    public String query(@Length(min = 2, max = 10, message = "姓名长度错误，姓名长度 2-10！")
                        @RequestParam(name = "name", required = true) String name,
                        @Min(value = 1, message = "年龄最小只能 1")
                        @Max(value = 99, message = "年龄最大只能 99")
                        @RequestParam(name = "age", required = true) int age){
```

```
        System.out.println(name + "," + age);
        return name + "," + age;
    }
}
```

在上面的示例中，使用@Range、@Min、@Max 等注解对 URL 中传入的参数进行校验。需要注意的是，使用@Valid 注解是无效的，需要在方法所在的控制器上添加@Validated 注解来使得验证生效。

3. JavaBean 对象级联校验

对于 JavaBean 对象中的普通属性字段，我们可以直接使用注解进行数据校验，那如果是关联对象呢？其实也很简单，在属性上添加@Valid 注解就可以作为属性对象的内部属性进行验证（验证 User 对象，可以验证 UserDetail 的字段）。示例代码如下：

```
public class User {
    @Size(min = 3,max = 5,message = "list 的 Size 在[3,5]")
    private List<String> list;

    @NotNull
    @Valid
    private Demo3 demo3;
}

public class UserDetail {
    @Length(min = 5, max = 17, message = "length 长度在[5,17]之间")
    private String extField;
}
```

在上面的示例中，在属性上添加@Valid 就可以对 User 中的关联对象 UserDetail 的字段进行数据校验。

4. 分组校验

在不同情况下，可能对 JavaBean 对象的数据校验规则有所不同，有时需要根据数据状态对 JavaBean 中的某些属性字段进行单独验证。这时就可以使用分组校验功能，即根据状态启用一组约束。Hibernate Validator 的注解提供了 groups 参数，用于指定分组，如果没有指定 groups 参数，则默认属于 javax.validation.groups.Default 分组。

下面通过示例演示分组校验。

首先，创建分组 GroupA 和 GroupB，示例代码如下：

```
public interface GroupA {
}

public interface GroupB {
}
```

在上面的示例中，我们定义了 GroupA 和 GroupB 两个接口作为两个校验规则的分组。

然后，创建实体类 Person，并在相关的字段中定义校验分组规则，示例代码如下：

```
public class User {
```

```
@NotBlank(message = "userId 不能为空",groups = {GroupA.class})
/**用户 id*/
private Integer userId;

 @NotBlank(message = "用户名不能为空",groups = {GroupA.class})
/**用户 id*/
private String name;

@Length(min = 30,max = 40,message = "必须在[30,40]",groups = {GroupB.class})
@Length(min = 20,max = 30,message = "必须在[20,30]",groups = {GroupA.class})
/**用户名*/
private int age;
}
```

在上面的示例中，userName 字段定义了 GroupA 和 GroupB 两个分组校验规则。GroupA 的校验规则为年龄在 20~30，GroupB 的校验规则为年龄在 30~40。

最后，使用校验分组：

```
@RequestMapping("/save")
public String save(@RequestBody @Validated({GroupA.class,Default.class})
Person person, BindingResult result){
        System.out.println(JSON.toJSONString(result.getAllErrors()));
        return "success";
}
```

在上面的示例中，在@Validated 注解中增加了{GroupA.class,Default.class}参数，表示对于定义了分组校验的字段使用 GroupA 校验规则，其他字段使用默认规则。

4.4.3 自定义校验

Hibernate Validator 支持自定义校验规则。通过自定义校验规则，可以实现一些复杂、特殊的数据验证功能。下面通过示例演示如何创建和使用自定义验证规则。

1. 声明一个自定义校验注解

首先，定义新的校验注解@CustomAgeValidator，示例代码如下：

```
@Min(value = 18,message = "年龄最小不能小于 18")
@Max(value = 120,message = "年龄最大不能超过 120")
@Constraint(validatedBy = {}) //不指定校验器
@Documented
@Target({ElementType.ANNOTATION_TYPE, ElementType.METHOD, ElementType.FIELD})
@Retention(RetentionPolicy.RUNTIME)
public @interface CustomAgeValidator {
    String message() default "年龄大小必须大于 18 并且小于 120";
    Class<?>[] groups() default {};
    Class<? extends Payload>[] payload() default {};
}
```

在上面的示例中，我们创建了 CustomAgeValidator 自定义注解,用于自定义年龄的数据校验规则。

2. 使用自定义校验注解

创建自定义校验注解 CustomAgeValidator 之后，在 User 的 age 属性上使用自定义组合注解，示例代码如下：

```
@public class User {
    @NotBlank(message = "姓名不允许为空！")
    @Length(min = 2,max = 10,message = "姓名长度错误，姓名长度 2-10！")
    private String name;
    @CustomAgeValidator
    private int age;
    @NotBlank(message = "地址不能为空！")
    private String address;
    @Pattern(regexp =
"^((13[0-9])|(14[5,7,9])|(15([0-3]|[5-9]))|(166)|(17[0,1,3,5,6,7,8])|(18[0-9])|
(19[8|9]))\\d{8}$", message = "手机号格式错误")
    private String phone;
    @Email(message = "邮箱格式错误")
    private String email;
    // 省略 get 和 set
}
```

在上面的示例中，我们在需要做特殊校验的 age 字段上添加@CustomAgeValidator 自定义注解，这样 age 字段就会使用我们自定义的校验规则。

4.5　拦截器

拦截器在 Web 系统中非常常见，一般用于拦截用户请求，实现访问权限控制、日志记录、敏感过滤等功能。本节首先介绍实际项目中拦截器的应用场景，然后介绍如何实现自定义拦截器的功能。

4.5.1　应用场景

拦截器在实际的应用开发中非常常见，对于某些全局统一的操作，我们可以把它提取到拦截器中实现。总结起来，拦截器大致有以下几种使用场景：

1）权限检查：如登录检测，进入处理程序检测是否登录，如果没有，则直接返回登录页面。

2）性能监控：有时系统在某段时间莫名其妙很慢，可以通过拦截器在进入处理程序之前记录开始时间，在处理完后记录结束时间，从而得到该请求的处理时间（如果有反向代理，如 Apache，可以自动记录）。

3）通用行为：读取 cookie 得到用户信息并将用户对象放入请求，从而方便后续流程使用，还有提取 Locale、Theme 信息等，只要是多个处理程序都需要的，即可使用拦截器实现。

4）OpenSessionInView：如 Hibernate，在进入处理程序时打开 Session（会话），在完成后关闭 Session。

4.5.2　HandlerInterceptor 简介

Spring Boot 定义了 HandlerInterceptor 接口来实现自定义拦截器的功能。HandlerInterceptor 接口定义了 preHandle、postHandle、afterCompletion 三种方法，通过重写这三种方法实现请求前、请求

后等操作。

1）preHandle：预处理回调方法实现处理程序的预处理（如登录检查），第三个参数为响应的处理程序（如第 3 章的控制器的实现）。

返回值：true 表示继续流程（如调用下一个拦截器或处理程序）；false 表示流程中断（如登录检查失败），不会继续调用其他的拦截器或处理程序，此时需要通过 response 来产生响应。

2）postHandle：后处理回调方法，实现处理程序的后处理（但在渲染视图之前），此时可以通过 modelAndView（模型和视图对象）对模型数据进行处理或对视图进行处理，modelAndView 也可能为 null。

3）afterCompletion：整个请求处理完之后回调方法，即在视图渲染完毕时回调，如在性能监控中，可以在此记录结束时间并输出消耗时间，还可以进行一些资源清理，类似于 try-catch-finally 中的 finally，但是只调用处理程序执行 preHandle，返回 true 所对应的拦截器的 afterCompletion。

有时我们只需要实现 3 种回调方法之一，如果实现 HandlerInterceptor 接口，则无论是否需要 3 种方法都必须实现，此时 Spring 提供了一个 HandlerInterceptorAdapter 适配器（一种适配器设计模式的实现），允许我们只实现需要的回调方法。

4.5.3　使用 HandlerInterceptor 实现拦截器

我们在访问某些需要授权的页面，如订单详情、订单列表等需要用户登录后才能查看的功能时，需要对这些请求拦截，进行登录检测，符合规则的才允许请求通过。接下来通过登录状态检测的例子演示拦截器的使用。

首先，创建自定义登录拦截器，示例代码如下：

```
public class LoginInterceptor implements HandlerInterceptor {
    /*注册拦截器*/
    public boolean preHandle(HttpServletRequest request, HttpServletResponse
response, Object handler)
        throws Exception {
        Object user = request.getSession().getAttribute("user");
        if (user == null){
            request.setAttribute("msg","您没有权限这么做！");
            request.getRequestDispatcher("/").forward(request,response);
            return false;
        }
        return true;
    }
}
```

在上面的示例中，LoginInterceptor 继承 HandlerInterceptor 接口，实现 preHandle 接口，验证用户的 Session 状态。如果当前用户有登录信息，则可以继续访问；如果当前用户没有登录信息，则返回无权限。

然后，将拦截器注入系统配置。

定义 MyMvcConfig 配置类，将上面定义的 LoginInterceptor 拦截器注入系统中，示例代码如下：

```
@Configuration
```

```
public class MyMvcConfig implements WebMvcConfigurer {
  @Override
   public void addInterceptors(InterceptorRegistry registry) {
      registry.addInterceptor(new LoginInterceptor())
      .addPathPatterns("/**").excludePathPatterns("/",
      "/user/login","/asserts/**","/webjars/**");
   }
}
```

通过 WebMvcConfigurer 类的 addInterceptors 方法将刚刚自定义的 LoginInterceptor 拦截器注入系统中。

● addPathPatterns 定义拦截的请求地址。
● excludePathPatterns 的作用是排除某些地址不被拦截，例如登录地址/user/login 不需要进行登录验证。

4.6　过滤器

本节介绍如何使用 Spring Boot 实现自定义过滤器，在开发 Web 项目时，经常需要过滤器（Filter）来处理一些请求，包括字符集转换、过滤敏感词汇等场景。

4.6.1　过滤器简介

过滤器是 Java Servlet 规范中定义的，能够在 HTTP 请求发送给 Servlet 之前对 Request（请求）和 Response（返回）进行检查和修改，从而起到过滤的作用。通过对 Web 服务器管理的所有 Web 资源（如 JSP、Servlet、静态图片文件或静态 HTML 文件等）过滤，实现特殊的功能，例如，实现 URL 级别的权限访问控制、过滤敏感词汇、排除有 XSS 威胁的字符等。

Spring Boot 内置了很多过滤器，比如处理编码的 OrderedCharacterEncodingFilter 和请求转化的 HiddenHttpMethodFilter，也支持根据实际需求自定义过滤器。自定义过滤器有两种实现方式：第一种是使用@WebFilter，第二种是使用 FilterRegistrationBean。经过实践之后，发现使用 @WebFilter 自定义的过滤器优先级顺序不能生效，因此推荐使用第二种方案。

过滤器和拦截器的功能类似，但技术实现差距比较大，两者的区别包括以下几个方面：

1）过滤器依赖于 Servlet 容器，属于 Servlet 规范的一部分，而拦截器则是独立存在的，可以在任何情况下使用。

2）过滤器的执行由 Servlet 容器回调完成，而拦截器通常通过动态代理的方式来执行。

3）过滤器的生命周期由 Servlet 容器管理，而拦截器可以通过 IoC 容器来管理，因此可以通过注入等方式来获取其他 Bean 的实例，因此使用更方便。

拦截器和过滤器的执行顺序是：先过滤器后拦截器。具体执行过程为：过滤前→拦截前→执行→拦截后→过滤后。

4.6.2　使用 FilterRegistrationBean 实现过滤器

Spring Boot 提供了 FilterRegistrationBean 类实现过滤器注入，实现自定义过滤器的步骤如下：

1）添加自定义 Filter 类，实现 Filter 接口，并实现其中的 doFilter()方法。

2）添加@Configuration 注解，将自定义过滤器加入过滤链。

接下来以监控请求执行时间为例，通过自定义过滤器实现系统性能监控的功能。步骤如下：

步骤 01 创建拦截器，示例代码如下：

```java
@Component
public class ConsumerTimerFilter implements Filter {
    @Override
    public void init(FilterConfig arg0) throws ServletException {
    }

    @Override
    public void destroy() {
    }

    @Override
    public void doFilter(ServletRequest request, ServletResponse response,
FilterChain chain) throws IOException, ServletException {
        System.out.println("timer Filter begin");
         long start=new Date().getTime();
         chain.doFilter(request, response);
         long end=new Date().getTime();
         System.out.println("timer Filter end,cost time:"+(end-start));
    }
}
```

@Component注解确保被 Spring Boot 管理。上面的示例代码实现了 doFilter()方法记录所有 HTTP 请求的时间。

步骤 02 将过滤器注入系统配置中。

通过 FilterRegistrationBean 类将定义的 ConsumerTimerFilter 过滤器注入系统中，并配置过滤的地址和执行顺序，示例代码如下：

```java
@Configuration
public class WebConfig {
    @Bean
    public FilterRegistrationBean consumerLoginFilterRegistration() {
        FilterRegistrationBean<ConsumerLoginFilter> registration = new
FilterRegistrationBean<>();
        registration.setFilter(ConsumerTimerFilter());
        registration.addUrlPatterns("/*");
        registration.setName("consumerLoginFilter");
        registration.setOrder(2);
        return registration;
    }
}
```

使用 registration.setOrder(2)进行排序，数字越小越先执行。当有多个过滤器时，通过设置 Order 属性决定过滤器的执行顺序。

添加完后启动项目，在浏览器中输入地址 http://localhost:8080/getUsers，就会看到控制台打印如下信息：

```
timer Filter begin
timer Filter end,cost time:17
```

如上所示，后台输出了请求的消耗时间，说明刚刚自定义的过滤器已经对所有的 URL 进行了过滤处理。

4.7　Web 配置

本节介绍 Spring Boot Web 中非常重要的类：WebMvcConfigurer。有时我们需要自定义 Handler、Interceptor、ViewResolver、MessageConverter 实现特殊的 Web 配置功能，通过 WebMvcConfigurer 接口即可实现项目的自定义配置。

4.7.1　WebMvcConfigurer 简介

在 Spring Boot 1.5 版本都是靠重写 WebMvcConfigurerAdapter 的方法来添加自定义拦截器、消息转换器等。Spring Boot 2.0 以后，该类被标记为@Deprecated（弃用）。官方推荐直接实现 WebMvcConfigurer 接口或者直接继承 WebMvcConfigurationSupport 类。

WebMvcConfigurer 配置类其实是 Spring 内部的一种配置方式，采用 JavaBean 的形式来代替传统的 XML 配置文件形式进行针对框架的个性化定制，可以自定义 Handler、Interceptor、ViewResolver、MessageConverter。基于 java-based 方式的 Spring MVC 配置需要创建一个配置类并实现 WebMvcConfigurer 接口。

4.7.2　跨域访问

出于安全的考虑，浏览器会禁止 Ajax 访问不同域的地址，而在如今微服务横行的年代，跨域访问是非常常见的。这就需要应用系统既要保证系统安全，又要对前端跨域访问提供支持。所以 W3C 提出了 CORS（Cross-Origin-Resource-Sharing）跨域访问规范，并被主流浏览器所支持。

Spring Boot 可以基于 CORS 解决跨域问题，CORS 是一种机制，告诉后台哪边（Origin）来的请求可以访问服务器的数据。WebMvcConfigurer 配置类中的 addCorsMappings()方法是专门为开发人员解决跨域而诞生的接口，其中构造参数为 CorsRegistry，示例代码如下：

```
@Override
public void addCorsMappings(CorsRegistry registry) {
    super.addCorsMappings(registry);
    registry.addMapping("/cors/**")
            .allowedHeaders("*")
            .allowedMethods("POST","GET","DELETE","PUT")
            .allowedOrigins("*");
}
```

从上面的示例代码可以看出，将 pathPattern 设置为/**，即整个系统支持跨域访问。当然也可以根据不同的项目路径定制访问行为。CorsRegistry 提供了 registrations 属性，通过

getCorsConfigurations()方法设置特定路径的跨域访问。

4.7.3　数据转换配置

Spring Boot 支持对请求或返回的数据类型进行转换，常用到的是统一对返回的日期数据自动格式化。配置如下：

```
//定义时间格式转换器
@Bean
public MappingJackson2HttpMessageConverter jackson2HttpMessageConverter() {
    MappingJackson2HttpMessageConverter converter = new
MappingJackson2HttpMessageConverter();
    ObjectMapper mapper = new ObjectMapper();
    mapper.configure(DeserializationFeature.FAIL_ON_UNKNOWN_PROPERTIES,
false);
    mapper.setDateFormat(new SimpleDateFormat("yyyy-MM-dd HH:mm:ss"));
    converter.setObjectMapper(mapper);
    return converter;
}

//添加转换器
@Override
public void configureMessageConverters(List<HttpMessageConverter<?>>
converters) {
    //将我们定义的时间格式转换器添加到转换器列表中
    //这样jackson格式化时但凡遇到Date类型就会转换成我们定义的格式
    converters.add(jackson2HttpMessageConverter());
}
```

在上面的示例中，首先创建一个 MessageConverter 时间格式转换器，将设置时间的格式为 "yyyy-MM-dd HH:mm:ss"，然后 configureMessageConverters 方法将转换器添加到系统中。这样 JSON 数据格式化时，统一将时间类型转换成我们定义的格式。

4.7.4　静态资源

在开发 Web 应用的过程中，需要引用大量的 JS、CSS、图片等静态资源。Spring Boot 默认提供静态资源的目录置于 classpath 下，目录名规则如下：

- /static
- /public
- /resources
- /META-INF/resources

比如，我们可以在 src/main/resources/目录下创建 static，在该位置放置一个文件名为 xx.jpg 的图片。启动程序后，访问 http://localhost:8080/xx.jpg 即可访问该图片，无须其他额外配置。

Spring Boot 同样支持自定义静态资源目录，如果需要自定义静态资源映射目录，只需重写 addResourceHandlers()方法即可，示例代码如下：

```
@Override
public void addResourceHandlers(ResourceHandlerRegistry registry) {
    // 处理静态资源，例如图片、JS、CSS 等
    registry.addResourceHandler("/images/**").addResourceLocations
("classpath:/images/");
}
```

在上面的示例中，创建的 webconfig 类继承自 WebMvcConfigure 类，重写了 addResourceHandler()
方法，通过 addResourceHandler 添加映射路径，然后通过 addResourceLocations 来指定路径。

- addResourceLocations 指的是文件放置的目录。
- addResoureHandler 指的是对外暴露的访问路径。

4.7.5 跳转指定页面

以前编写 Spring MVC 的时候，如果需要访问一个页面，必须要在 Controller 类中编写一个页面
跳转的方法。Spring Boot 重写 WebMvcConfigurer 中的 addViewControllers()方法即可达到同样的效
果。示例代码如下：

```
@@Override
public void addViewControllers(ViewControllerRegistry registry) {
    super.addViewControllers(registry);
    registry.addViewController("/").setViewName("/index");
    // 实现一个请求到视图的映射，无须编写 controller
    registry.addViewController("/login").setViewName
("forward:/index.html");
}
```

值得指出的是，在这里重写 addViewControllers()方法并不会覆盖 WebMvcAutoConfiguration 中
的 addViewControllers（在此方法中，Spring Boot 将 "/" 映射至 index.html），这就意味着我们自己
的配置和 Spring Boot 的自动配置同时有效，这也是推荐添加自己的 MVC 配置的原因。

4.8 实战：实现优雅的数据返回

本节介绍如何让前后台优雅地进行数据交互，正常的数据如何统一数据格式，以及异常情况如
何统一处理并返回统一格式的数据。

4.8.1 为什么要统一返回值

在项目开发过程中经常会涉及服务端、客户端接口数据传输或前后台分离的系统架构下的数据
交互问题。如何确保数据完整、清晰易懂是考验开发者的大难题。定义统一的数据返回格式有利于
提高开发效率、降低沟通成本，降低调用方的开发成本。目前比较流行的是基于 JSON 格式的数据
交互。但是 JSON 只是消息的格式，其中的数据内容还需要重新设计和定义。无论是 HTTP 接口还
是 RPC 接口，保持返回值格式统一很重要。

在项目中，我们会将响应封装成 JSON 返回，一般会统一所有接口的数据格式，使前端（iOS、

Android、Web）对数据的操作一致、轻松。一般情况下，统一返回数据格式没有固定的规范，只要能描述清楚返回的数据状态以及要返回的具体数据即可，但是一般会包含状态码、消息提示语、具体数据这 3 部分内容。例如，一般的系统要求返回的基本数据格式如下：

```json
{
  "code": 20000,
  "message": "成功",
  "data": {
    "items": [
      {
        "id": "1",
        "name": "weiz",
        "intro": "备注"
      }
    ]
  }
}
```

通过上面的示例我们知道，定义的返回值包含 4 要素：响应结果、响应码、消息、返回数据。

4.8.2　统一数据返回

前面介绍了为什么要统一返回值以及如何实现统一 JSON 数据返回。接下来通过示例演示如何实现统一 JSON 数据返回。

1. 定义数据格式

定义返回值的基本要素，确保后台执行无论成功还是失败都是返回这些字段，而不会出现其他的字段。定义的返回值包含如下内容：

- Integer code：成功时返回 0，失败时返回具体错误码。
- String message：成功时返回 null，失败时返回具体错误消息。
- T data：成功时返回具体值，失败时为 null。

根据上面的返回数据格式的定义，实际返回的数据模板如下：

```json
{
  "code": 20000,
  "message": "成功",
  "data": {
    "items": [
      {
        "id": "1",
        "name": "weiz",
        "intro": "备注"
      }
    ]
  }
}
```

其中，data 字段为泛型字段，根据实际的业务返回前端需要的数据类型。

2. 定义状态码

返回的数据中有一个非常重要的字段：状态码。状态码字段能够让服务端、客户端清楚知道操作的结果、业务是否处理成功，如果失败，失败的原因等信息。所以，定义清晰易懂的状态码非常重要。状态码定义如表 4-3 所示。

表4-3　状态码说明

代　码	类　型	说　明
200	通用状态码	处理成功
400	通用状态码	处理失败
401	通用状态码	接口不存在
404	通用状态码	token 未认证（签名错误）
500	通用状态码	服务器内部错误

以上定义的是通用状态码，其他的业务相关状态码需要根据实际业务定义。

3. 定义数据处理类

前面定义了返回数据的格式和处理结果的状态码，接下来定义通用的结果处理类。在实际使用时可以根据情况处理。本示例中简单定义如下：

```java
/**
 *
 * @Title: JSONResult.java
 * @Package com.weiz.utils
 * @Description: 自定义响应数据结构
 *          200：表示成功
 *          500：表示错误，错误信息在 msg 字段中
 *          501：bean 验证错误，无论多少个错误都以 map 形式返回
 *          502：拦截器拦截到用户 token 出错
 *          555：异常抛出信息
 * Copyright: Copyright (c) 2016
 *
 * @author weiz
 * @date 2016 年 4 月 22 日 下午 8:33:36
 * @version V1.0
 */
public class JSONResult {
    // 定义 jackson 对象
    private static final ObjectMapper MAPPER = new ObjectMapper();
    // 响应业务状态
    private Integer code;
    // 响应消息
    private String msg;
    // 响应中的数据
    private Object data;

    public static JSONResult build(Integer status, String msg, Object data) {
        return new JSONResult(status, msg, data);
    }
```

```java
public static JSONResult ok(Object data) {
    return new JSONResult(data);
}

public static JSONResult ok() {
    return new JSONResult(null);
}

public static JSONResult errorMsg(String msg) {
    return new JSONResult(500, msg, null);
}

public static JSONResult errorMap(Object data) {
    return new JSONResult(501, "error", data);
}

public static JSONResult errorTokenMsg(String msg) {
    return new JSONResult(502, msg, null);
}

public static JSONResult errorException(String msg) {
    return new JSONResult(555, msg, null);
}

public JSONResult() {

}

public JSONResult(Integer status, String msg, Object data) {
    this.status = status;
    this.msg = msg;
    this.data = data;
}

public JSONResult(Object data) {
    this.status = 200;
    this.msg = "OK";
    this.data = data;
}

public Boolean isOK() {
    return this.status == 200;
}

/**
 *
 * @Description: 将 json 结果集转化为 JSONResult 对象
 *               需要转换的对象是一个类
 * @param jsonData
 * @param clazz
 * @return
 *
 * @author weiz
 * @date 2016 年 4 月 22 日 下午 8:34:58
```

```
        */
       public static JSONResult formatToPojo(String jsonData, Class<?> clazz) {
           try {
               if (clazz == null) {
                   return MAPPER.readValue(jsonData, JSONResult.class);
               }
               JsonNode jsonNode = MAPPER.readTree(jsonData);
               JsonNode data = jsonNode.get("data");
               Object obj = null;
               if (clazz != null) {
                   if (data.isObject()) {
                       obj = MAPPER.readValue(data.traverse(), clazz);
                   } else if (data.isTextual()) {
                       obj = MAPPER.readValue(data.asText(), clazz);
                   }
               }
               return build(jsonNode.get("status").intValue(),
jsonNode.get("msg").asText(), obj);
           } catch (Exception e) {
               return null;
           }
       }

       /**
        *
        * @Description: 没有 object 对象的转化
        * @param json
        * @return
        *
        * @author weiz
        * @date 2016 年 4 月 22 日 下午 8:35:21
        */
       public static JSONResult format(String json) {
           try {
               return MAPPER.readValue(json, JSONResult.class);
           } catch (Exception e) {
               e.printStackTrace();
           }
           return null;
       }

       /**
        *
        * @Description: Object 是集合转化
        *               需要转换的对象是一个 list
        * @param jsonData
        * @param clazz
        * @return
        *
        * @author weiz
        * @date 2016 年 4 月 22 日 下午 8:35:31
        */
       public static JSONResult formatToList(String jsonData, Class<?> clazz) {
           try {
               JsonNode jsonNode = MAPPER.readTree(jsonData);
```

```
                JsonNode data = jsonNode.get("data");
                Object obj = null;
                if (data.isArray() && data.size() > 0) {
                    obj = MAPPER.readValue(data.traverse(),
                        MAPPER.getTypeFactory().constructCollectionType
(List.class, clazz));
                }
                return build(jsonNode.get("status").intValue(),
jsonNode.get("msg").asText(), obj);
            } catch (Exception e) {
                return null;
            }
        }

    public String getOk() {
        return ok;
    }

    public void setOk(String ok) {
        this.ok = ok;
    }

}
```

上面定义了数据返回处理类，定义了响应数据结构，所有接口的数据返回统一通过此类处理，接收此类数据后，需要使用本类的方法转换成对应的数据类型格式（类或者 list）。

4. 处理数据返回

定义数据处理类后，在控制器中将返回的数据统一加上数据处理。调用如下：

```
@RequestMapping("/getUser")
public JSONResult getUserJson(){
    User u = new User();
    u.setName("weiz222");
    u.setAge(20);
    u.setBirthday(new Date());
    u.setPassword("weiz222");
    return JSONResult.ok(u);
}
```

5. 测试

启动 helloworld 项目，浏览器中访问 http://localhost:8080/user/getUser，页面数据返回如下：

```
{
    "code": 200,
    "msg": "OK",
    "data": {
        "name": "weiz222",
        "age": 20,
        "birthday": "2020-12-21 06:57:13"
    }
}
```

返回的结果数据在正常的时候能够按照我们的预期结果格式返回。

4.8.3　全局异常处理

在项目开发的过程中肯定会碰到异常的情况，出现异常情况时如何处理，如何确保出现异常时程序也能正确地返回数据？总不能所有的方法都加上 try catch 吧？接下来介绍 Spring Boot 如何进行全局异常处理，捕获异常后如何按照统一格式返回数据。

1. 全局异常处理的实现方式

在介绍之前，我们需要先了解 Spring 中常见的异常处理方式有哪些。一般 Spring Boot 框架的异常处理有多种方式，从范围来说，包括全局异常捕获处理方式和局部异常捕获处理方式。下面介绍 3 种比较常用的异常处理解决方案。

（1）使用@ ExceptionHandler 处理局部异常

在控制器中通过加入@ExceptionHandler 注解的方法来实现异常的处理。这种方式非常容易实现，但是只能处理使用@ExceptionHandler 注解方法的控制器异常，而无法处理其他控制器的异常，所以不推荐使用。

（2）配置 SimpleMappingExceptionResolver 类来处理异常

通过配置 SimpleMappingExceptionResolver 类实现全局异常的处理，但是这种方式不能针对特定的异常进行特殊处理，所有的异常都按照统一的方式处理。

（3）使用 ControllerAdvice 注解处理全局异常

使用@ControllerAdvice、@ExceptionHandler 注解实现全局异常处理，@ControllerAdvice 定义全局异常处理类,@ExceptionHandler 指定自定义错误处理方法拦截的异常类型。实现全局异常捕获，并针对特定的异常进行特殊处理。

以上三种解决方案，都能实现全局异常处理。但是，推荐使用@ControllerAdvice 注解方式处理全局异常，这样可以针对不同的异常分开处理。

2. 使用@ControllerAdvice 注解实现全局异常处理

下面通过示例演示@ControllerAdvice 注解实现全局统一异常处理。

定义一个自定义的异常处理类 GlobalExceptionHandler，具体示例代码如下：

```
@ControllerAdvice
public class GlobalExceptionHandler {

    public static final String ERROR_VIEW = "error";

    Logger logger = LoggerFactory.getLogger(getClass());

    @ExceptionHandler(value = {Exception.class })
    public Object errorHandler(HttpServletRequest reqest,
        HttpServletResponse response, Exception e) throws Exception {

    //e.printStackTrace();
        // 记录日志
        logger.error(ExceptionUtils.getMessage(e));
    // 是否是 Ajax 请求
    if (isAjax(reqest)) {
```

```
            return JSONResult.errorException(e.getMessage());
        } else {
            ModelAndView mav = new ModelAndView();
                mav.addObject("exception", e);
                mav.addObject("url", reqest.getRequestURL());
                mav.setViewName(ERROR_VIEW);
                return mav;
        }
    }

    /**
     *
     * @Title: GlobalExceptionHandler.java
     * @Package com.weiz.exception
     * @Description: 判断是否是 Ajax 请求
     * Copyright: Copyright (c) 2017
     *
     * @author weiz
     * @date 2017 年 12 月 3 日 下午 1:40:39
     * @version V1.0
     */
    public static boolean isAjax(HttpServletRequest httpRequest){
        return  (httpRequest.getHeader("X-Requested-With") != null
                    && "XMLHttpRequest"

.equals( httpRequest.getHeader("X-Requested-With")) );
    }
}
```

上面的示例，处理全部 Exception 的异常，如果需要处理其他异常，例如 NullPointerException 异常，则只需要在 GlobalException 类中使用 @ExceptionHandler(value = {NullPointerException.class}) 注解重新定义一个异常处理的方法即可。

启动项目，在浏览器中输入 http://localhost:8088/err/error，结果如图 4-3 所示。

发生错误：

http://localhost:8088/err/error
/ by zero

图 4-3　统一异常处理页面

如图 4-3 所示，处理异常之后页面自动调整到统一的错误页面，如果是 Ajax 请求出错，则会按照定义的 JSON 数据格式统一返回数据。

4.9　本章小结

本章主要介绍了如何使用 Spring Boot 开发 Web 项目。首先从简单的 Web 项目开始，依次介绍了 Web 系统基本结构和一个 Web 请求的完整调用流程；然后介绍了 Spring Boot 的控制器、URL 映射、参数传递与数据验证等，实现自定义拦截器和过滤器；最后介绍了 Spring Boot 的 WebMvcConfigurer 配置类，通过 WebMvcConfigurer 来定制 Spring Boot 全局 MVC 属性。

通过本章的学习，读者应该获得了 Spring Boot 开发 Web 项目的基本操作技能，能够从零开始自行搭建完整的 Web 系统，并具备进一步提高操作技能的基础知识。

4.10　本章练习

1）使用 IDEA 手动创建一个 Spring Boot 项目，创建一个控制器（Controller），模拟数据的增、删、改、查操作。

2）使用拦截器实现全局系统性能监控日志。

3）使用 WebMvcConfigurer 自定义配置系统的静态文件路径。

第 5 章

Thymeleaf 模板引擎

本章主要介绍 Web 开发中的重要组成部分：模板引擎。Spring Boot 支持的模板引擎有很多，Thymeleaf 是流行的模板引擎之一。本章将介绍 Thymeleaf 模板引擎，包括 Thymeleaf 常用的语法、Thymeleaf 的表达式等高级用法以及 Thymeleaf 页面的整体布局。

5.1 Thymeleaf 入门

本节介绍什么是 Thymeleaf 以及 Spring Boot 如何集成使用 Thymeleaf 模板，最后介绍 Spring Boot 支持的 Thymeleaf 的一些常用的配置参数。

5.1.1 Thymeleaf 简介

Thymeleaf 是一款非常优秀的服务器端页面模板引擎，适用于 Web 和独立环境，具有丰富的标签语言和函数，能够处理 HTML、XML、JavaScript 甚至文本。

Thymeleaf 相较于其他模板引擎更加优雅。它强调自然模板化（允许模板成为工作原型，而 Velocity、FreeMarker 模板不允许这样做），所以它的语法更干净，更符合当前 Web 开发的趋势。

1. Thymeleaf 的实现机制

模板的诞生是为了将显示与数据分离，模板技术多种多样，本质是将模板文件和数据通过模板引擎生成最终的 HTML 代码。

Thymeleaf 亦是如此。Thymeleaf 将其逻辑注入模板控件中，而不会影响模板设计原型，所以可以在浏览器中正确显示 HTML 页面和数据，也可以在无后台时静态显示。由于 Thymeleaf 模板后缀为.html，可以直接在浏览器中打开，预览非常方便。这样改善了设计人员与开发人员的沟通，弥合了设计人员和开发团队之间的差距，从而可以在开发团队中实现更强大的协作。

2. Thymeleaf 的优点

Thymeleaf 与 Velocity、FreeMarker 等模板引擎类似，可以完全替代 JSP。与其他的模板引擎相比，Thymeleaf 具有如下优点：

1）动静结合：Thymeleaf 页面采用模板+数据的展示方式，既可以展示静态页面，也可以展示数据返回到页面后的动态效果。这是因为 Thymeleaf 支持 HTML 原型，可以在 HTML 原型上添加额外的属性，浏览器在解释 HTML 时会忽视未定义的属性，当定义的属性带数据时就会动态替换静态内容，实现页面动态展示。

2）开箱即用：Thymeleaf 提供标准方言和 Spring 方言，可以直接套用模板实现 JSTL、OGNL 表达式效果，避免套模板、改 JSTL、改标签的困扰。同时，开发人员也可以扩展和创建自定义的方言。

3）多方言支持：Thymeleaf 提供 spring 标准方言和一个与 Spring MVC 完美集成的可选模块，可以快速地实现表单绑定、属性编辑器、国际化等功能。

4）与 Spring Boot 完美整合：Spring Boot 提供了 Thymeleaf 的默认配置，并且为 Thymeleaf 设置了视图解析器，可以像操作 JSP 一样来操作 Thymeleaf。代码几乎没有任何区别，仅在模板语法上有所区别。

Spring Boot 官方推荐使用 Thymeleaf 作为前端页面模板，Spring Boot 2.0 中默认使用 Thymeleaf 3.0。同时 Spring Boot 也为 Thymeleaf 提供了 spring-boot-starter-thymeleaf 组件（集成了 Thymeleaf 模板引擎），还支持 Thymeleaf 自动装配，可以开箱即用。

5.1.2 Spring Boot 使用 Thymeleaf

Spring Boot 对 Thymeleaf 提供了非常完整的支持，使得我们使用 Thymeleaf 非常简单，只需要引入 spring-boot-starter-thymeleaf 依赖库即可。下面通过一个简单的例子来演示 Spring Boot 是如何集成 Thymeleaf 的。

步骤 01 添加 Thymeleaf 依赖。

修改项目的 pom.xml 文件，添加 spring-boot-starter-thymeleaf 依赖配置：

```
<dependency>
    <groupId>org.springframework.boot</groupId>
    <artifactId>spring-boot-starter-thymeleaf</artifactId>
</dependency>
```

在上面的示例中，在 Spring Boot 项目中除了需要引入 spring-boot-starter-thymeleaf 依赖库外，还需要引入 spring-boot-starter-web 和 spring-boot-starter 等组件。

步骤 02 配置 Thymeleaf 参数。

如果需要对默认的 Thymeleaf 配置参数进行自定义，可直接在 application.properties 中配置修改：

```
# 是否开启缓存，开发时可以设置为 false，默认为 true
spring.thymeleaf.cache=false
# 模板文件位置
```

```
spring.thymeleaf.prefix=classpath:/templates/
# Content-Type 配置
spring.thymeleaf.servlet.content-type=text/html
# 模板文件后缀
spring.thymeleaf.suffix=.html
```

在上面的示例中，主要是配置 Thymeleaf 模板页面的存放位置。当然，也可以通过 application.properties 灵活地配置 Thymeleaf 的其他各项特性。其中，spring.thymeleaf.cache=false 用于关闭 Thymeleaf 的缓存，不然在开发过程中修改页面不会生效，需要重启，生产环境可配置为 true。

步骤 03 创建 Thymeleaf 页面。

Thymeleaf 模板后缀为.html，在 resource\templates 模板存放目录下创建 hello.html 页面，示例代码如下：

```
<!DOCTYPE html>
<html lang="en" xmlns:th="http://www.thymeleaf.org">
<head lang="en">
    <meta charset="UTF-8" />
    <title></title>
</head>
<body>
Thymeleaf 模板引擎
<h1 th:text="${name}">Hello Thymeleaf</h1>
</body>
</html>
```

在上面的示例中，我们创建了 hello.html 页面。此页面可直接双击来运行，页面会显示出"Hello Thymeleaf"。

步骤 04 创建后台控制器（Controller）。

在 Controller 目录中创建 HelloController 控制器并实现测试方法，示例代码如下：

```
@Controller
public class HelloController {
    @RequestMapping("/hello")
    public String hello(ModelMap map) {
        map.addAttribute("name", "Hello Thymeleaf From Spring Boot");
        return "hello";
    }
}
```

在上面的示例中，使用@Controller 注解返回页面和数据。返回具体的 hello.html 页面，需要与前端 HTML 的路径保持一致，同时返回数据 name=Hello Thymeleaf。

步骤 05 运行验证。

至此，准备工作已经完成。启动项目后，在浏览器中输入网址 http://localhost:8080/hello，验证 Thymeleaf 配置是否成功，如图 5-1 所示。

图 5-1 hello.html 页面显示效果

由图 5-1 可知，成功返回 hello.html 页面，并且通过 th:text="${name}"标签，页面的默认值已经成功地被后端传入的内容所替换。说明 Thymeleaf 已经成功整合到我们的 Spring Boot 项目中。

Thymeleaf 使用非常简单，标签与 Html 基类似。但是，在使用 Thymeleaf 时还需要注意以下几个问题：

1）Thymeleaf 模板页面必须在 HTML 标签中声明 xmlns:th="http://www.thymeleaf.org/，表明页面使用的是 Thymeleaf 的语法，否则 Thymeleaf 的自定义标签没有提示。

2）在 application.properties 文件中配置的模板路径为 classpath:/templates/，模板的存放路径在 resource/templates 目录下。

3）Spring Boot 默认存放模板页面的路径在 src/main/resources/templates 或者 src/main/view/templates，无论使用什么模板语言都一样，当然默认路径是可以自定义的，不过一般不推荐这样做。

4）Thymeleaf 默认的页面文件后缀是.html，也可以改成其他后缀。

5.1.3 Thymeleaf 常用的配置参数

Thymeleaf 提供了很多可自定义的配置参数，只是这些 Spring Boot 都已经默认配置，如果需要自定义修改这些配置，可以通过 application.properties 配置文件灵活地配置 Thymeleaf 的各项特性。以下为 Thymeleaf 的配置和默认参数：

```
# THYMELEAF (ThymeleafAutoConfiguration)
# 开启模板缓存（默认值：true）
spring.thymeleaf.cache=true
# 检查模板是否存在，然后呈现
spring.thymeleaf.check-template=true
# 检查模板位置是否正确（默认值：true）
spring.thymeleaf.check-template-location=true
# Content-Type 的值（默认值：text/html）
spring.thymeleaf.content-type=text/html
# 开启 MVC Thymeleaf 视图解析（默认值：true）
spring.thymeleaf.enabled=true
# 模板编码
spring.thymeleaf.encoding=UTF-8
# 要被排除在解析之外的视图名称列表，用逗号分隔
spring.thymeleaf.excluded-view-names=
# 定义模板的模式(默认值：HTML5)
spring.thymeleaf.mode=HTML5
# 在构建 URL 时添加到视图名称前的前缀（默认值：classpath:/templates/）
spring.thymeleaf.prefix=classpath:/templates/
# 在构建 URL 时添加到视图名称后的后缀（默认值：.html）
spring.thymeleaf.suffix=.html
```

\# Thymeleaf 模板解析器在解析器链中的顺序，默认情况下，它排在第一位，顺序从 1 开始，只有在定义了额外的 TemplateResolver Bean 时才需要设置这个属性

```
spring.thymeleaf.template-resolver-order=
# 可解析的视图名称列表，用逗号分隔
spring.thymeleaf.view-names=
```

上面的 Thymeleaf 的属性配置看起来很多，其实常用的就是之前介绍的配置项。其他的配置项在实际项目中可以根据实际使用情况来修改。

5.2　Thymeleaf 表达式

既然 Thymeleaf 有着众多优点，又是 Spring Boot 官方推荐的模板引擎，接下来就让我们看看 Thymeleaf 有哪些实用的功能。本节介绍 Thymeleaf 的各种表达式，通过一些简单的例子来演示 Thymeleaf 的表达式及用法。

5.2.1　变量表达式

变量表达式即获取后台变量的表达式。使用$\{\}$获取变量的值，例如：

```
<p th:text="${name}">hello</p>
```

在上面的示例中，通过$\{name\}$获取后台返回的 model 的属性。标签中的 th:text 属性用来填充该标签的内容。

如果后台返回的是对象，则使用变量名.属性名方式获取，这一点和 EL 表达式一样。

```
<p th:text="${user.memo}">备注</p>
```

在上面的示例中，使用$\{user. memo\}$可以获取 model 中的 user 对象的 memo 属性。

5.2.2　选择或星号表达式

选择表达式与变量表达式类似，不过它用一个预先选择的对象来代替上下文变量容器（map）执行*{name}。什么是预先选择的对象？就是父标签的值。示例代码如下：

```
<div th:object="${session.user}">
    <p>Name: <span th:text="*{firstName}">Sebastian</span>.</p>
    <p>Surname: <span th:text="*{lastName}">Pepper</span>.</p>
    <p>Nationality: <span th:text="*{nationality}">Saturn</span>.</p>
</div>

// 等价于
<div>
  <p>Name: <span th:text="${session.user.firstName}">Sebastian</span>.</p>
  <p>Surname: <span th:text="${session.user.lastName}">Pepper</span>.</p>
  <p>Nationality: <span
th:text="${session.user.nationality}">Saturn</span>.</p>
  </div>
```

在上面的示例中，我们用 th:object 预先定义了对象变量${session.user}，然后使用星号（*）获取了 user 变量中的各个属性。例如*{firstName}等价于${session.user.firstName}。这两种使用方式的区别如下：

1）在不考虑上下文的情况下，两者没有区别，只是星号语法评估在选定对象上表达，而不是整个上下文。

2）美元符号（$）和星号（*）语法可以混合使用。

5.2.3　URL 表达式

URL 在 Web 应用中占据着十分重要的地位，如引用静态资源文件、处理 URL 链接等。Thymeleaf 通过@{...}语法来处理 URL 表达式，主要使用 th:href、th:src 等属性引用 CSS、JS 等静态资源文件、下面通过示例演示 URL 表达式的使用。

1. 引入静态资源文件

Thymeleaf 页面使用 th:href 属性引入 CSS 资源文件：

```
<link rel="stylesheet" th:href="@{/resources/css/bootstrap.min.css}" />
```

在上面的示例中，默认访问 resources 下的 css 文件夹。

Thymeleaf 页面使用 th:src 属性引入 JS 资源文件：

```
<script th:src="@{/resource/js/bootstrap.min.js}"></script>
```

默认访问 resources 下的 js 文件夹。

2. 使用 @{...} 设置背景图片

```
<div th:style="'background:url(' + @{${imgurl}} + ');'">
```

上面的路径使用@{${imgurl}}指定图片的路径，Thymeleaf 也通过 th:background 设置背景。

3. URL 链接

Thymeleaf 支持在<a>标签中使用 th:href 来处理 URL 链接：

```
<a th:href="@{http://www.a.com/user/u2376052 }">绝对路径</a>
<a th:href="@{/order}">相对路径</a>
```

在上面的示例中，th:href 属性修饰符将计算并替换使用 href 链接的 URL 值，并放入 href 属性中。

同样，th:href 也支持 URL 参数传递，我们可以使用带参数的 URL 表达式，示例如下：

```
<a th:href="@{/order/details(orderId=${orderId})}">view</a>
```

在上面的示例中，@{...} 表达式中通过{orderId}访问上下文中的 orderId 变量。最后的 (orderId=${o.id})表示将括号内的内容作为 URL 参数处理，该语法避免使用"&"拼接 URL 参数，大大提高了可读性。

如果需要多个参数，将用逗号分隔，比如：

```
<a th:href="@{/order/process(execId=${execId},execType='FAST')}">view</a>
```

在上面的示例中，使用@{}表达式创建 URL，同时传递 execId 和 execType 两个参数，比使用
"&" 拼接更简单易读。

5.2.4　文字国际化表达式

文字国际化表达式允许我们从一个外部文件获取区域文字信息，使用类似于#{login.tip}的表达
式。下面通过示例演示 Thymeleaf 实现国际化。

步骤01 创建国际化资源。

Spring Boot 支持国际化，我们在 resources 资源文件目录下新建 i18n 文件夹，在该文件夹下创
建 test_zh_CN.properties 和 test_en_US.properties 两个文件（也可以直接创建 Resource Bundle 文件夹），
然后增加测试属性，如图 5-2 所示。

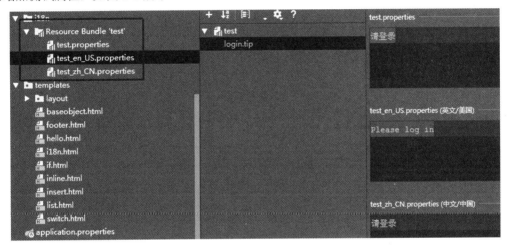

图 5-2　国际化资源文件

我们创建了 test 的国际化资源配置文件，增加了 login.tip 属性并配置了对应的中英文。

步骤02 修改系统国际化配置。

在 application.properties 中加入上面定义的国际化配置：

```
@spring.messages.basename=i18n.test
```

步骤03 在页面中引用国际化资源。

在 resource/templates 目录下创建 i18n.html 页面，示例代码如下：

```
<!DOCTYPE html>
<html lang="en" xmlns:th="http://www.thymeleaf.org">
<head lang="en">
    <meta charset="UTF-8" />
    <title></title>
</head>
<body>
```

```
<body>
<h1>Thymeleaf 模板引擎</h1>
<h3>国际化</h3>
<p th:text="#{login.tip}">Please log in</p>
</body>
</html>
```

在上面的示例中，通过文字国际化表达式#{login.tip}获取属性配置。

步骤04 创建后台请求。

在之前的 HelloController 中加入如下代码：

```
@RequestMapping("/i18n")
public String i18n() {
    return "i18n";
}
```

步骤05 运行测试。

配置完成之后启动项目，在浏览器中访问 http://localhost:8080/i18n 来验证国际化配置是否生效，如图 5-3 所示。

图 5-3 国际化页面显示效果

通过#{login.tip}表达式，获取到了国际化资源配置中的中文内容。

5.3 表达式的语法

我们知道，模板的主要作用是将后台返回的数据渲染到 HTML 中。那么 Thymeleaf 是如何解析后台数据的呢？接下来从变量、方法、条件判断、循环、运算（逻辑运算、布尔运算、比较运算、条件运算）方面学习 Thymeleaf 表达式支持的语法。

5.3.1 赋值和拼接

（1）文本赋值
赋值就是通过${}标签将后台返回的数据替换到页面中。

```
<p th:text="${name}">hello spring boot</p>
```

在上面的示例中，通过${}标签将后台返回的 name 的值替换到页面的<p>标签中。当请求后台地址之后，Thymeleaf 会将页面<p>标签中的 hello spring boot 替换成后台传回的 name 的值。

（2）文本拼接

Thymeleaf 支持将后台返回的值和现有的内容进行拼接，然后替换到页面中。示例代码如下：

```
<span th:text="'Welcome, ' + ${userName} + '!'"></span>
```

在上面的示例中，将后台返回的 userName 的值拼接到"Welcome,"之后，最后统一替换到页面的<span>中。文本文字可以用单引号来包含，如有特殊字符，需要用"\"转义。

除了上面这种写法外，字符串拼接还有另一种简洁的写法：

```
<span th:text="|Welcome, ${userName}!|"></span>
```

在上面的示例中，使用两个竖杠"｜"将后台返回的数据与页面中的内容合并，比前面的方式简单多了。

Thymeleaf 标签和 HTML 的基本一致，在 HTML 的标签上加上"th："即可替换 HTML 标签中原生属性的值。

5.3.2　条件判断

Thymeleaf 中使用 th:if 和 th:unless 属性进行条件判断。在标签中使用 th:if 属性判断表达式是否成立，成立则显示该标签的内容，不成立则隐藏该标签的内容。th:unless 与 th:if 恰好相反，只有表达式中的条件不成立才会显示其内容。

th:if 和 th:unless 表达式的结果支持 boolean、number、character、string 及其他类型。下面通过例子演示 Thymeleaf 中如何使用 th:if 和 th:unless 属性进行条件判断。

步骤 01 定义 HTML 页面。

在 templates 目录下创建 if.html 页面，示例代码如下：

```
<!DOCTYPE html>
<html lang="en" xmlns:th="http://www.thymeleaf.org">
<head lang="en">
    <meta charset="UTF-8" />
    <title></title>
</head>
<body>
<h1>Thymeleaf 模板引擎</h1>
<h3>条件判断</h3>
<a th:if="${flag == 'yes'}" th:href="@{http://www.a.com/}">a.home</a>
<a th:unless="${flag != 'no'}" th:href="@{http://www.b.com/}" >b.home</a>
</body>
</html>
```

在上面的例子中，通过 th:if 标签进行条件判断，如果 flag==yes，就显示 a.home 的链接，否则显示 b.home 的链接。

步骤 02 定义后端接口，返回数据结果。

```
@RequestMapping("/if")
public String ifunless(ModelMap map) {
    map.addAttribute("flag", "yes");
    return "if";
}
```

在上面的示例中，定义请求的地址，返回 if.html 页面，并返回 flag 的值为 yes。

步骤 03 启动验证。

启动项目后，在浏览器中输入地址 http://localhost:8080/if，会出现如图 5-4 所示的结果。

Thymeleaf模板引擎

条件判断

<u>a.home</u>

图 5-4　if.html 页面显示效果

由图 5-4 可知，后端返回的 flag 值为 yes，th:if="${flag == 'yes'}"条件成立，所以显示 a.home 的链接。而 th:unless="${flag != 'no'}" 条件也成立，所以隐藏 b.home 的链接。

5.3.3　switch

Thymeleaf 中使用 th:switch、th:case 标签进行多条件判断，与 Java 中的 switch 语句等效，根据条件显示匹配的内容，如果有多个匹配结果，只选择第一个显示。th:case="*"表示默认选项，即没有 case 的值为 true 时显示 th:case="*"的内容，对应 Java 中 switch 的 default。下面以数据状态为例来演示 th:switch 的用法。

步骤 01 创建前端页面。

在 templates 目录下创建 switch.html 页面，示例代码如下：

```html
<!DOCTYPE html>
<html lang="en" xmlns:th="http://www.thymeleaf.org">
<head>
    <meta charset="UTF-8"></meta>
    <title>Example switch </title>
</head>
<body>
<h1>Thymeleaf 模板引擎</h1>
<h3>switch</h3>
<div >
    <div th:switch="${status}">
        <p th:case="'todo'">未开始</p>
        <p th:case="'doing'">进行中</p>
        <p th:case="'done'">完成</p>
        <!-- *: case 的默认选项 -->
        <p th:case="*">状态错误</p>
    </div>
</div>
</body>
</html>
```

在上面的示例代码中，使用 th:switch、th:case 标签根据后台返回的 status 的值显示匹配数据。

步骤02 添加后端程序。

```
@RequestMapping("/switch")
public String switchcase(ModelMap map) {
    map.addAttribute("status", "doing");
    return "switch";
}
```

在上面的示例中，后台返回 switch.html 页面，同时返回 status 值为 doing。

步骤03 运行验证。

启动项目，在浏览器中输入地址 http://localhost:8080/switch，页面显示效果如图 5-5 所示。页面显示"进行中"的状态，可以在后台更改 status 的值来查看结果。

Thymeleaf模板引擎

switch

进行中

图 5-5　switch.html 页面显示效果

由图 5-5 可知，switch.html 页面通过后台返回的 status 的值来显示不同的内容。

5.3.4　循环遍历

循环遍历在日常项目中比较常用，一般用于将后台返回的数据渲染到前端的表格中。Thymeleaf 可以使用 th:each 标签进行数据的迭代循环，语法：th:each="obj,iterStat:${objList}"，支持 List、Map、数组数据类型等。下面通过简单的例子演示数据循环遍历的过程。

步骤01 定义后端数据。

首先在后端定义一个用户列表，然后传递到前端页面：

```
@RequestMapping("/list")
public String list(ModelMap map) {
    List<User> list=new ArrayList();
    User user1=new User("spring",12,"123456");
    User user2=new User("boot",6,"123456");
    User user3=new User("Thymeleaf",66,"123456");
    list.add(user1);
    list.add(user2);
    list.add(user3);
    map.addAttribute("users", list);
    return "list";
}
```

在上面的示例代码中，后台返回 list.html 页面，同时返回 ArrayList 类型的用户列表数据。

步骤02 创建前台页面。

在 templates 目录下创建 list.html 页面，展示后台的数据，示例代码如下：

```html
<!DOCTYPE html>
<html lang="en" xmlns:th="http://www.thymeleaf.org">
<head>
    <meta charset="UTF-8"></meta>
    <title>Example switch </title>
</head>
<body>
<h1>Thymeleaf 模板引擎</h1>
<h3>each 循环遍历</h3>
<div >
    <table>
        <tr>
            <th>姓名</th>
            <th>年龄</th>
            <th>密码</th>
            <th>变量: index</th>
            <th>变量: count</th>
            <th>变量: size</th>
            <th>变量: even</th>
            <th>变量: odd</th>
            <th>变量: first</th>
            <th>变量: last</th>
        </tr>
        <tr th:each="user,stat : ${users}">
            <td th:text="${user.name}">name</td>
            <td th:text="${user.age}">age</td>
            <td th:text="${user.password}">password</td>
            <td th:text="${iterStat.index}">index</td>
            <td th:text="${iterStat.count}">count</td>
            <td th:text="${iterStat.size}">size</td>
            <td th:text="${iterStat.even}">even</td>
            <td th:text="${iterStat.odd}">odd</td>
            <td th:text="${iterStat.first}">first</td>
            <td th:text="${iterStat.last}">last</td>
        </tr>
    </table>
</div>
</body>
</html>
```

循环遍历通过 th:each 实现,语法:th:each="obj,stat:${objList}"。

1)${users}是从模板上下文中获取变量。

2)user 是${users}变量遍历后的每一个对象。

3)${user.name}可以读取遍历中的变量。

在遍历的同时,也可以获取迭代对象的迭代状态变量 stat,它包含如下属性:

● index: 当前迭代对象的 index(从 0 开始计算)。

● count: 当前迭代对象的 index(从 1 开始计算)。

● size: 被迭代对象的大小。

● even/odd: 布尔值,当前循环是不是偶数/奇数(从 0 开始计算)。

● first: 布尔值,当前循环是不是第一个。

● last：布尔值，当前循环是不是最后一个。

步骤 **03** 运行验证。

启动项目，在浏览器中输入地址：http://localhost:8080/list，页面显示效果如图 5-6 所示。

Thymeleaf模板引擎

each 循环遍历

姓名	年龄	密码	变量：index	变量：count	变量：size	变量：even	变量：odd	变量：first	变量：last
spring	12	123456	0	1	3	false	true	true	false
boot	6	123456	1	2	3	true	false	false	false
Thymeleaf	66	123456	2	3	3	false	true	false	true

图 5-6　list.html 页面显示效果

由图 5-6 可知，后端返回的 list 数据被循环遍历并显示在页面中，同时 th:each 标签还提供了 index、count 等标签。

5.3.5　运算符

Thymeleaf 支持在表达式中使用算术运算、逻辑运算、布尔运算、三目运算等各类数据计算功能，实现前端页面根据后台返回数据动态显示页面信息。下面就来一一演示。

1. 算术运算符

算术运算符包括+、一、*、/、%等简单的计算。

```
<th:with="isEven=(${prodStat.count} / 2 == 0)">
```

在上面的示例中，通过除以 2 的算术运算判断奇偶。

2. 关系运算符

关系运算符包括>、<、>=、<=、==、!=，对应的别名为 gt、lt、ge、le、eq、ne，使用>、<时需要用它的 HTML 转义符，所以建议使用 gt、lt 等别名：

● gt：great than（大于）。
● ge：great equal（大于等于）。
● eq：equal（等于）。
● lt：less than（小于）。
● le：less equal（小于等于）。
● ne：not equal（不等于）。

```
<th:if="${prodStat.count} gt 1">
```

使用 gt 比较 count 的值是否大于 1。

3. 逻辑运算符

通过逻辑运算符实现多个条件判断，包括&&（and）和 ‖（or）。

&&（and）表示"并且"，示例如下：

```
<div th:if="${age gt 10 && a lt 19}"></div>
```

或

```
<div th:if="(${age gt 10}) and ${age lt 19}"></div>
```

上面的示例表示：如果 age >10 且 age <19，实现年龄是否在 10~19 岁的判断。
|| or 表示"或者"，示例如下：

```
<div th:if="${age gt 10 || age lt 19}"></div>
```

或

```
<div th:if="(${age gt 10}) or ${age lt 19}"></div>
```

上面的示例表示：如果 age > 10 或 age < 19，实现年龄大于 10 岁或者年龄小于 19 岁的判断。

4. 三目运算符

三目运算符的语法与 Java 等语言类似，具体使用如下：

```
<tr th:class="${row.even}? 'even' : 'odd'">
...
</tr>
```

在上面的示例中，在前端列表进行数据渲染，实现用颜色隔行显示的效果。

5.4 Thymeleaf 的高级用法

上一节介绍了 Thymeleaf 的基本使用语法，包括常用的赋值、字符串拼接、条件判断、数据循环遍历等语法。接下来介绍 Thymeleaf 的内联、内置对象、内置变量等高级用法，让我们在实践中边学边用，从而更好地理解和吸收。

5.4.1 内联

虽然通过 Thymeleaf 中的标签属性已经几乎满足了开发中的所有需求，但是有些情况下需要在 CSS 或 JS 中访问后台返回的数据。所以 Thymeleaf 提供了 th:inline="text/javascript/none"标签，使用 [[…]]内联表达式的方式在 HTML、JavaScript、CSS 代码块中轻松访问 model 对象数据。

1. 文本内联

Thymeleaf 内联表达式使用 [[...]] 或 [(...)] 语法表达。先在父级标签定义使用内联方式 th:inline="text"，然后在标签内使用[[…]]或[(...)]表达式操作数据对象。文本内联比 th:text 的代码更简洁。下面通过示例演示内联的使用方式。

首先，创建页面 inline.html。示例代码如下：

```
<h1>Thymeleaf 模板引擎</h1>
<div>
```

```
    <h1>内联</h1>
    <div th:inline="text" >
        <p>Hello, [[${userName}]] !</p>
        <br/>
    </div>
</div>
```

以上代码等价于：

```
<div>
    <h1>不使用内联</h1>
    <p th:text="'Hello, ' + ${userName} + ' !'"></p>
    <br/>
</div>
```

通过以上两个示例可以看出使用内联语法会更简洁一些。

1）th:inline="text"表示使用文本内联方式。

2）任何父标签都可以加上 th:inline。

3）[[...]] 等价于 th:text 结果将被 HTML 转义，[(...)]等价于 th:utext 结果不会被 HTML 转义。

然后，创建后台路由/inline，示例代码如下：

```
@RequestMapping("/inline")
public String inline(ModelMap map) {
    map.addAttribute("userName", "admin");
    return "inline";
}
```

在上面的示例中，后台返回 inline.html 页面，同时返回 userName=admin。

最后，运行测试。

启动项目后，在浏览器中输入地址 http://localhost:8080/inline，则会出现如图 5-7 所示的结果。

Thymeleaf模板引擎

内联

Hello, admin !

图 5-7　文本内联 inline.html 页面显示效果

页面显示后台返回的 userName 为 admin，比之前介绍的 th:text=${userName}的方式更加简单、清晰。

2. 脚本内联

脚本内联，顾名思义就是在 JavaScript 脚本中使用内联表达式。使用时只需要在<script>标签上加入 th:inline="javascript"属性，然后在 JavaScript 代码块中就能使用[[]]表达式。实现在 JavaScript 脚本中获取后台传过来的参数。

首先，修改 inline.html 页面，增加如下脚本：

```
<script th:inline="javascript">
    var name ='hello,'+ [[${userName}]] ;
```

```
    alert(name);
</script>
```

在上面的示例中，在<script>标签内加入 th:inline="javascript"，表示能在 JavaScript 中使用[[]]取值。在访问页面时，根据后端传值拼接 name 值，并以 alert 的方式弹框展示。

然后启动项目，在浏览器中输入地址 http://localhost:8080/inline，会出现如图 5-8 所示的结果。

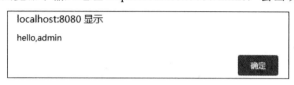

图 5-8　脚本内联 inline.html 页面显示效果

显示页面会先弹出一个 alert 提示框，显示"hello admin"，说明使用脚本内联绑定了后台传过来的数据。

3. 样式内联

Thymeleaf 还允许在<style>标签中使用内联表达式动态生成 CSS 属性样式。下面通过示例演示内联 CSS 样式的用法。

首先，修改 inline.html 页面，加入如下样式：

```
<style type="text/css" th:inline="css" th:with="color='yellow',
fontSize='25px'">
    p {
        color: /*[[${color}]]*/ red;
        font-size: [(${fontSize}) ];
    }
</style>
```

在上面的示例中，与内联 JavaScript 一样，CSS 内联也允许<style>标签静态和动态区分处理，当服务器动态打开时，字体颜色为黄色；当以原型静态打开时，显示的是红色，因为 Thymeleaf 会自动忽略掉 CSS 注释之后和分号之前的代码。需要注意的是，在获取变量赋值时，fontSize 需要使用[(...)]表示不进行转义，如果使用[[...]]进行了转义，则会导致样式无效。

然后，修改/inline 路由，返回 fontSize 和 color，示例代码如下：

```
@RequestMapping("/inline")
public String inline(ModelMap map) {
    map.addAttribute("fontSize", "20px");
    map.addAttribute("color", "yellow");
    map.addAttribute("userName", "admin");

    return "inline";
}
```

在上面的示例中，增加了 fontSize 和 color 两个 CSS 的属性样式，设置 fontSize 为 20px，color 为 yellow。

然后启动项目,在浏览器中输入地址 http://localhost:8080/inline,可以看到如图 5-9 所示的结果。

图 5-9　样式内联 inline.html 页面显示效果

页面显示的字体大小和颜色根据后台返回的数据显示，说明 CSS 内联生效。

4. 禁用内联

Thymeleaf 支持使用 th:inline＝"none"来禁止使用内联。示例代码如下：

```
<body>
<!--/*禁用内联表达式*/-->
<p th:inline="none">[[${info}]]</p>
<!--/*禁用内联表达式*/-->
<p th:inline="none">[[Info]]</p>
</body>
```

5.4.2　内置对象

Thymeleaf 包含一些内置的基本对象，可以用于视图中获取上下文对象、请求参数、Session 等信息。这些基本对象使用#开头，如表 5-1 所示。

表5-1　Thymeleaf包含的基本对象

对　象　名	作　　用	说　　明
#ctx	获取上下文对象	上下文对象
#vars	访问 VariablesMap 所有上下文中的变量	上下文变量
#locale	访问与 java.util.Locale 关联的当前请求	区域对象
#request	访问与当前请求关联的 javax.servlet.HttpServletRequest 对象	HttpServletRequest 对象，仅 Web 环境可用
#response	访问与当前请求关联的 javax.servlet.HttpServletResponse 对象	HttpServletResponse 对象，仅 Web 环境可用
#session	访问 session 属性	HttpSession 对象，仅 Web 环境可用
#servletContext	访问与当前请求关联的 javax.servlet.ServletContext 对象	ServletContext 对象，仅 Web 环境可用

如表 5-1 所示，Thymeleaf 提供了有一系列的对象和属性用于访问请求参数、会话属性等应用属性。下面以其中两个常用的对象作为示例来演示。

步骤 01 定义后台方法传值。

创建一个后台方法，后台传回 request 请求参数和 session 属性，示例代码如下：

```
@RequestMapping("/object")
public String test1(HttpServletRequest request){
    request.setAttribute("request", "spring boot");
    request.getSession().setAttribute("session", "admin session");
    request.getServletContext().setAttribute("servletContext","Thymeleaf
servletContext");
    return "baseobject";
}
```

在上面的示例中，我们分别在 request 和 session 对象中写入了相关的测试，验证前台是否能获取到这些自定义的 Web 请求信息。

步骤 02 前端页面接收参数。

接下来看看前端页面如何通过 Thymeleaf 内置的基本对象获取后端传递的值，在/resources 目录下新建一个前端页面 baseobject.html，示例代码如下：

```
<h1>Thymeleaf 模板引擎</h1>
<h3>基本对象</h3>
<p th:text="${#request.getAttribute('request')}"></p>
<p th:text="${#session.getAttribute('session')}"></p>
<p th:text="${#servletContext.getAttribute('servletContext')}"></p>
```

在上面的示例中，我们在 HTML 页面中通过#request、#session 这些对象就能获取 Web 请求中的相关信息。

步骤 03 启动验证。

启动项目后，在浏览器中输入地址 http://localhost:8080/object，则会出现如图 5-10 所示的结果。

Thymeleaf模板引擎

基本对象

spring boot

admin session

Thymeleaf servletContext

图 5-10　基本对象 baseobject.html 页面显示效果

在 HTML 页面中，通过#request、#session 这些对象成功获取了后台返回的 Web 请求信息。

5.4.3　内嵌变量

为了模板更加易用，Thymeleaf 还提供了一系列公共的 Utility 对象（内置于 Context 中），可以通过#直接访问。具体的对象如表 5-2 所示。

表5-2　Thymeleaf的内嵌变量

变　量	功　能	常用方法
#dates	与 java.util.Date 对象类似，可以使用 dates 对日期格式化，或者创建当前时间等操作	${#dates.format(date)} ${#dates.formatISO(date)} ${#dates.format(date, 'dd/MMM/yyyy HH:mm')} ${#dates.day(date)} ${#dates.create(year,month,day)} ${#dates.createNow()} ${#dates.createNowForTimeZone()} ${#dates.createToday()}

（续表）

变　量	功　能	常用方法
#calendars	类似于#dates，面向 java.util.Calendar	${#calendars.format(cal)} ${#calendars.formatISO(cal)} ${#calendars.format(cal, 'dd/MMM/yyyy HH:mm')} ${#calendars.day(date)} ${#calendars.create(year,month,day)} ${#calendars.createNow()} ${#calendars.createToday()}
#numbers	格式化数字对象的通用操作方法	${#numbers.formatInteger(num,3)} ${#numbers.formatDecimal(num,3,2)} ${#numbers.formatCurrency(num)} ${#numbers.formatPercent(num)} ${#numbers.sequence(from,to)}
#strings	字符串对象的功能类，如 contains、startWiths、substring、appending 等	${#strings.toString(obj)} ${#strings.isEmpty(name)} ${#strings.defaultString(text,default)} ${#strings.contains(name,'ez')} ${#strings.startsWith(name,'Don')} ${#strings.endsWith(name,endingFragment)} ${#strings.indexOf(name,frag)} ${#strings.substring(name,3,5)} ${#strings.replace(name,'las','ler')} ${#strings.toUpperCase(name)} ${#strings.toLowerCase(name)} ${#strings.arrayJoin(namesArray,',')} ${#strings.trim(str)} ${#strings.length(str)} ${#strings.randomAlphanumeric(count)}
#objects	对 objects 一般对象的操作类	${#objects.nullSafe(obj,default)} ${#objects.arrayNullSafe(objArray,default)} ${#objects.listNullSafe(objList,default)} ${#objects.setNullSafe(objSet,default)}
#bools	对布尔值求值转换的功能方法类	${#bools.isTrue(obj)} ${#bools.isFalse(cond)} ${#bools.arrayAnd(condArray)} ${#bools.arrayOr(condArray)}
#arrays	对数组对象的功能方法类	${#arrays.toArray(object)} ${#arrays.toIntegerArray(object)} ${#arrays.length(array)} ${#arrays.isEmpty(array)} ${#arrays.contains(array, element)}
#lists	对 lists 的功能方法类	${#lists.toList(object)} ${#lists.size(list)} ${#lists.isEmpty(list)} ${#lists.contains(list, element)} ${#lists.sort(list)}

（续表）

变　量	功　能	常用方法
#sets	set 的实用方法	${#sets.toSet(object)} ${#sets.size(set)} ${#sets.isEmpty(set)} ${#sets.contains(set, element)}
#maps	map 的实用方法	${#maps.size(map)} ${#maps.isEmpty(map)} ${#maps.containsKey(map, key)} ${#maps.containsAllKeys(map, keys)} ${#maps.containsValue(map, value)}
#aggregates	用于在数组或集合上创建聚合的功能	${#aggregates.sum(array)} ${#aggregates.sum(collection)} ${#aggregates.avg(array)} ${#aggregates.avg(collection)}

Thymeleaf 除了定义上面这些常用的对象外，还有一些其他的 utility 对象，比如#ids，这里不再逐一列举。

5.5　Thymeleaf 页面布局

前面我们已经初步学会了 Thymeleaf 的基本语法以及内联、系统对象、内嵌变量、表达式等高级用法，俗话说"磨刀不误砍柴工"，熟悉 Thymeleaf 的语法和表达式后，后面开发起来会更加得心应手。接下来好好研究一下 Thymeleaf 如何实现完整的 Web 系统页面布局。

5.5.1　引入代码片段

在模板中经常希望包含来自其他模板页面的内容，如页脚、页眉、菜单等。为了做到这一点，Thymeleaf 提供了 th:fragment 属性。下面通过在页面中添加标准的版权页脚的场景来演示如何引入代码片段。

步骤01 定义版权页脚代码片段。

在 templates 目录下创建版权模板页面 footer.html，示例代码如下：

```
<!DOCTYPE html>
<html xmlns:th="http://www.thymeleaf.org">
<body>
<div th:fragment="copyright">
    &copy; 2020 The Thymeleaf footer
</div>
</body>
</html>
```

在上面的示例中，我们创建了版权页面 footer.html，使用 th:fragment 属性定义了一个代码片段，名为 copyright。

步骤 02 引入代码片段模板。

创建一个普通的模板页面 layout.html。使用 th:insert 或 th:replace 属性引入之前定义的 copyright 版权页面，示例代码如下：

```
<!DOCTYPE html>
<html xmlns:th="http://www.thymeleaf.org">
<body>
<h1>Thymeleaf 模板引擎</h1>
<h3>页面布局</h3>
<div th:insert="~{footer :: copyright}"></div>
</body>
</html>
```

在上面的示例中，在 layout.html 中通过 th:insert 引入先前定义的 footer.html 中的 copyright 代码片段，"~{footer :: copyright}" 就是在当前模板页面引入的 footer.html 模板中的 copyright 片段。

步骤 03 启动验证。

启动项目后，在浏览器中输入地址 http://localhost:8080/layout，验证主页是否能正常引入 footer.html 代码片段，如图 5-11 所示。

图 5-11　代码片段实现页面布局显示效果

layout.html 页面通过 th:insert 属性成功将 footer 页面的版权信息包含在主页中。

5.5.2　片段表达式语法规范

Thymeleaf 片段表达式非常实用，可以实现模板页面的复用，避免相同内容需要修改多个页面的情况。

1. 标记选择器

片段表达式的语法非常简单，其核心是标记选择器，由底层的 AttoParser 解析库定义，类似于 XPath 表达式或 CSS 选择器。片段表达式有以下 3 种不同的格式：

1）~{templatename::selector}：包含 templatename 和 selector 两个参数，其中 templatename 为页面模板的名称，selector 为模板中定义的代码片段。例如上面示例中的 "~{footer :: copyright}" 就是在当前模板页面引入 footer.html 模板中的 copyright 片段。

2）~{templatename}：引入名为 templatename 的完整模板。

3）~{::selector}或~{this::selector}：Thymeleaf 支持从同一个模板插入一个片段，如果在当前的模板上找不到，将向最初处理的模板遍历，直到选择器匹配上对应的模板。

此外，标记选择器的模板名和选择器还可以包含条件判断或三目运算等其他表达式语法，比如：

```
<div th:insert="footer :: (${user.isAdmin}? #{footer.admin} :
#{footer.normaluser})"></div>
```

通过判断后台用户是否是管理员从而引入相应的代码片段，实现管理员和普通用户的页面区分。

2. 引用普通的模板

标记选择器非常强大，可以包含不使用任何 th:fragment 属性的片段，甚至可以是来自完全不了解 Thymeleaf 的不同应用程序的标记代码：

```
<div id="copy-section">
  &copy; 2011 The Good Thymes Virtual Grocery
</div>
```

我们可以使用上面的片段，只需通过它的 id 属性引用，类似于 CSS 选择器：

```
<body>
  ...
  <div th:insert="~{footer :: #copy-section}"></div>
</body>
```

3. th:insert、th:replace 和 th:include 的区别

th:insert、th:replace 和 th:include 的功能基本类似，三者之间的差异如下：

- th:insert 是最简单的，它简单地插入指定的片段作为其宿主标签的主体。
- th:replace 实际上用指定的片段替换它的主机标签。
- th:include 与 th:insert 类似，但它并不插入片段，只插入该片段的内容。

5.5.3　可参数化片段

Thymeleaf 支持在 th:fragment 定义的片段中指定一组参数，这使得模板片段更像一个可重复调用的函数。通过不同的参数控制模板的显示，从而达到模板共用的效果。

下面用 th:fragment 定义的片段指定一组参数：

```
<div th:fragment="frag (onevar,twovar)">
    <p th:text="${onevar} + ' - ' + ${twovar}">...</p>
</div>
```

定义的 frag 片段包含两个参数，不需要定义参数的类型。

使用 th:insert 或 th:replace 调用此片段时，需要传入两个参数：

```
<div th:replace="::frag (${value1},${value2})">...</div>
<div th:replace="::frag (onevar=${value1},twovar=${value2})">...</div>
```

片段的参数传递与函数调用类似，通过传入的参数控制页面显示。

5.5.4　实战：实现页面整体布局

一般业务处理系统页面整体布局基本上固定的。常用的框架模式将页面分为头部、左侧菜单栏、尾部和中间的展示区等页面。我们可以使用 Thymeleaf 的代码片段功能，实现应用系统页面整体布局。下面通过示例演示 Thymeleaf 如何实现页面整体布局。

步骤 01 在 templates/layout 目录下新建 footer.html、header.html、left.html 等各区域模板页面。

footer.html 的内容如下：

```html
<!DOCTYPE html>
<html lang="en" xmlns:th="http://www.thymeleaf.org">
    <head>
        <meta charset="UTF-8"></meta>
        <title>footer</title>
    </head>
    <body>
        <footer th:fragment="footer">
            <div style="position: fixed;bottom: 0px;background-color:
green;width:100%">
                <h1 style="text-align:center">我是底部</h1>
            </div>
        </footer>
    </body>
</html>
```

left.html 的内容如下：

```html
<!DOCTYPE html>
<html lang="en" xmlns:th="http://www.thymeleaf.org">
    <head>
        <meta charset="UTF-8"></meta>
        <title>left</title>
    </head>
    <body>
        <left th:fragment="left">
            <div style="background-color: red;width:200px;height: 80vh;">
                <h1 style="margin: 0;">我是左侧</h1>
            </div>
        </left>
    </body>
</html>
```

header.html 的内容如下：

```html
<!DOCTYPE html>
<html lang="en" xmlns:th="http://www.thymeleaf.org">
    <head>
        <meta charset="UTF-8"></meta>
        <title>header</title>
    </head>
    <body>
        <header th:fragment="header">
            <div style="background-color: blue;height: 100px;">
                <h1 style="text-align:center;margin: 0;">我是头部</h1>
            </div>
        </header>
    </body>
</html>
```

步骤 02 在 templates 目录下新建 index.html 页面，内容如下：

```
<!DOCTYPE html>
<html lang="en" xmlns:th="http://www.thymeleaf.org">
    <head>
        <meta charset="UTF-8"></meta>
        <title>Layout</title>
    </head>
    <body style="margin: 0px;">
        <div>
            <div th:replace="layout/header :: header"></div>
            <div th:replace="layout/left :: left"></div>
            <div th:replace="layout/footer :: footer"></div>
        </div>
    </body>
</html>
```

在上面的示例中，我们在 index.html 页面中使用 th:replace 的语法将网站的头部、尾部、左侧引入页面中。

步骤03 在后端添加访问入口。

```
@RequestMapping("/layout/index")
public String index() {
    return "layout/index";
}
```

步骤04 运行验证。

前面 3 个步骤完成之后，启动后访问地址 http://localhost:8080/layout/index，可以看到页面显示效果如图 5-12 所示。

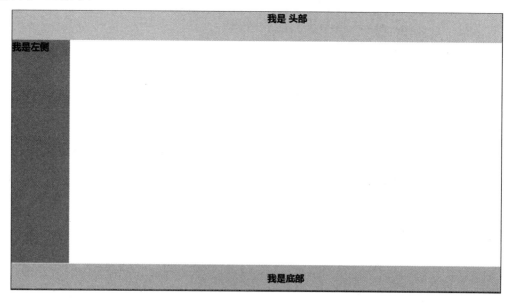

图 5-12　页面布局显示效果

index.html 页面已经成功地引入了页面的头部、尾部、左侧，实现了页面的整体布局。实际项目中以 index.html 为模板，任何页面使用此布局时，只需要替换中间的内容即可。

5.6　本章小结

Thymeleaf 作为新一代的 Java 模板引擎，正在被越来越多的人使用。本章详细介绍了 Thymeleaf 的语法和常用标签，依次介绍了内联、系统对象、内嵌变量、表达式等 Thymeleaf 的高级语法，基本覆盖了 Thymeleaf 日常开发中使用到的内容。Thymeleaf 的使用方式非常灵活，本身也内嵌了很多对象和函数，方便我们在页面中直接调用，通过不同的表达式来灵活地控制页面结构和内容。

通过本章的学习，读者应该熟悉了 Thymeleaf 的常用语法和标签，能够自己创建模板页面，实现页面的功能，并具备进一步提高的基础知识。

5.7　本章练习

1）创建 Spring Boot Web 项目，使用 Thymeleaf 页面模板引擎实现人员管理模块的功能。

2）使用 Thymeleaf 实现系统的整体布局，包括顶部、底部、左侧菜单栏和右部主区域。

第6章

构建 RESTful 服务

当前，越来越多的企业使用 RESTful 设计风格和开发规范来构建企业的 Web 服务。本章主要介绍如何在 Spring Boot 项目中构建 RESTful 风格的 Web API（应用编程接口）。首先介绍什么是 RESTful 以及 RESTful 的优缺点，然后介绍 Spring Boot 项目如何构建 RESTful 服务接口、如何使用 Swagger 生成 Web API 文档，最后介绍 Web API 的版本控制。

6.1 RESTful 简介

本节将从基础的概念开始介绍什么是 RESTful、RESTful 的特点、RESTful 中的资源、HTTP Method、HTTP Status，还将介绍 RESTful 和 SOAP 到底有哪些区别。

6.1.1 什么是 RESTful

RESTful 是目前流行的互联网软件服务架构设计风格。REST（Representational State Transfer，表述性状态转移）一词是由 Roy Thomas Fielding 在 2000 年的博士论文中提出的，它定义了互联网软件服务的架构原则，如果一个架构符合 REST 原则，则称之为 RESTful 架构。

REST 并不是一个标准，它更像一组客户端和服务端交互时的架构理念和设计原则，基于这种架构理念和设计原则的 Web API 更加简洁，更有层次。

1. RESTful 的特点

1）每一个 URI 代表一种资源。

2）客户端使用 GET、POST、PUT、DELETE 四种表示操作方式的动词对服务端资源进行操作：GET 用于获取资源，POST 用于新建资源（也可以用于更新资源），PUT 用于更新资源，DELETE 用于删除资源。

3）通过操作资源的表现形式来实现服务端请求操作。

4）资源的表现形式是 JSON 或者 HTML。

5）客户端与服务端之间的交互在请求之间是无状态的，从客户端到服务端的每个请求都包含必需的信息。

符合 RESTful 规范的 Web API 需要具备如下两个关键特性：

- 安全性：安全的方法被期望不会产生任何副作用。当我们使用 GET 操作获取资源时，不会引起资源本身发生改变，也不会引起服务器状态的改变。
- 幂等性：幂等的方法保证了重复进行一个请求和一次请求的效果相同（并不是指返回客户端的响应总是相同的，而是指服务器上资源的状态从第一次请求后就不再改变）。在数学中，幂等性是指 N 次变换和一次变换的结果相同。

2. REST 的产生背景

随着互联网的发展，前端页面与后端的数据交互越来越频繁，数据结构越来越复杂，REST 的出现极大地简化了前后端数据的交互逻辑。如果我们把前端页面看作一种用于展示的客户端，那么 API 就是为客户端提供数据、操作数据的接口。这种设计可以获得极高的扩展性。

假设，原本大家通过 PC 上的网上商城购物，当需要扩展到手机等移动端时，只需要开发针对 iOS 和 Android 的两个客户端，通过客户端访问系统公共的 Web API 就可以完成通过浏览器页面提供的功能，而后端代码基本无须改动，如图 6-1 所示。

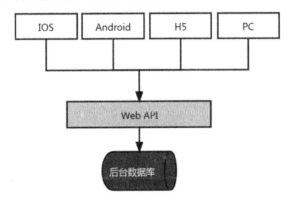

图 6-1 RESTful Web API 的框架

如图 6-1 所示，RESTful 风格的 Web API 支持我们使用统一的接口规范对接 iOS、Android、HTML5 和 PC 等客户端。正是由于 REST 有着众多优点，因此 REST 一经提出就迅速取代了复杂而笨重的 SOAP，成为 Web API 的标准。

6.1.2 HTTP Method

什么是 HTTP Method（HTTP 方法）呢？

HTTP 提供了 POST、GET、PUT、DELETE 等操作类型对某个 Web 资源进行 Create、Read、Update 和 Delete 操作。一个 HTTP 请求除了利用 URI 标志目标资源之外，还需要通过 HTTP Method 指定针对该资源的操作类型。表 6-1 介绍一些常见的 HTTP 方法及其在 RESTful 风格下的使用。

表 6-1 HTTP 常用方法表

HTTP 方法	操 作	返回值	特定返回值
POST	Create	201（Created）, 提交或保存资源	404（Not Found）, 409（Conflict）资源已存在
GET	Read	200（OK），获取资源或数据列表，支持分页、排序和条件查询	200（OK）返回资源，404（Not Found）资源不存在
PUT	Update	200（OK）或 204（No Content），修改资源	404（Not Found）资源不存在，405（Method Not Allowed）禁止使用改方法调用
PATCH	Update	200（OK）or 204（No Content），部分修改	404（Not Found）资源不存在
DELETE	Delete	200（OK），资源删除成功	404（Not Found）资源不存在，405（Method Not Allowed）禁止使用改方法调用

表 6-1 总结了主要的 HTTP 方法与资源 URI 结合使用的建议返回值。常见的 HTTP Method（HTTP 方法）有 POST、GET、PUT、PATCH 和 DELETE，它们分别对应 Create、Read、Update 和 Delete（或者 CURD）操作。当然，还有许多其他方法，比如 OPTIONS 和 HEAD 等，但使用频率较低。

6.1.3 HTTP 状态码

HTTP 状态码就是服务向用户返回的状态码和提示信息，客户端的每一次请求，服务都必须给出回应，回应包括 HTTP 状态码和数据两部分。

HTTP 定义了 40 个标准状态码，可用于传达客户端请求的结果。状态码分为以下 5 个类别：

- 1xx：信息，通信传输协议级信息。
- 2xx：成功，表示客户端的请求已成功接受。
- 3xx：重定向，表示客户端必须执行一些其他操作才能完成其请求。
- 4xx：客户端错误，此类错误状态代码指向客户端。
- 5xx：服务器错误，服务器负责这些错误状态代码。

RESTful API 中使用 HTTP 状态码来表示请求执行结果的状态，适用于 REST API 设计的代码以及对应的 HTTP 方法，如表 6-2 所示。

表 6-2 HTTP状态码

HTTP 状态码	返 回 值	HTTP Method	特定返回值
200	OK	GET	服务器成功返回用户请求的数据，该操作是幂等的（Idempotent）
201	Created	POST/PUT/PATCH	用户新建或修改数据成功
202	Accepted	*	表示一个请求已经进入后台排队（异步任务）
204	NO CONTENT	DELETE	用户删除数据成功
400	INVALID REQUEST	POST/PUT/PATCH	用户发出的请求有错误，服务器没有进行新建或修改数据的操作，该操作是幂等的

（续表）

HTTP 状态码	返 回 值	HTTP Method	特定返回值
401	Unauthorized	*	表示用户没有权限（令牌、用户名、密码错误）
403	Forbidden	*	表示用户得到授权（与 401 错误相对），但是访问是被禁止的
404	NOT FOUND	*	用户发出的请求针对的是不存在的记录，服务器没有进行操作，该操作是幂等的
406	Not Acceptable	GET	用户请求的格式不可得（比如用户请求 JSON 格式，但是只有 XML 格式）
410	Gone	GET	用户请求的资源被永久删除，且不会再得到
422	Unprocesable entity	POST/PUT/PATCH	当创建一个对象时，发生一个验证错误
500	INTERNAL SERVER ERROR	*	服务器发生错误，用户将无法判断发出的请求是否成功

表 6-2 是 HTTP 协议提供的状态码和 HTTP Method。通过 RESTful API 返回给客户端的状态码和提示信息可以判断出 Web API 的请求和执行情况。

除了以上基本的 HTTP 请求状态码外，Web API 服务端还需要定义业务相关的状态，如 1000 订单提交成功、1002 订单修改成功等。每种状态码都有标准的解释，客户端只需查看状态码字典就知道相应业务的执行结果，所以服务端应该返回尽可能精确的状态码。

6.1.4　REST 与 SOAP 的区别

随着互联网的发展，RESTful 越来越流行，那么 RESTful 和 SOAP 到底有哪些区别？我们在设计 Web 服务时，到底是应该选择目前最流行的 RESTful 还是选择老牌的 WebService 呢？

SOAP（Simple Object Access Protocol，简单对象访问协议）是一种标准化的通信规范，主要用于 Web 服务。它有着严格的规范和标准，包括安全、事务等各个方面的内容，同时 SOAP 强调操作方法和操作对象的分离，使用 WSDL 文件规范和 XSD 文件分别对其定义。

RESTful 简化了 WebService 的设计，它不再需要 WSDL，而是通过最简单的 HTTP 协议传输数据（包括 XML 或 JSON）。既简化了设计，也减少了网络传输量（因为只传代表数据的 XML 或 JSON，没有额外的 XML 包装）。REST 强制所有的操作都必须是无状态的，没有上下文的约束，不需要考虑上下文和会话保持的问题，极大地提高系统的可伸缩性。

RESTful 相对于 SOAP 更加简单明了，它并没有一个明确的架构标准，更像是一种设计风格，其核心是面向资源；而 WebService 基于 SOAP 协议，主要核心是面向活动。

移动互联网飞速发展的今天，业务随时都在变化，天然拥抱变化的 RESTful 架构无疑是当前互联网行业 Web 服务架构开发的首选。

6.2　构建 RESTful 应用接口

RESTful 架构是目前最流行的互联网软件架构规范，是 Web API（应用编程接口）的大趋势和

主流规范，了解了 RESTful 的众多优点之后，接下来一步一步地学习如何使用 Spring Boot 构建
RESTful Web API。

6.2.1　Spring Boot 对 RESTful 的支持

Spring Boot 提供的 spring-boot-starter-web 组件完全支持开发 RESTful API，提供了与 REST 操
作方式（GET、POST、PUT、DELETE）对应的注解：

1）@GetMapping：处理 GET 请求，获取资源。

2）@PostMapping：处理 POST 请求，新增资源。

3）@PutMapping：处理 PUT 请求，更新资源。

4）@DeleteMapping：处理 DELETE 请求，删除资源。

5）@PatchMapping：处理 PATCH 请求，用于部分更新资源。

通过这些注解就可以在 Spring Boot 项目中轻松构建 RESTful 接口。其中比较常用的是
@GetMapping、@PostMapping、@PutMapping、@DeleteMapping 四个注解。

使用 Spring Boot 开发 RESTful 接口非常简单，通过@RestController 定义控制器，然后使用
@GetMapping 和@PostMapping 等注解定义地址映射，实现相应的资源操作方法即可。

```
@GetMapping(value="/user/{id}")
public String getUserByID(@PathVariable int id){
    return "getUserByID:"+id;
}
@PostMapping(value="/user ")
public String save(User user){
    return "save successed";
}
@PutMapping(value="/user")
public String update(User user){
    return "update successed";
}
@DeleteMapping(value="/{id}")
public String delete(@PathVariable int id){
    return "delete id:"+id;
}
```

在上面的示例中，通过 Spring Boot 提供的@GetMapping 等注解简单实现了对用户（user）的操
作。其实，这些注解就是@RequestMapping 注解的简化：

```
@RequestMapping(value = "/user/{id}", method = RequestMethod.GET)
public String getUserByID(@PathVariable int id){
    return "getUserByID:"+id;
}
@RequestMapping(value = "/user", method = RequestMethod.POST)
public String save(User user){
    return "save successed";
}
@RequestMapping(value = "/user", method = RequestMethod.PUT)
public String update(User user){
    return "update successed";
```

```
}

@RequestMapping(value = "/user/{id}", method = RequestMethod.DELETE)
public String delete(@PathVariable int id){
    return "delete id:"+id;
}
```

之前介绍的@RequestMapping 注解通过 method 参数定义映射的 HTTP 请求方法，就相当于 @RequestMapping+ RequestMethod 的简化版。

我们看到，Get 和 Delete、Post 和 Put 请求的 URL 是相同的，不同的 Method（GET、PUT、POST、DELETE）会被映射到对应的处理方法上。这就是 REST 的魅力，简单明了的 URL 就能显示它的功能和作用。

6.2.2　Spring Boot 实现 RESTful API

接下来根据之前介绍的 RESTful 设计风格，以用户管理模块为例演示 Spring Boot 如何实现 RESTful API。

步骤 **01** 设计 API。

在 RESTful 架构中，每个网址代表一种资源，所以 URI 中建议不要包含动词，只包含名词即可，而且所用的名词往往与数据库的表格名对应。表 6-3 是用户管理模块的接口定义，实际项目的 RESTful API 文档要更详细，还会定义全部请求的数据结构体。

表6-3　用户管理模块API说明

HTTP Method	接口地址	接口说明
POST	/user	创建用户
GET	/user/id	根据 id 获取用户信息
PUT	/user	更新用户
DELETE	/user/id	根据 id 删除对应的用户

表 6-3 定义了用户管理模块的接口，根据 REST 的定义，我们将用户定义为一种资源，通过 POST、DELETE、PUT、GET 等 HTTP Method 实现对用户的增、删、改、查。

可能大家会有疑问，为什么 URI 中没有我们习惯的 getUser、saveUser 这类路径？这正是 RESTful 优雅的地方，它将对资源的操作都定义在 HTTP Method 中，使得 URL 地址看起来更简洁。

除了设计 URL 接口之外，还需要定义服务端向客户端返回的状态码和提示信息。详细的状态码说明见表 6-4。

表6-4　用户管理模块状态码和错误码说明

状 态 码	状态说明	错 误 码	错误说明
200	Ok，请求成功	400	数据验证错误
201	Created，新增成功	401	无权限
203	Updated，修改成功	404	资源不存在
204	Deleted，删除成功	500	服务端错误

表 6-4 中除了定义用户管理相关的业务状态码之外，还需要定义通用的错误码，如 400 对应数据校验错误、401 对应数据无权限等。

步骤 02 实现用户管理接口。

上面定义了 RESTful API 以及接口返回的状态码，接下来根据之前的接口定义先创建 UserController，再实现用户管理模块的用户新增、用户修改、用户删除、用户查询等接口。

1）用户新增：

```
@PostMapping(value = "user")
public JSONResult save(@RequestBody User user){
    System.out.println("用户创建成功: "+user.getName());
    return JSONResult.ok(201,"用户创建成功");
}
```

@PostMapping 注解表示此为 POST 接口。通过 POST 方法传入用户数据，然后调用 Save 方法保存用户数据。

2）用户修改：

```
@PutMapping(value = "user")
public JSONResult update(@RequestBody User user) {
    System.out.println("用户修改成功: "+user.getName());
    return JSONResult.ok(203,"用户修改成功");
}
```

@PutMapping 注解表示此为 PUT 接口。PUT 和 POST 的 URL 是相同的，只是通过 PUT、POST 方法加以区分。后端处理逻辑不同，所以使用时千万别搞混了。

3）用户删除：

```
@DeleteMapping("user/{userId}")
public JSONResult delete(@PathVariable String userId) {
    System.out.println("用户删除成功: "+userId);
    return JSONResult.ok(204,"用户删除成功");
}
```

@DeleteMapping 注解表示此为删除接口。通过传入参数 userId 删除人员信息。

4）获取用户：

```
@GetMapping("user/{userId}")
public JSONResult queryUserById(@PathVariable String userId) {
    User user =new User();
    user.setUserId(userId);
    user.setName("weiz");
    user.setAge(20);
    System.out.println("获取用户成功: "+userId);
    return JSONResult.ok(200,"获取用户成功",user);
}
```

@GetMapping 注解表示此为查询接口。@PathVariable 注解用于参数映射，获取传入的参数。

步骤 03 验证测试。

至此，用户管理的模块接口都实现了。接下来验证接口调用。我们可以使用单元测试或者

Postman 工具调用用户管理模块的相关接口,测试接口是否正常。这里就以 Postman 工具演示 RESTful API 的测试。

打开 Postman,使用 POST 方法请求/user 接口,验证新增人员的接口是否正常,如图 6-2 所示。

图 6-2 在用户管理模块中验证新增用户的接口

通过 Postman 发送 POST 请求,调用人员新增接口,后台接口处理成功后,返回人员信息保存成功。

接下来,使用 GET 方法请求/user/2001 获取 userId 为 2001 的人员信息,从而验证获取人员的接口是否正常,如图 6-3 所示。

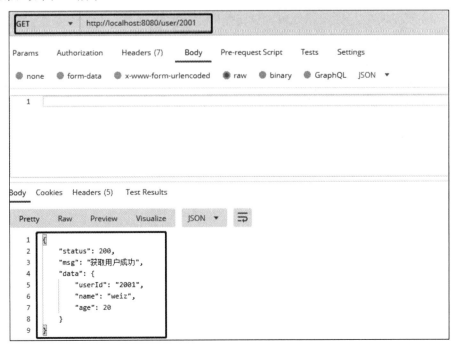

图 6-3 在用户管理模块验证获取用户的接口

通过 Postman 向后台接口发送 GET 方法请求/user/2001，RESTful API 成功返回人员详细信息。

6.3　使用 Swagger 生成 Web API 文档

高质量的 API 文档在系统开发的过程中非常重要。本节介绍什么是 Swagger，如何在 Spring Boot 项目中集成 Swagger 构建 RESTful API 文档，以及为 Swagger 配置 Token 等通用参数。

6.3.1　什么是 Swagger

Swagger 是一个规范和完整的框架，用于生成、描述、调用和可视化 RESTful 风格的 Web 服务，是非常流行的 API 表达工具。

我们知道，RESTful API 可能要面对多个开发人员或多个开发团队，涉及不同平台，包括 iOS、Android 或 Web 前端等。为了降低与其他团队频繁沟通的成本，一般我们会创建一份统一的 API 说明文档来记录所有接口的使用说明。然而，普通的 API 文档存在以下问题：

1）由于接口众多，并且细节复杂（需要考虑不同的 HTTP 请求类型、HTTP 头部信息、HTTP 请求内容等），创建这样一份高质量的文档是一件非常烦琐的工作。

2）随着需求的不断变化，接口文档必须同步修改，就很容易出现文档和业务不一致的情况。

为了解决这些问题，Swagger 应运而生，它能够自动生成完善的 RESTful API 文档，并根据后台代码的修改同步更新。这样既可以减少维护接口文档的工作量，又能将说明内容集成到实现代码中，让维护文档和修改代码合为一体，实现代码逻辑与说明文档的同步更新。另外，Swagger 也提供了完整的测试页面来调试 API，让 API 测试变得轻松、简单。

6.3.2　使用 Swagger 生成 Web API 文档

在 Spring Boot 项目中集成 Swagger 同样非常简单，只需在项目中引入 springfox-swagger2 和 springfox-swagger-ui 依赖即可。下面就以之前的用户管理模块接口为例来感受 Swagger 的魅力。

步骤 01 配置 Swagger 的依赖。

```
<!-- swagger2 依赖配置-->
<dependency>
    <groupId>io.springfox</groupId>
    <artifactId>springfox-swagger2</artifactId>
    <version>2.8.0</version>
</dependency>
<dependency>
    <groupId>io.springfox</groupId>
    <artifactId>springfox-swagger-ui</artifactId>
    <version>2.8.0</version>
</dependency>
```

在上面的示例中，在项目 pom.xml 配置文件中引入了 springfox-swagger2 和 springfox-swagger-ui 两个依赖包。其中 swagger2 是主要的文档生成组件，swagger-ui 为页面显示组件。

步骤 02 创建 Swagger2 配置类。

```
@Configuration
@EnableSwagger2
public class Swagger2Config implements WebMvcConfigurer {
    @Bean
    public Docket createRestApi() {
        return new Docket(DocumentationType.SWAGGER_2)
                .apiInfo(apiInfo())
                .select()
                .apis(RequestHandlerSelectors.basePackage("com.weiz.example01.
controller"))
                .paths(PathSelectors.any())
                .build();
    }

    private ApiInfo apiInfo() {
        return new ApiInfoBuilder()
                .title("Spring Boot 中使用 Swagger2 构建 RESTful APIs")
                .description("Spring Boot 相关文章请关注:
https://www.cnblogs.com/zhangweizhong")
                .termsOfServiceUrl("https://www.cnblogs.com/zhangweizhong")
                .contact("架构师精进")
                .version("1.0")
                .build();
    }

    /**
     *  swagger 增加 url 映射
     * @param registry
     */
    @Override
    public void addResourceHandlers(ResourceHandlerRegistry registry) {
        registry.addResourceHandler("swagger-ui.html")
                .addResourceLocations("classpath:/META-INF/resources/");

        registry.addResourceHandler("/webjars/**")
                .addResourceLocations("classpath:/META-INF/resources/webjars/"
);
    }
}
```

在上面的示例中，我们在 SwaggerConfig 的类上添加了@Configuration 和@EnableSwagger2 两
个注解。

- @Configuration 注解让 Spring Boot 来加载该类配置。
- @EnableSwagger2 注解启用 Swagger2，通过配置一个 Docket Bean，来配置映射路径
  和要扫描的接口所在的位置。
- apiInfo 主要配置 Swagger2 文档网站的信息，比如网站的标题、网站的描述、使用的
  协议等。

需要注意的是：

1）basePackage 可以在 SwaggerConfig 中配置 com.weiz.example01.controller，也可以在启动器 ComponentScan 中配置。

2）需要在 SwaggerConfig 中配置 Swagger 的 URL 映射地址：/swagger-ui.html。

步骤 03 添加文档说明内容。

上面的配置完成之后，接下来需要在 API 上增加内容说明。我们直接在之前的用户管理模块的 UserController 中增加相应的接口内容说明，代码如下：

```java
@Api(tags = {"用户接口"})
@RestController
public class UserController {

    @ApiOperation(value="创建用户", notes="根据 User 对象创建用户")
    @PostMapping(value = "user")
    public JSONResult save(@RequestBody User user){
        System.out.println("用户创建成功："+user.getName());
        return JSONResult.ok(201,"用户创建成功");
    }

    @ApiOperation(value="更新用户详细信息", notes="根据 id 来指定更新对象，并根据传过
来的 user 信息来更新用户详细信息")
    @PutMapping(value = "user")
    public JSONResult update(@RequestBody User user) {
        System.out.println("用户修改成功："+user.getName());
        return JSONResult.ok(203,"用户修改成功");
    }

    @ApiOperation(value="删除用户", notes="根据 url 的 id 来指定删除对象")
    @ApiImplicitParam(name = "userId", value = "用户 ID", required = true, dataType
= "Long", paramType = "query")
    @DeleteMapping("user/{userId}")
    public JSONResult delete(@PathVariable String userId) {
        System.out.println("用户删除成功："+userId);
        return JSONResult.ok(204,"用户删除成功");
    }

    @ApiOperation(value="查询用户",notes = "通过用户 ID 获取用户信息")
    @ApiImplicitParam(name = "userId", value = "用户 ID", required = true, dataType
= "Long", paramType = "query")
    @GetMapping("user/{userId}")
    public JSONResult queryUserById(@PathVariable String userId) {
        User user =new User();
        user.setUserId(userId);
        user.setName("weiz");
        user.setAge(20);
        System.out.println("获取用户成功："+userId);
        return JSONResult.ok(200,"获取用户成功",user);
    }
}
```

在上面的示例中，主要为 UserController 中的接口增加了接口信息描述，包括接口的用途、请求参数说明等。

1）@Api 注解：用来给整个控制器（Controller）增加说明。

2）@ApiOperation 注解：用来给各个 API 方法增加说明。

3）@ApiImplicitParams、@ApiImplicitParam 注解：用来给参数增加说明。

步骤 04 查看生成的 API 文档。

完成上面的配置和代码修改之后，Swagger 2 就集成到 Spring Boot 项目中了。接下来启动项目，在浏览器中访问 http://localhost:8080/swagger-ui.html，Swagger 会自动构建接口说明文档，如图 6-4 所示。

图 6-4　Swagger-UI 启动页面

Swagger 自动将用户管理模块的全部接口信息展现出来，包括接口功能说明、调用方式、请求参数、返回数据结构等信息。

在 Swagger 页面上，我们发现每个接口描述右侧都有一个按钮 try it out，单击 try it out 按钮即可调用该接口进行测试。如图 6-5 所示，在获取人员信息的接口上单击 try it out 按钮，输入 userId 的请求参数"2001"，单击 Execute 按钮就会将请求发送到后台，从而进行接口验证测试。

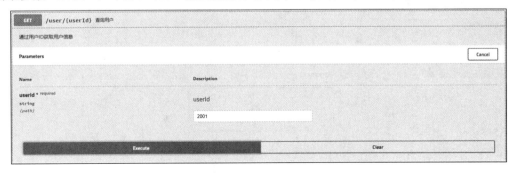

图 6-5　Swagger 接口验证测试

6.3.3　为 Swagger 添加 token 参数

很多时候，客户端在调用 API 时需要在 HTTP 的请求头携带通用参数，比如权限验证的 token 参数等。但是 Swagger 是怎么描述此类参数的呢？接下来通过示例演示如何为 Swagger 添加固定的请求参数。

其实非常简单，修改 Swagger2Config 配置类，利用 ParameterBuilder 构成请求参数。具体示例代码如下：

```
@@Configuration
@EnableSwagger2
public class Swagger2Config implements WebMvcConfigurer {
    @Bcan
    public Docket createRestApi() {
        // 添加请求参数，这里把 token 作为请求头参数传入后端
        ParameterBuilder parameterBuilder = new ParameterBuilder();
        List<Parameter> parameters = new ArrayList<Parameter>();
        parameterBuilder.name("token").description("token 令牌")
                .modelRef(new
ModelRef("string")).parameterType("header").required(false).build();
        parameters.add(parameterBuilder.build());


        return new Docket(DocumentationType.SWAGGER_2)
                .apiInfo(apiInfo())
                .select()

.apis(RequestHandlerSelectors.basePackage("com.weiz.example01.controller"))
                .paths(PathSelectors.any())
                .build()
                .globalOperationParameters(parameters);
    }

    …
}
```

在上面的示例中，通过 ParameterBuilder 类把 token 作为全局统一的参数添加到 HTTP 的请求头中。系统所有的 API 都会统一加上此参数。

完成之后重新启动应用，再次查看接口，如图 6-6 所示，我们可以看到接口参数中已经支持发送 token 请求参数。

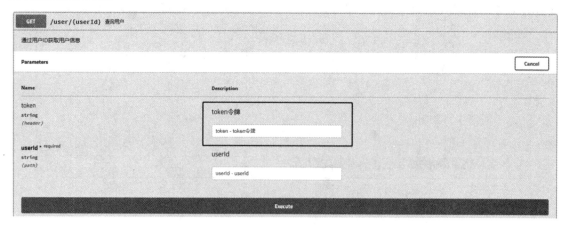

图 6-6　添加 token 参数

人员管理模块中的所有 API 都统一加上了 token 参数，调用时 Swagger 会将 token 参数自动加入 HTTP 的请求头。

6.3.4　Swagger 常用注解

Swagger 提供了一系列注解来描述接口信息，包括接口说明、请求方法、请求参数、返回信息等，常用注解如表 6-5 所示。

表 6-5　Swagger 常用注解说明

注　解	属　性	值	说　明	示　例
@Api	value	字符串	可用在 class 头上，class 描述	@Api(value = "xxx", description = "xxx")
	description	字符串		
@ApiOperation	value	字符串	可用在方法头上，参数的描述容器	@ApiOperation(value = "xxx", notes = "xxx")
	notes	字符串		
@ApiImplicitParams		@ApiImplicitParam 数组	可用在方法头上，参数的描述容器	@ApiImplicitParams({@ApiImplicitParam1,@ApiImplicitParam2,...})
@ApiImplicitParam	name	字符串　与参数命名对应	可用在 @ApiImplicitParams 中	用例参见项目中的设置
	value	字符串	参数中文描述	
	required	布尔值	true/false	
	dataType	字符串	参数类型	
	paramType	字符串	参数请求方式：query/path	
	defaultValue	字符串	在 API 测试中的默认值	
@ApiResponses	{}	@ApiResponse 数组	可用在方法头上，参数的描述容器	@ApiResponses({@ApiResponse1,@ApiResponse2,...})
@ApiResponse	code	整数	可用在@ApiResponses 中	@ApiResponse(code = 200, message = "Successful")
	message	字符串	错误描述	
@ApiIgnore			忽略这个 API	
@ApiError			发生错误的返回信息	

在实际项目中，Swagger 除了提供@ApiImplicitParams 注解描述简单的参数之外，还提供了用于对象参数的@ApiModel 和@ApiModelProperty 两个注解，用于封装的对象作为传入参数或返回数据。

● @ApiModel 负责描述对象的信息

● @ApiModelProperty 负责描述对象中属性的相关内容

以上是在项目中常用的一些注解，利用这些注解就可以构建出清晰的 API 文档。

6.4 实战：实现 Web API 版本控制

前面介绍了 Spring Boot 如何构建 RESTful 风格的 Web 应用接口以及使用 Swagger 生成 API 的接口文档。如果业务需求变更，Web API 功能发生变化时应该如何处理呢？总不能通知所有的调用方修改吧？接下来好好研究一下 Web API 的版本控制。

6.4.1 为什么进行版本控制

一般来说，Web API 是提供给其他系统或其他公司使用的，不能随意频繁地变更。然而，由于需求和业务不断变化，Web API 也会随之不断修改。如果直接对原来的接口修改，势必会影响其他系统的正常运行。

例如，系统中用户添加的接口/api/user 由于业务需求的变化，接口的字段属性也发生了变化，而且可能与之前的功能不兼容。为了保证原有的接口调用方不受影响，只能重新定义一个新的接口：/api/user2，这使得接口非常臃肿难看，而且极难维护。

那么如何做到在不影响现有调用方的情况下，优雅地更新接口的功能呢？最简单高效的办法就是对 Web API 进行有效的版本控制。通过增加版本号来区分对应的版本，来满足各个接口调用方的需求。版本号的使用有以下几种方式：

1）通过域名进行区分，即不同的版本使用不同的域名，如 v1.api.test.com、v2.api.test.com。

2）通过请求 URL 路径进行区分，在同一个域名下使用不同的 URL 路径，如 test.com/api/v1/、test.com/api/v2。

3）通过请求参数进行区分，在同一个 URL 路径下增加 version=v1 或 v2 等，然后根据不同的版本选择执行不同的方法。

在实际项目开发中，一般选择第二种方式，因为这样既能保证水平扩展，又不影响以前的老版本。

6.4.2 Web API 的版本控制

Spring Boot 对 RESTful 的支持非常全面，因而实现 RESTful API 非常简单，同样对于 API 版本控制也有相应的实现方案：

1）创建自定义的@APIVersion 注解。

2）自定义 URL 匹配规则 ApiVersionCondition。

3）使用 RequestMappingHandlerMapping 创建自定义的映射处理程序，根据 Request 参数匹配符合条件的处理程序。

下面通过示例程序来演示 Web API 如何增加版本号。

步骤 01 创建自定义注解。

创建一个自定义版本号标记注解@ApiVersion。实现代码如下：

```
@Target({ElementType.TYPE})
@Retention(RetentionPolicy.RUNTIME)
```

```java
public @interface ApiVersion {
    /**
     * @return 版本号
     */
    int value() default 1;
}
```

在上面的示例中，创建了 ApiVersion 自定义注解用于 API 版本控制，并返回了对应的版本号。

步骤02 自定义 URL 匹配逻辑。

接下来定义 URL 匹配逻辑，创建 ApiVersionCondition 类并继承 RequestCondition 接口，其作用是进行版本号筛选，将提取请求 URL 中的版本号与注解上定义的版本号进行对比，以此来判断某个请求应落在哪个控制器上。实现代码如下：

```java
public class ApiVersionCondition implements
RequestCondition<ApiVersionCondition> {
    private final static Pattern VERSION_PREFIX_PATTERN =
Pattern.compile(".*v(\\d+).*");

    private int apiVersion;
    ApiVersionCondition(int apiVersion) {
        this.apiVersion = apiVersion;
    }
    private int getApiVersion() {
        return apiVersion;
    }

    @Override
    public ApiVersionCondition combine(ApiVersionCondition apiVersionCondition) {
        return new ApiVersionCondition(apiVersionCondition.getApiVersion());
    }
    @Override
    public ApiVersionCondition getMatchingCondition(HttpServletRequest
httpServletRequest) {
        Matcher m =
VERSION_PREFIX_PATTERN.matcher(httpServletRequest.getRequestURI());
        if (m.find()) {
            Integer version = Integer.valueOf(m.group(1));
            if (version >= this.apiVersion) {
                return this;
            }
        }
        return null;
    }
    @Override
    public int compareTo(ApiVersionCondition apiVersionCondition,
HttpServletRequest httpServletRequest) {
        return apiVersionCondition.getApiVersion() - this.apiVersion;
    }
}
```

在上面的示例中，通过 ApiVersionCondition 类重写 RequestCondition 定义 URL 匹配逻辑。
当方法级别和类级别都有 ApiVersion 注解时，通过 ApiVersionRequestCondition.combine 方法将

二者进行合并。最终将提取请求 URL 中的版本号，与注解上定义的版本号进行对比，判断 URL 是否符合版本要求。

步骤 03 自定义匹配的处理程序。

接下来实现自定义匹配的处理程序。先创建 ApiRequestMappingHandlerMapping 类，重写部分 RequestMappingHandlerMapping 的方法，实现自定义的匹配处理程序。示例代码如下：

```java
public class ApiRequestMappingHandlerMapping extends
RequestMappingHandlerMapping {
    private static final String VERSION_FLAG = "{version}";

    private static RequestCondition<ApiVersionCondition>
createCondition(Class<?> clazz) {
        RequestMapping classRequestMapping =
clazz.getAnnotation(RequestMapping.class);
        if (classRequestMapping == null) {
            return null;
        }
        StringBuilder mappingUrlBuilder = new StringBuilder();
        if (classRequestMapping.value().length > 0) {
            mappingUrlBuilder.append(classRequestMapping.value()[0]);
        }
        String mappingUrl = mappingUrlBuilder.toString();
        if (!mappingUrl.contains(VERSION_FLAG)) {
            return null;
        }
        ApiVersion apiVersion = clazz.getAnnotation(ApiVersion.class);
        return apiVersion == null ? new ApiVersionCondition(1) : new
ApiVersionCondition(apiVersion.value());
    }

    @Override
    protected RequestCondition<?> getCustomMethodCondition(Method method) {
        return createCondition(method.getClass());
    }

    @Override
    protected RequestCondition<?> getCustomTypeCondition(Class<?> handlerType) {
        return createCondition(handlerType);
    }
}
```

步骤 04 配置注册自定义的 RequestMappingHandlerMapping。

创建 WebMvcRegistrationsConfig 类，重写 getRequestMappingHandlerMapping( )的方法，将之前创建的 ApiRequestMappingHandlerMapping 注册到系统中。

```java
@Configuration
public class WebMvcRegistrationsConfig implements WebMvcRegistrations {
    @Override
    public RequestMappingHandlerMapping getRequestMappingHandlerMapping() {
        return new ApiRequestMappingHandlerMapping();
    }
}
```

　　通过以上 4 步完成 API 版本控制的配置。代码看起来复杂，其实都是重写 Spring Boot 内部的处理流程。

步骤 05 配置实现接口。

　　配置完成之后，接下来编写测试的控制器（Controller），实现相关接口的测试。在 Controller 目录下分别创建 OrderV1Controller 和 OrderV2Controller。示例代码如下：

```java
// V1 版本的接口定义
@ApiVersion(value = 1)
@RestController
@RequestMapping("api/{version}/order")
public class OrderV1Controller {
    @GetMapping("/delete/{orderId}")
    public JSONResult deleteOrderById(@PathVariable String orderId) {
        System.out.println("V1 删除订单成功: "+orderId);
        return JSONResult.ok("V1 删除订单成功");
    }

    @GetMapping("/detail/{orderId}")
    public JSONResult queryOrderById(@PathVariable String orderId) {
        System.out.println("V1 获取订单详情成功: "+orderId);
        return JSONResult.ok("V1 获取订单详情成功");
    }
}

// V2 版本的接口定义
@ApiVersion(value = 2)
@RestController
@RequestMapping("api/{version}/order")
public class OrderV2Controller {
    @GetMapping("/detail/{orderId}")
    public JSONResult queryOrderById(@PathVariable String orderId) {
        System.out.println("V2 获取订单详情成功: "+orderId);
        return JSONResult.ok("V2 获取订单详情成功");
    }

    @GetMapping("/list")
    public JSONResult list() {
        System.out.println("V2,新增 list 订单列表接口");
        return JSONResult.ok(200,"V2,新增 list 订单列表接口");
    }
}
```

　　在上面的示例中，我们在 UserV1Controller 中定义了/delete/{orderId}和/detail/{orderId}两个接口，在 UserV2Controller 中修改/detail/{orderId}接口，新增/list 接口，然后使用@ApiVersion 自定义注解设置两个 Controller 的版本号。

步骤 06 验证测试。

　　配置完成之后启动项目，查看版本控制是否生效。在浏览器中分别访问 api/v1/order/delete/20011 和 api/v2/order/ delete/20011 订单删除接口，查看页面返回情况。如图 6-7 所示，调用 V1 和 V2 版本的 order/ delete/20011 订单删除接口，返回的都是"V1，删除订单成功"。这说明 V2 会默认继承 V1 的所有接口，新版本的原有接口功能保持不变。

V1,删除订单成功

图 6-7　V1 版本订单删除接口返回信息

接下来，在浏览器中分别访问 api/v1/order/detail/20011 和 api/v2/order/ deletc/20011 订单详情接口，查看页面返回情况。如图 6-8 和图 6-9 所示，分别调用 V1 和 V2 版本的 order/detail/20011 订单详情接口，返回的是各自版本的接口信息，说明 V2 版本对 order/detail 订单详情接口的修改生效，同时也没有影响旧版本的订单详情接口。

V1,获取订单详情成功

V2,获取订单详情成功

图 6-8　V1 版本订单详情接口返回信息 　　图 6-9　V2 版本订单详情接口返回信息

最后，分别访问新增的 order/list 订单列表接口，查页面返回情况。如图 6-10 和图 6-11 所示，请求 V1 的 order/list 订单列表返回 404 接口不存在，请求 V2 的 order/list 订单列表返回正确的结果，说明在高版本中新增的接口只在高版本中生效。

Whitelabel Error Page

This application has no explicit mapping for /error, so you are seeing this as a fallback.

Fri May 14 18:41:10 CST 2021
There was an unexpected error (type=Not Found, status=404).

V2,新增list订单列表接口

图 6-10　V1 版本订单列表接口返回信息 　　图 6-11　V2 版本订单列表接口返回信息

以上验证情况说明 Web API 的版本控制配置成功，实现了旧版本的稳定和新版本的更新。

1）当请求正确的版本地址时，会自动匹配版本的对应接口。

2）当请求的版本大于当前版本时，默认匹配最新的版本。

3）高版本会默认继承低版本的所有接口。实现版本升级只关注变化的部分，没有变化的部分会自动平滑升级，这就是所谓的版本继承。

4）高版本的接口的新增和修改不会影响低版本。

这些特性使得在升级接口时，原有接口不受影响，只关注变化的部分，没有变化的部分自动平滑升级。这样使得 Web API 更加简洁，这就是实现 Web API 版本控制的意义所在。

6.5　本章小结

本章介绍了 Spring Boot 实现 RESTful API。RESTful 是一种非常优雅的设计，相同 URL 请求方式不同，后端处理逻辑也不同，利用 RESTful 风格很容易设计出更优雅和直观的 API 交互接口。同时，Spring Boot 对 RESTful 的支持做了大量的优化，方便在 Spring Boot 体系内使用 RESTful 架构。

掌握了在 Spring Boot 项目中使用 Swagger，利用 Swagger 的相关注解可以容易地构建出丰富的 API 文档。使用 Swagger 之后可以帮助生成标准的 API 说明文档，解决接口交互中的低效沟通问题。最后介绍了 RESTful API 的版本控制，避免由于接口变动对原有调用方产生影响。

通过本章的学习，读者应该学会了 RESTful API 的设计，具有使用 Spring Boot 实现 RESTful API 的能力，并具备了能进一步提高的基础知识。

6.6　本章练习

1）设计并实现完整的 RESTful 风格的人员管理模块的 Web API，版本号为 V1，并配置产生 Swagger 接口文档。

2）实现人员管理模块的 Web API 版本控制，接口新版本为 V2，修改 V2 版本的人员新增接口，并增加人员批量删除接口。

第7章

JdbcTemplate 数据连接模板

本章主要介绍 Spring Boot 如何使用 JdbcTemplate 操作数据库、配置多数据源等技术。事实上，JdbcTemplate 应该是最简单的数据持久化方案，其使用非常简单。接下来将学习 JdbcTemplate 数据连接模板的使用。

7.1　JdbcTemplate 入门

本节从基础的部分开始介绍什么是 JDBC、什么是 JdbcTemplate，然后介绍 Spring Boot 项目如何使用 JdbcTemplate 操作数据库。

7.1.1　JdbcTemplate 简介

1. 什么是 JDBC

JDBC（Java Data Base Connectivity，Java 数据库连接）是 Java 语言中用来规范应用程序如何访问数据库的 API，为多种关系数据库提供统一访问方式，诸如查询和更新数据库中数据的方法。JDBC 提供了一种基准，据此可以构建更高级的工具和接口，使数据库开发人员能够编写数据库应用程序。

2. 什么是 JdbcTemplate

JDBC 作为 Java 访问数据库的 API 规范，统一了各种数据库的访问方式，但是直接在 Java 程序中使用 JDBC 还是非常复杂和烦琐的，所以 Spring 对 JDBC 进行了更深层次的封装，而 JdbcTemplate 就是 Spring 提供的操作数据库的便捷工具。它主要实现数据库连接的管理，我们可以借助 JdbcTemplate 来执行所有数据库操作，例如查询、插入、更新、删除等操作，并且有效地避免了直接使用 JDBC 带来的烦琐编码。

Spring Boot 作为 Spring 的集大成者，自然会将 JdbcTemplate 集成进去。Spring Boot 针对 JDBC 的使用提供了对应的 Starter：spring-boot-starter-jdbc，它其实就是在 Spring JDBC 上做进一步的封装，

方便在 Spring Boot 项目中更好地使用 JDBC。

3. JdbcTemplate 的特点

- 速度快，相对于 ORM 框架，JDBC 的方式是最快的。
- 配置简单，Spring 封装的除了数据库连接之外，几乎没有额外的配置。
- 使用方便，它更像 DBUtils 工具类，只需注入 JdbcTemplate 对象即可。

4. JdbcTemplate 的几种类型的方法

JdbcTemplate 虽然简单，但是功能非常强大，它提供了非常丰富、实用的方法，归纳起来主要有以下几种类型的方法：

1）execute()方法：可以用于执行任何 SQL 语句，一般用于执行 DDL 语句。

2）update()、batchUpdate()方法：用于执行新增、修改与删除等语句。

3）query()和 queryForXXX()方法：用于执行查询相关的语句。

4）call()方法：用于执行数据库存储过程和函数相关的语句。

总的来说，新增、删除与修改 3 种类型的操作主要使用 update()和 batchUpdate()方法来完成。query()和 queryForObject()方法主要用来完成查询功能。execute()方法可以用来创建、修改、删除数据库表。call()方法则用来调用存储过程。

在大部分情况下，我们都会使用更加强大的持久化框架来访问数据库，比如 MyBatis、Hibernate 或者 Spring Data JPA。之所以介绍 JdbcTemplate 这种基础的数据库框架，只是希望读者能从基础开始学习，只有掌握了这些基础的框架才能更好地学习其他复杂的 ORM 框架。

7.1.2　Spring Boot 集成 JdbcTemplate

Spring Boot 集成 JDBC 很简单，只需要引入依赖并进行基础配置即可。接下来以一个具体的例子来学习如何利用 Spring 的 JdbcTemplate 进行数据库操作。

步骤 01 添加依赖配置。

在 pom.xml 配置文件中增加 JDBC 等相关依赖：

```
<dependency>
    <groupId>org.springframework.boot</groupId>
    <artifactId>spring-boot-starter-jdbc</artifactId>
</dependency>
<dependency>
    <groupId>mysql</groupId>
    <artifactId>mysql-connector-java</artifactId>
</dependency>
```

在上面的示例中，在 pom.xml 文件中引入 spring-boot-starterjdbc 依赖。同时，由于项目中使用 MySQL 作为数据库，因此项目中需要引入 MySQL 驱动包。spring-boot-starter-jdbc 直接依赖于 HikariCP 和 spring-jdbc。

- HikariCP 是 Spring Boot 2.0 默认使用的数据库连接池，也是传说中最快的数据库连接池。

- spring-jdbc 是 Spring 框架对 JDBC 的简单封装，提供了一个简化 JDBC 操作的开发工具包。

步骤 02 创建数据库及表结构。

首先创建 jdbctest 测试数据库，然后创建 student 表，包括 id、name、sex、age 等字段，对应的 SQL 脚本如下：

```
DROP TABLE IF EXISTS `student`;
CREATE TABLE `student` (
        `id` bigint(20) NOT NULL AUTO_INCREMENT COMMENT '主键id',
        `name` varchar(32) DEFAULT NULL COMMENT '姓名',
        `sex` int DEFAULT NULL,
        `age` int DEFAULT NULL,
        PRIMARY KEY (`id`)
) ENGINE=InnoDB AUTO_INCREMENT=1 DEFAULT CHARSET=utf8;;
```

步骤 03 配置数据源。

在 application.properties 中配置 MySQL 数据库连接相关内容。具体配置如下：

```
spring.datasource.url=jdbc:mysql://localhost:3306/jdbctest?serverTimezone=UTC&useUnicode=true&characterEncoding=utf-8&useSSL=true
spring.datasource.username=root
spring.datasource.password=root
spring.datasource.driver-class-name=com.mysql.cj.jdbc.Driver
```

在上面的示例中，数据库连接配置非常简单，包括数据库连接地址、用户名、密码以及数据驱动，无须其他额外配置。在 Spring Boot 2.0 中，com.mysql.jdbc.Driver 已经过期，推荐使用 com.mysql.cj.jdbc.Driver。

步骤 04 使用 JdbcTemplate。

上面已经把 JdbcTemplate 集成到 Spring Boot 项目中，并创建了数据。接下来创建一个单元测试类 JdbcTests，验证 JdbcTemplate 操作数据库。示例代码如下：

```
@RunWith(SpringRunner.class)
@SpringBootTest
class JdbcTests {
    @Autowired
    JdbcTemplate jdbcTemplate;

    @Test
    void querytest() throws SQLException {
        List<Map<String, Object>> list = jdbcTemplate.queryForList("select *
from student ");
        System.out.println(list.size());
        Assert.assertNotNull(list);
        Assert.assertEquals(1,list.size());
    }
}
```

上面是简单地使用 JdbcTemplate 的测试示例，Spring 的 JdbcTemplate 是自动配置的。使用

@Autowired 将 JdbcTemplate 注入需要的 Bean 中即可直接调用。

单击 Run Test 或在方法上右击，选择 Run 'querytest'，运行测试方法，结果如图 7-1 所示。

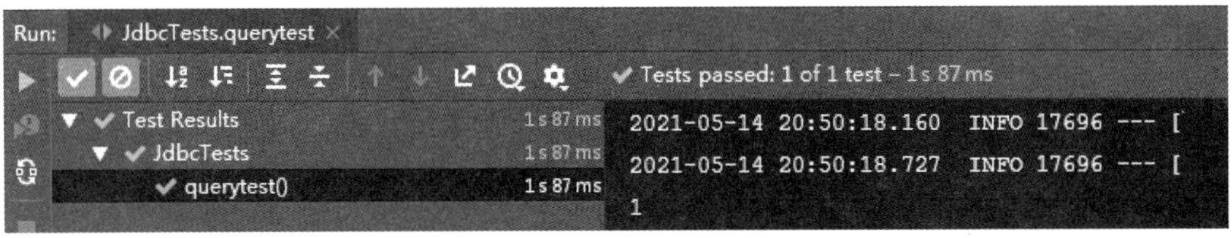

图 7-1　单元测试的运行结果

单元测试 queryTest 运行成功，并输出了相应的结果。这说明 JdbcTemplate 已经连接上数据库，并成功执行了数据查询操作。

以上就把 JdbcTemplate 集成到 Spring Boot 项目中了。

7.2　使用 JdbcTemplate 操作数据库

成功在 Spring Boot 项目中集成 JdbcTemplate 后，如何使用 JdbcTemplate 数据库连接模板操作数据库呢？接下来以示例演示 JdbcTemplate 实现学生信息的增、删、改、查等操作，让我们在实践中边学边用，更好地理解和吸收。

7.2.1　实现学生数据管理功能

步骤 01 创建实体类。

根据之前创建的 Student 表结构创建对应的实体类 Student，具体代码如下：

```java
public class Student {
    private Long id;
    private String name;
    private int sex;
    private int age;

    public Student(){

    }
    public Student(String name, int sex, int age) {
        this.name = name;
        this.sex = sex;
        this.age = age;
    }

    // 省略 get、set 方法
}
```

需要注意的是，实体类的数据类型要和数据库字段一一对应。

步骤 02 定义 Repository 接口。

首先，创建 StudentRepository 接口并定义常用的增、删、改、查接口方法，示例代码如下：

```
public interface StudentRepository {
    int save(Student student);
    int update(Student student);
    int delete(long id);
    Student findById(long id);
}
```

在上面的示例中，在 StudentRepository 中定义了 save()、update()、delete()和 findById()方法。

然后，创建 StudentRepositoryImpl 类，继承 StudentRepository 接口，实现接口中的增、删、改、查等方法，示例代码如下：

```
@Repository
public class StudentRepositoryImpl implements StudentRepository {
    @Autowired
    private JdbcTemplate jdbcTemplate;

}
```

在上面的示例中，在 StudentRepositoryImpl 类上使用@Repository 注解用于标注数据访问组件 JdbcTemplate，同时在类中注入 JdbcTemplate 实例。

步骤 03 实现增、删、改、查功能。

接下来逐个实现对应的增、删、改、查方法。

1）新增：

在 StudentRepositoryImpl 类中实现 StudentRepository 接口中的 save()方法。示例代码如下：

```
@Override
public int save(Student student) {
    return jdbcTemplate.update("INSERT INTO Student(name, sex, age)
values(?, ?, ?)",
            student.getName(),student.getSex(),student.getAge());
}
```

在 JdbcTemplate 中，除了查询有几个 API 之外，新增、删除与修改操作统一都调用 update()方法来完成，传入 SQL 即可。Update()方法的返回值就是 SQL 执行受影响的行数。

2）删除：

通过用户 id 删除用户信息，在 StudentRepositoryImpl 类中实现 StudentRepository 接口的 update( )方法。示例代码如下：

```
@Override
public int delete(long id) {
    return jdbcTemplate.update("DELETE FROM Student where id = ? ",id);
}
```

看到这里读者可能会有疑问：怎么新增、删除、修改都调用 update()方法，这与其他的框架不一样？严格来说，新增、删除、修改都属于数据写入，通过 update()执行对应的 SQL 语句即可实现对数据库中数据的变更。

3）修改：

修改和新增类似，在 StudentRepositoryImpl 类中实现 StudentRepository 接口的 update()方法。示例代码如下：

```
@Override
public int update(Student student) {
    return jdbcTemplate.update("UPDATE Student SET name = ? , password = ? , age
= ?  WHERE id=?",
student.getName(),student.getSex(),student.getAge(),student.getId());
}
```

4）查询：

根据用户 id 查询用户信息，同样在 StudentRepositoryImpl 类中实现 StudentRepository 接口的 findById()方法。示例代码如下：

```
@Override
public Student findById(long id) {
    return jdbcTemplate.queryForObject("SELECT * FROM Student WHERE id=?", new
Object[] { id }, new BeanPropertyRowMapper<Student>(Student.class));
}
```

在上面的示例中，JdbcTemplate 执行查询相关的语句调用 query()方法及 queryForXXX()方法，查询对象调用 queryForObject 方法。JdbcTemplate 支持将查询结果转换为实体对象，使用 new BeanPropertyRowMapper<Student>(Student.class)对返回的数据进行封装，它通过名称匹配的方式自动将数据列映射到指定类的实体类中。

在执行查询操作时，需要有一个 RowMapper 将查询出来的列和实体类中的属性一一对应起来：如果列名和属性名是相同的，那么可以直接使用 BeanPropertyRowMapper；如果列名和属性名不同，就需要开发者自己实现 RowMapper 接口，将数据列与实体类属性字段映射。

步骤 04 验证测试。

接下来对封装好的 StudentRepository 进行测试，测试 StudentRepository 中的各个方法是否正确。创建 StudentRepositoryTests 类，将 studentRepository 注入测试类中。

```
@SpringBootTest
class StudentRepositoryImplTest {
    @Autowired
    private StudentRepository studentRepository;
    @Test
    void save() {
        Student student =new Student("weiz",1,30);
        studentRepository.save(student);
    }
    @Test
    void update() {
        Student student =new Student("weiz",1,18);
        student.setId(1L);
        studentRepository.update(student);
    }
    @Test
    void delete() {
```

```
        studentRepository.delete(1L);
    }
    @Test
    void findById() {
        Student student = studentRepository.findById(1L);
        System.out.println("student == " + student.toString());
    }
}
```

接下来，依次执行上面的单元测试方法，验证学生信息的增删改查功能是否正常，结果如图 7-2 所示。

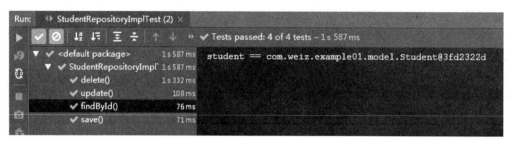

图 7-2　单元测试的运行结果

结果表明单元测试执行正常，说明 StudentRepository 中的方法执行成功，也可以查看数据库中的数据是否符合预期。

7.2.2　复杂查询

JdbcTemplate 除了封装 update 和 query 等这些常用的方法外，还可以实现数据的增删改查操作。实际上，JdbcTemplate 还封装了 execute()、queryForXXX() 等许多非常实用的方法，比如需要返回 List 对象时可以调用 queryForList() 方法，创建数据库表结构时可以调用 execute() 方法生成数据库表。下面通过一些简单的示例来演示这些方法的调用。

1. execute() 方法

调用 JdbcTemplate 的 execute() 方法执行 SQL 语句，生成数据库表结构。

```
jdbcTemplate.execute("CREATE TABLE Student (id integer, name varchar(100))");
```

上面这个示例就是通过调用 execute() 方法执行建表语句，生成数据库表结构。

2. queryForXXX() 方法

使用 JdbcTemplate 进行查询时，需要返回各种不同的数据类型，调用 queryForXXX() 等方法即可。比如需要返回 int 类型，调用 queryForInt() 方法：

```
int count = jdbcTemplate.queryForInt("SELECT COUNT(*) FROM Student ");
```

除了 queryForInt() 方法之外，还有像 queryForList() 等很多数据类型的方法可以直接返回需要的数据类型，无须额外的类型转换。

3. 数据对象转换

前面提到可以使用 BeanPropertyRowMapper 类自动将查询到的数据转换为数据对象信息。针对数据库字段和实体属性不一致的情况，JdbcTemplate 还提供了自定义 RowMapper 对象进行属性映射。

首先，创建一个属性映射类 StudentRowMapper：

```
public class StudentRowMapper implements RowMapper<Student> {
    @Override
    public Student mapRow(ResultSet rs, int rowNum) throws SQLException {
        Student student = new Student();
        student.setId(rs.getLong("id"));
        student.setName(rs.getString("name"));
        student.setSex(rs.getInt("sex"));
        student.setAge(rs.getInt("age"));
        return student;
    }
}
```

在上面的示例中，自定义的 StudentRowMapper 类继承 JdbcTemplate 中的 RowMapper 类。重写 mapRow()方法，将结果集中的数据转换为 Student 对象。

然后，创建单元测试，验证数据对象转换，示例代码如下：

```
@Test
void rowMapper() {
    List<Student> students = jdbcTemplate.query("SELECT * FROM student", new
StudentRowMapper());
    for(Student student : students){
        System.out.println("id:"+student.getId()+",name:"+student.getName());
    }
}
```

在上面的示例中，调用 query()返回 Student 列表数据，传入 StudentRowMapper 参数，将查询结果转换为用户列表并返回。

4. 返回主键

前面介绍了数据的新增，但是有些时候需要在数据插入的过程中返回主键，那么可以调用 PreparedStatementCreator()，代码如下：

```
@Test
public void save2() {
    Student student = new Student("zhangsan",1,20);
    KeyHolder keyHolder = new GeneratedKeyHolder();
    int id = jdbcTemplate.update(new PreparedStatementCreator() {
        @Override
        public PreparedStatement createPreparedStatement(Connection connection)
throws SQLException {
            PreparedStatement ps = connection.prepareStatement("insert into
student (name,sex,age) values (?,?,?);", Statement.RETURN_GENERATED_KEYS);
            ps.setString(1, student.getName());
```

```
            ps.setInt(2, student.getSex());
            ps.setInt(3, student.getAge());
            return ps;
        }
    }, keyHolder);
    student.setId(keyHolder.getKey().longValue());
    System.out.println(keyHolder.getKey().longValue());
}
```

在上面的示例中，实际上就相当于调用了 JDBC 中的方法，首先在构建 PreparedStatement 时传入 Statement.RETURN_GENERATED_KEYS，然后传入 KeyHolder，最终从 KeyHolder 中获取刚刚插入数据的 id，保存到 student 对象的 id 属性中。

单击 Run Test 或在方法上右击，选择 Run 'save2'，运行测试方法，结果如图 7-3 所示。

图 7-3 单元测试的运行结果

结果表明单元测试方法 save2 运行成功，并输出了相应的结果。这说明数据已经插入成功并返回了数据的主键 id。

5. 存储过程

由于各种 ORM 框架的流行，存储过程的使用场景已经不多见了。但是，JdbcTemplate 对存储过程同样进行了良好的封装。下面通过一个示例来演示 JdbcTemplate 是如何调用存储过程的。

```
public void test() {
  List resultList = (List) jdbcTemplate.execute(
    new CallableStatementCreator() {
      public CallableStatement createCallableStatement(Connection con) throws
SQLException {
        String storedProc = "{call testpro(?,?)}";// 调用的 sql
        CallableStatement cs = con.prepareCall(storedProc);
        cs.setString(1, "p1");// 设置输入参数的值
        cs.registerOutParameter(2, OracleTypes.CURSOR);// 注册输出参数的类型
        return cs;
      }
    }, new CallableStatementCallback() {
      public Object doInCallableStatement(CallableStatement cs) throws
SQLException,DataAccessException {
        List resultsMap = new ArrayList();
        cs.execute();
        ResultSet rs = (ResultSet) cs.getObject(2);// 获取游标一行的值
        while (rs.next()) {// 转换每行的返回值到 Map 中
          Map rowMap = new HashMap();
          rowMap.put("id", rs.getString("id"));
          rowMap.put("name", rs.getString("name"));
```

```
                resultsMap.add(rowMap);
            }
            rs.close();
            return resultsMap;
        }
    });
    for (int i = 0; i < resultList.size(); i++) {
        Map rowMap = (Map) resultList.get(i);
        String id = rowMap.get("id").toString();
        String name = rowMap.get("name").toString();
        System.out.println("id=" + id + ";name=" + name);
    }
}
```

示例代码说明：

1）JdbcTemplete 通过 execute()方法执行存储过程并获得输出结果。

2）通过 CallableStatement 类的 prepareCall()方法设置调用的存储过程名称和输入、输出参数。

3）通过 CallableStatementCallback 中的 doInCallableStatement()方法执行对应的存储过程，并返回执行结果。

7.3　实战：实现 JdbcTemplate 多数据源

上一节使用 JdbcTemplate 成功地实现了用户信息的增删改查功能，接下来好好研究一下如何配置多数据源。

7.3.1　什么是多数据源

所谓多数据源，其实就是在一个项目中使用多个数据库实例中的数据库或者同一个数据库实例中多个不同的库。

在实际开发中可能会遇到需要配置多个数据源的情况，比如项目需要使用业务数据库和日志数据库等多个数据库，或者需要使用多种数据库（如 MySQL、Oracle、SQL Server 等）。

JdbcTemplate 多数据源的配置比较简单，因为一个 JdbcTemplate 实例对应一个 DataSource，开发者只需要手动提供多个 DataSource，再手动配置相应的 JdbcTemplate 实例，需要操作哪个数据源就使用对应的 JdbcTemplate 实例即可。

7.3.2　配置 JdbcTemplate 多数据源

接下来在前面项目的基础上进行改造，演示 JdbcTemplate 是如何配置多数据源的。

步骤01 配置多数据源。

修改 application.properties 文件，配置数据源连接，示例代码如下：

```
spring.datasource.primary.jdbc-url=jdbc:mysql://localhost:3306/jdbc_test
```

```
spring.datasource.primary.username=root
spring.datasource.primary.password=root
spring.datasource.primary.driver-class-name=com.mysql.cj.jdbc.Driver

spring.datasource.secondary.jdbc-url=jdbc:mysql://localhost:3306/jdbc_test2
spring.datasource.secondary.username=root
spring.datasource.secondary.password=root
spring.datasource.secondary.driver-class-name=com.mysql.cj.jdbc.Driver
```

在上面的示例中，先重新创建 jdbc_test2 数据库，再通过 jdbc_test 和 jdbc_test2 两个数据库演示多数据库的情况。我们可以看到上面的配置和原先单数据源的配置有些不同：

1）在 application.properties 配置文件中添加了两个数据源，通过 primary 和 secondary 来区分，分别对应的是 jdbc_test 和 jdbc_test2 数据库。

2）单数据源的数据库连接使用 spring.datasource.url 配置项，多数据源使用 spring.datasource.*.jdbc-url 配置项。

步骤 02 配置 JDBC 初始化。

创建 DataSourceConfig 类，在项目启动时读取配置文件中的数据库信息，并对 JDBC 初始化，具体代码如下：

```
@Configuration
public class DataSourceConfig {
    @Primary
    @Bean(name = "primaryDataSource")
    @Qualifier("primaryDataSource")
    @ConfigurationProperties(prefix="spring.datasource.primary")
    public DataSource primaryDataSource() {
        return DataSourceBuilder.create().build();
    }
    @Bean(name = "secondaryDataSource")
    @Qualifier("secondaryDataSource")
    @ConfigurationProperties(prefix="spring.datasource.secondary")
    public DataSource secondaryDataSource() {
        return DataSourceBuilder.create().build();
    }
    @Bean(name="primaryJdbcTemplate")
    public JdbcTemplate primaryJdbcTemplate (
            @Qualifier("primaryDataSource") DataSource dataSource ) {
        return new JdbcTemplate(dataSource);
    }
    @Bean(name="secondaryJdbcTemplate")
    public JdbcTemplate secondaryJdbcTemplate(
            @Qualifier("secondaryDataSource") DataSource dataSource) {
        return new JdbcTemplate(dataSource);
    }
}
```

在上面的示例中，DataSourceConfig 类的作用是在项目启动时根据特定的前缀加载不同的数据源，再根据构建好的数据源创建不同的 JdbcTemplate。由于 Spring 容器中存在两个数据源，使用默认的类型查找时会报错，因此加上@Qualifier 注解，表示按照名称查找。这里创建了两个 JdbcTemplate 实例，分别对应了两个数据源。

　　需要注意的是，使用多个数据源时需要添加@Primary 注解，表示自动装配出现多个 Bean 候选者时，被注解为@Primary 的 Bean 将作为首选者。Primary 表示"主要的"，类似于 SQL 语句中的"Primary Key"（主键），只能有唯一一个，否则会报错。

步骤03 使用多数据源。

　　配置完成之后如何使用呢？下面通过单元测试实例来演示使用多数据源。在测试列中注入了两个不同数据源的 JdbcTemplate 实例，测试使用不同的 JdbcTemplate 插入两条数据，查看两个数据库中是否全部保存成功。示例代码如下：

```
@ @Autowired
private JdbcTemplate primaryJdbcTemplate;

@Autowired
private JdbcTemplate secondaryJdbcTemplate;

@Test
public void dataSourceTest(){
    Student student = new Student("weiz多数据源",0,30);
    primaryJdbcTemplate.update("INSERT INTO Student(name, sex, age)
values(?, ?, ?)",
            student.getName(), student.getSex(), student.getAge());

    secondaryJdbcTemplate.update("INSERT INTO Student(name, sex, age)
values(?, ?, ?)",
            student.getName(), student.getSex(), student.getAge());
}
```

　　单击 Run Test 或在方法上右击，选择 Run 'save2'，运行测试方法，结果如图 7-4 所示。

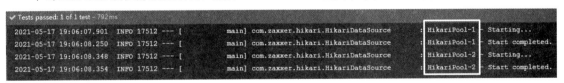

图 7-4　单元测试的运行结果

　　执行 dataSourceTest()单元测试之后，我们看到系统自动创建了 HikariPool-1 和 HikariPool-2 两个数据库连接，查看数据库 jdbc_test 和 jdbc_test2 中的 student 表中是否有名为"weiz多数据源"的数据，有则说明多数据源配置成功。其他方法的测试与此大致相同。

　　这样多数据源就配置成功了。在实际开发的项目中，可以通过实现多数据源配置业务数据库与日志数据库分离。

7.4 本章小结

本章主要介绍了 Spring Boot 如何使用 JdbcTemplate 操作数据库，从最基础的部分开始介绍什么是 JDBC、JdbcTemplate，然后介绍如何使用 JdbcTemplate 操作数据库以及实现复杂查询等，最后介绍了如何配置 JdbcTemplate 多数据源。在大部分情况下会使用更加强大的持久化框架来访问数据库，比如 MyBatis、Hibernate 或者 Spring Data JPA 等 ORM 框架。使用 JDBC 是开发者必备的基础技能，只有熟悉了基础的 JDBC，才能更加深入地学习其他的 ORM 框架。

通过本章的学习，读者应该掌握使用 JdbcTemplate 操作数据库的基本技能，能够使用 Spring Boot 从零开始集成 JdbcTemplate 实现完整的数据库操作。

7.5 本章练习

创建一个 Spring Boot 项目，使用 Thymeleaf 页面模板引擎和 JdbcTemplate 数据持久化框架实现完整的学生信息管理模块。

第8章

数据库持久层框架 MyBatis

数据库是企业应用中非常重要的部分，而 MyBatis 是流行的数据库持久层框架之一，本章将主要介绍 MyBatis 的使用。MyBatis 支持简单的 XML 或注解的方式配置与映射数据信息，支持定制化 SQL、存储过程以及高级映射，从而避免了几乎所有的 JDBC 代码和手动设置参数以及获取结果集。

8.1　MyBatis 简介

本节首先会介绍什么是 ORM、什么是 MyBatis、MyBatis 的特点以及核心概念，最后介绍 MyBatis 是如何启动、如何加载配置文件的？

8.1.1　什么是 ORM

ORM（Object Relational Mapping，对象关系映射）是为了解决面向对象与关系数据库存在的互不匹配现象的一种技术。简单地说，ORM 通过使用描述对象和数据库之间映射的元数据将程序中的对象自动持久化到关系数据库中。

当我们开发应用程序时，需要编写大量的数据访问层代码，用来操作数据库中的数据，这些代码要么是大量重复的代码，要么操作特别烦琐。针对这些问题，ORM 提供了完善的解决方案，简化了将对象持久化到关系数据库中的操作。

ORM 框架的本质是简化编程中操作数据库的编码，Java 领域发展到现在，ORM 框架层出不穷，但是，基本上还是 Hibernate 和 Mybatis 两个比较流行并被广泛使用。

- Hibernate：全自动的框架，强大、复杂、笨重、学习成本较高。
- Mybatis：半自动的框架（需要开发者了解数据库），必须要自己写 SQL。

Hibernate 宣称可以不用写一句 SQL，而 MyBatis 以动态 SQL 见长，两者各有特点，开发者可以根据需求灵活使用。有一个有趣的现象：传统企业大多喜欢使用 Hibernate，而互联网行业则通常使用 MyBatis。

8.1.2 什么是 MyBatis

MyBatis 是一款优秀的数据持久层 ORM 框架，被广泛地应用于应用系统。最早是 Apache 的一个开源项目 iBatis，2010 年这个项目由 Apache Software Foundation 迁移到了 Google Code，并且改名为 MyBatis，2013 年 11 月又迁移到了 GitHub。

MyBatis 支持定制化的 SQL、存储过程和高级映射，能够非常灵活地实现动态 SQL，可以使用简单的 XML 或注解来配置和映射原生信息，能够轻松地将 Java 的 POJO（Plain Ordinary Java Object，普通的 Java 对象）与数据库中的表和字段进行映射关联。

MyBatis 作为一款使用广泛的开源软件，它的特点如下：

- 易学易用，没有任何第三方依赖。
- SQL 被统一提取出来，便于统一管理和优化。
- SQL 和代码解耦，将业务逻辑和数据访问逻辑分离，使系统的设计更清晰，更易维护，更易进行单元测试。
- 灵活动态的 SQL，支持各种条件来动态生成不同的 SQL。
- 提供映射标签，支持对象与数据库的 ORM 关系映射。
- 提供对象关系映射标签，支持对象关系组件维护。

8.1.3 MyBatis 的核心概念

MyBatis 由 Mapper 配置文件、Mapper 接口、执行器、会话等组件组成。下面就来介绍这些非常重要的组件和概念。

1）Mapper 配置文件：可以使用基于 XML 的 Mapper 配置文件来实现，也可以使用基于 Java 注解的 MyBatis 注解来实现，甚至可以直接使用 MyBatis 提供的 API 来实现。

2）Mapper 接口：是指自定义的数据操作接口，类似于通常所说的 DAO 接口。早期的 Mapper 接口需要自定义去实现，现在 MyBatis 会自动为 Mapper 接口创建动态代理对象。Mapper 接口的方法通常与 Mapper 配置文件中的 select、insert、update、delete 等 XML 节点一一对应。

3）Executor（执行器）：MyBatis 中所有 SQL 语句的执行都是通过 Executor 进行的，Executor 是 MyBatis 的一个核心接口。

4）SqlSession（会话）：MyBatis 的关键对象，类似于 JDBC 中的连接（Connection），SqlSession 对象完全包含数据库相关的所有执行 SQL 操作的方法，它的底层封装了 JDBC 连接，可以用 SqlSession 实例来直接执行被映射的 SQL 语句。

5）SqlSessionFactory（会话工厂）：MyBatis 的关键对象，它是单个数据库映射关系经过编译后的内存镜像。SqlSessionFactory 对象的实例可以通过 SqlSessionFactoryBuilder 对象类获得。

6）SqlSessionFactoryBuilder 构建器：用于解析配置文件，包括属性配置、别名配置、拦截器配置、数据源和事务管理器等，可以从 XML 配置文件或一个预定义的配置实例进行构建。

8.1.4 MyBatis 的启动流程

MyBatis 的使用虽然简单，但是，它属于高度封装的框架，因此，我们必须熟悉 MyBatis 的启动和执行过程。具体的工作流程如图 8-1 所示。

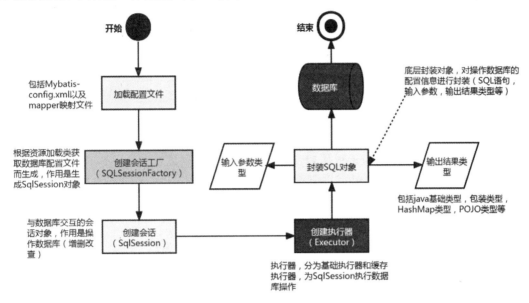

图 8-1 MyBatis 的启动流程

1）加载 Mapper 配置的 SQL 映射文件，或者注解的相关 SQL 内容。

2）创建会话工厂。MyBatis 通过读取配置文件的数据源信息来构造会话工厂（SqlSessionFactory）。

3）创建会话。MyBatis 可以通过会话工厂来创建会话对象（SqlSession），会话对象是一个接口，该接口中包含对数据库操作的增、删、改、查方法。

4）创建执行器。因为会话对象本身不能直接操作数据库，所以它使用了一个叫作数据库执行器（Executor）的接口来帮它执行操作。

5）封装 SQL 对象。在这一步，执行器将待处理的 SQL 信息封装到一个对象（MappedStatement）中，该对象包括 SQL 语句、输入参数映射信息（Java 简单类型、HashMap 或 POJO）和输出结果映射信息。

6）操作数据库。拥有了执行器和 SQL 信息封装对象就可以使用它们访问数据库，最后返回操作结果，结束流程。

总结起来，MyBatis 主要有两大核心组件：SqlSessionFactory 和 Mapper。SqlSessionFactory 负责创建数据库会话，Mapper 主要提供 SQL 映射。

8.2 Spring Boot 构建 MyBatis 应用程序

MyBatis 官方对 Spring Boot 提供了完善的支持，能够方便地将 MyBatis 集成到 Spring Boot 项目中。接下来就让我们一步一步地将 MyBatis 集成到 Spring Boot 项目中，实现学生信息管理功能。

8.2.1 MyBatis-Spring-Boot-Starter 简介

MyBatis 官方为帮助开发者快速集成 Spring Boot 项目、构建基于 Spring Boot 的 MyBatis 应用程序，提供了针对 Spring Boot 的启动器：MyBatis-Spring-Boot-Starter。它不是 Spring Boot 官方开发的启动器，所以 MyBatis-Spring-Boot-Starter 是一个集成包，对 MyBatis、MyBatis-Spring 和 Spring Boot 都存在依赖，需要注意三者的版本对应关系，如表 8-1 所示。

表8-1　MyBatis、MyBatis-Spring和Spring Boot版本对应关系

MyBatis-Spring-Boot-Starter	MyBatis-Spring	Spring Boot	Java
2.1	2.0（需要 2.0.2，并支持所有功能）	2.1 或更高	8 或更高
1.3	1.3	1.5	6 或更高

由于 MyBatis-Spring-Boot-Starter 是 MyBatis 官方提供的组件而非 Spring Boot 开发的，因此它的版本和 Spring Boot 不一样，使用时需要注意版本。

MyBatis 针对 Spring Boot 项目做了非常完善的支持，使用 MyBatis-Spring-Boot-Starter 组件可以做到以下几点：

- 构建独立的应用。
- 几乎可以零配置。
- 需要很少的 XML 配置。

MyBatis 的启动过程看起来很复杂，其实主要完成以下几个操作：

- 自动发现存在的数据源。
- 利用 SqlSessionFactoryBean 创建并注册 SqlSessionFactory。
- 创建并注册 SqlSessionTemplate。
- 自动扫描 Mappers，并注册到 Spring 上下文中，方便程序的注入使用。

因此，使用 MyBatis-Spring-Boot-Starter 启动器之后，只需要在配置文件中定义数据源，MyBatis 就会使用该数据源自动创建 SqlSessionFactoryBean 以及 SqlSessionTemplate，同时会自动扫描 Mappers 接口，并注册到 Spring 上下文中，相当于所有数据库的底层操作 MyBatis 都自动完成了。

MyBatis 对于 SQL 映射提供了两种解决方案：一种是简化后的 XML 配置版，另一种是使用注解解决一切问题。

8.2.2 Spring Boot 集成 MyBatis

MyBatis 官方针对 Spring Boot 提供了启动包：MyBatis-spring-boot-starter 组件，使得 Spring Boot 构建 MyBatis 应用程序更加简单方便。下面将演示 Spring Boot 项目集成 MyBatis-spring-boot-starter 组件的过程，以便进一步构建数据库应用。

1. 添加依赖

首先需要在 pom.xml 文件中引入 MyBatis-spring-boot-starter 依赖包：

```
<<dependency>
```

```
    <groupId>org.MyBatis.spring.boot</groupId>
    <artifactId>MyBatis-spring-boot-starter</artifactId>
    <version>2.1.1</version>
</dependency>

<dependency>
    <groupId>mysql</groupId>
    <artifactId>mysql-connector-java</artifactId>
</dependency>>
```

在上面的示例中，引入 MyBatis-spring-boot-starter 组件需要指定版本号。另外，还需要引入 mysql-connector-java 连接驱动。

2. 应用配置

在 application.properties 中添加 MyBatis 的相关配置：

```
# mapper.xml 配置文件的路径
MyBatis.mapper-locations=classpath:/mapper/*.xml
MyBatis.type-aliases-package=com.weiz.example01.model
# 数据库连接
spring.datasource.url=jdbc:mysql://localhost:3306/MyBatis_test?serverTimezo
ne=UTC&useUnicode=true&characterEncoding=utf-8&useSSL=true
    spring.datasource.username=root
    spring.datasource.password=root
    spring.datasource.driver-class-name=com.mysql.cj.jdbc.Driver
```

在上面的配置中，主要是数据库连接和 Mapper 文件相关的配置，具体配置说明如下：

1）MyBatis.mapper-locations：配置 Mapper 对应的 XML 文件路径。

2）MyBatis.type-aliases-package：配置项目中的实体类包路径。

3）spring.datasourcc.*：数据源相关配置。

3. 修改启动类

在启动类中添加对 Mapper 包的扫描注解@MapperScan，Spring Boot 启动时会自动加载包路径下的 Mapper。

```
@Spring BootApplication
@MapperScan("com.weiz.mapper")
public class Application {
    public static void main(String[] args) {
        SpringApplication.run(Application.class, args);
    }
}
```

在上面的示例中，使用 MapperScan 注解定义需要扫描的 Mapper 包。其实，也可以直接在 Mapper 类上添加注解@Mapper，这样 Spring Boot 也会自动注入 Spring。不过，建议使用上面代码中使用的这种，不然给每个 Mapper 添加注解也挺麻烦。

4. 创建数据库和表

首先创建 mybatis_test 数据库，然后在数据库中创建 student 表，脚本如下：

```
DROP TABLE IF EXISTS 'student';
CREATE TABLE 'student' (
    'id' bigint(20) NOT NULL AUTO_INCREMENT COMMENT '主键id',
    'name' varchar(32) DEFAULT NULL COMMENT '姓名',
    'sex' int(11) DEFAULT NULL,
    'age' int(11) DEFAULT NULL,
    PRIMARY KEY ('id')
) ENGINE=InnoDB AUTO_INCREMENT=1 DEFAULT CHARSET=utf8;
```

5. 创建实体类

在 model 目录创建 Student 实体类，属性与创建的 Student 表中的字段一致，示例代码如下：

```
public class Student {
    private Long id;
    private String name;
    private int sex;
    private int age;

    public Student(){
    }
    public Student(String name, int sex, int age) {
        this.name = name;
        this.sex = sex;
        this.age = age;
    }

    //省略 get、set 方法
};
```

6. 添加 mapper 接口和映射文件

创建数据库表之后，接下来定义 mapper 接口。首先在 com.weiz.example01.mapper 包中创建 StudentMapper 接口，然后定义一个查询方法，具体代码如下：

```
public interface StudentMapper {
    List<Student> selectAll();
}
```

在上面的示例中，定义了查询学生信息的 seletAll()方法。需要注意的是，mapper 接口中的方法名需要和 XML 配置中的 id 属性一致，不然找不到方法去对应执行的 SQL。

接下来定义 MyBatis 的核心文件：mapper 映射文件。在 resources/mapper 目录创建 StudentMapper.xml 映射文件，具体实例代码如下：

```
<<?xml version="1.0" encoding="UTF-8"?>
<!DOCTYPE mapper PUBLIC "-//MyBatis.org//DTD Mapper 3.0//EN"
"http://MyBatis.org/dtd/MyBatis-3-mapper.dtd">
<mapper namespace="com.weiz.example01.mapper.StudentMapper" >

    <select id="selectAll" resultMap="BaseResultMap" >
        SELECT
        *
        FROM student
    </select>
```

```
<resultMap id="BaseResultMap" type="com.weiz.example01.model.Student" >
    <id column="id" property="id" jdbcType="BIGINT" />
    <result column="name" property="name" jdbcType="VARCHAR" />
    <result column="sex" property="sex" javaType="INTEGER"/>
    <result column="age" property="age" jdbcType="INTEGER" />
</resultMap>
```

```
</mapper>>
```

在上面的示例中，通过<select>标签映射 mapper 接口中定义的 selectAll()方法，标签的 id 为 mapper 接口中的方法，然后通过<resultMap>映射查询结果集字段与实体类 Student 的映射关系。

7. 测试调用

创建单元测试类和测试方法 testSelectAll()，具体测试代码如下：

```
@Autowired
private StudentMapper studentMapper;

@Test
public void testSelectAll() {
    // 查询
    List<Student> students = studentMapper.selectAll();
    for (Student stu : students){
        System.out.println("name:"+stu.getName()+",age:"+stu.getAge());
    }
}
```

上面是简单的使用 MyBatis 的测试示例，使用@Autowired 将 StudentMapper 注入后即可直接调用。

单击 Run Test 或在方法上右击，选择 Run 'testSelectAll'，运行测试方法，结果如图 8-2 所示。

图 8-2　单元测试的运行结果

结果表明单元测试方法 testSelectAll()运行成功，并输出了相应的学生数据查询结果。这说明在项目中成功集成 MyBatis，并成功执行了数据查询操作。

8.2.3　实战：实现学生信息管理模块

前面我们成功地将 MyBatis 集成到了 Spring Boot 项目中。下面将通过示例实现完整的学生信息管理功能。

1. 修改 mapper 接口

修改原有的 StudentMapper 接口，定义学生数据的增、删、改、查等接口方法，具体代码如下：

```
public interface StudentMapper {
    List<Student> selectAll();
    Student selectOne(Long id);
    void insert(Student student);
    void update(Student student);
    void delete(Long id);
}
```

2. 修改 mapper 映射文件

修改之前创建的 StudentMapper.xml 映射文件，定义具体的增、删、改、查 SQL 语句，具体示例代码如下：

```xml
<select id="selectOne" parameterType="Long" resultMap="BaseResultMap" >
    SELECT
    <include refid="Base_Column_List" />
    FROM student
    WHERE id = #{id}
</select>

<insert id="insert" parameterType="com.weiz.example01.model.Student" >
    INSERT INTO
    student
    (name,sex,age)
    VALUES
    (#{name}, #{sex}, #{age})
</insert>

<update id="update" parameterType="com.weiz.example01.model.Student" >
    UPDATE
    student
    SET
    <if test="name != null">name = #{name},</if>
    <if test="sex != null">sex = #{sex},</if>
    age = #{age}
    WHERE
    id = #{id}
</update>

<delete id="delete" parameterType="Long" >
    DELETE FROM
    student
    WHERE
    id =#{id}
</delete>
```

在上面的示例中，我们根据 StudentMapper 接口定义的方法配置了对应的 SQL 语句。可能有些人会问：update()方法中的 SQL 使用的 if 标签是怎么回事？这是 MyBatis 最大的特点，可以根据传入的不同条件动态生成 SQL 语句。

3. 测试调用

创建单元测试方法，测试 mapper 中的 insert、delete、update、selectOne 等方法，具体示例代码如下：

```
@@Autowired
private StudentMapper studentMapper;


@Test
public void testInsert() {
    // 新增
    studentMapper.insert(new Student("weiz 新增", 1, 30));
}

@Test
public void testUpdate() {
    Student student = studentMapper.selectOne(4L);
    student.setName("weiz 修改");
    student.setSex(0);
    // 修改
    studentMapper.update(student);
}

@Test
public void testSelectOne() {
    // 查询
    Student student = studentMapper.selectOne(4l);
    System.out.println("name:"+student.getName()+",age:"+student.getAge());
}

@Test
public void testDelete() {
    // 删除
    studentMapper.delete(4L);
}
```

在上面的示例中，在测试类中注入 StudentMapper 接口，测试调用 insert、delete、update、selectOne 等方法，验证学生信息的增、删、改、查是否成功。

单击 Run Test 或在方法上右击，选择 Run 'Example01ApplicationTests'，运行全部测试方法，结果如图 8-3 所示。

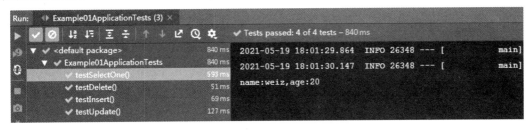

图 8-3　单元测试的运行结果

结果表明增、删、改、查对应的单元测试方法运行成功，并输出了相应的查询结果。这说明实现了学生信息的管理功能。

8.2.4 MyBatis Generator 插件

使用 ORM 框架比较麻烦的一点是不仅要创建数据库和表，还要创建对应的 POJO 实体类和 mapper 映射文件，而且表结构、实体类和 mapper 文件三者必须保持一致。如果数据库字段发生变化，则需要同步修改这三个文件。整个过程非常烦琐，而且容易出错。因此，MyBatis 提供了强大的代码自动插件：MyBatis Generator，只需简单几步就能生成 POJO 实体类和 mapper 映射文件和 mapper 接口文件。

Spring Boot 支持 MyBatis Generator 自动生成代码插件，能在项目中自动生成 POJO 实体类、mapper 接口以及 SQL 映射文件，从而提高开发效率。下面开始演示 MyBatis Generator 插件的使用。

1. 添加 MyBatis Generator 插件

在项目的 pom.xml 中引入 MyBatis Generator 依赖，示例代码如下：

```
<!-- MyBatis generator 自动生成代码插件 -->
<plugin>
    <groupId>org.MyBatis.generator</groupId>
    <artifactId>MyBatis-generator-maven-plugin</artifactId>
    <version>1.3.2</version>
    <configuration>

<configurationFile>${basedir}/src/main/resources/generator/generatorConfig.xml</configurationFile>
        <overwrite>true</overwrite>
        <verbose>true</verbose>
    </configuration>
    <!-- 配置数据库连接及 MyBatis generator core 依赖生成 mapper 时使用 -->
    <dependencies>
        <dependency>
            <groupId>mysql</groupId>
            <artifactId>mysql-connector-java</artifactId>
            <version>8.0.22</version>
        </dependency>
        <dependency>
            <groupId>org.MyBatis.generator</groupId>
            <artifactId>MyBatis-generator-core</artifactId>
            <version>1.3.2</version>
        </dependency>
    </dependencies>
</plugin>
```

在上面的示例中，在 pom.xml 文件的 build 标签中添加了 MyBatis-generator-maven-plugin 插件，然后配置了 generatorConfig.xml。

2. 配置 MyBatis Generator

下面创建 MyBatis Generator 插件的配置文件：generatorConfig.xml，它主要描述数据库连接配置、类型转换、生成模型的包名及位置、生成映射文件的包名及位置、生成 mapper 文件的包名及位置、要生成的表等信息。

之前，在 pom.xml 的 MyBatis-generator-plugin 中配置了 generatorConfig.xml 文件的位置。接下来在 resources/generator 目录下创建 generatorConfig.xml 文件，增加相应的配置。具体配置如下：

```xml
<?xml version="1.0" encoding="UTF-8"?>
<!DOCTYPE generatorConfiguration
        PUBLIC "-//MyBatis.org//DTD MyBatis Generator Configuration 1.0//EN"
        "http://MyBatis.org/dtd/MyBatis-generator-config_1_0.dtd">

<generatorConfiguration>
    <context id="MysqlContext" targetRuntime="MyBatis3Simple"
defaultModelType="flat">
        <property name="beginningDelimiter" value="'"/>
        <property name="endingDelimiter" value="'"/>

        <jdbcConnection driverClass="com.mysql.cj.jdbc.Driver"
connectionURL="jdbc:mysql://localhost:3306/MyBatis_test?serverTimezone=Asia/Sha
nghai"
                        userId="root"
                        password="root">
        </jdbcConnection>

        <javaModelGenerator targetPackage="com.weiz.example01.model"
targetProject="src/main/java"/>
        <sqlMapGenerator targetPackage="mapper"
targetProject="src/main/resources"/>

        <javaClientGenerator targetPackage="com.weiz.example01.mapper"
targetProject="src/main/java"
                             type="XMLMAPPER"/>

        <table tableName="course"></table>
    </context>
</generatorConfiguration>
```

在上面的示例中，主要配置了数据库连接、POJO 实体类、Mapper 接口和 Mapper 映射文件的保存路径等。其实，generatorConfig.xml 配置文件也不复杂，主要具有如下内容：

1）jdbcConnection：配置数据库连接地址。

2）javaModelGenerator：生成的 POJO 类的包名和位置。

3）javaClientGenerator：生成的 Mapper 接口的位置。

4）sqlMapGenerator：配置 mapper.xml 映射文件。

5）table：要生成哪些表。

3. 执行 Generator 插件

配置完成之后，就可以运行之前配置的 Generator 插件生成 MyBatis 文件。单击界面右上角的 Maven，然后依次单击 Plugins→mybatis-generator，双击 mybatis-generator: generate，如图 8-4 所示。

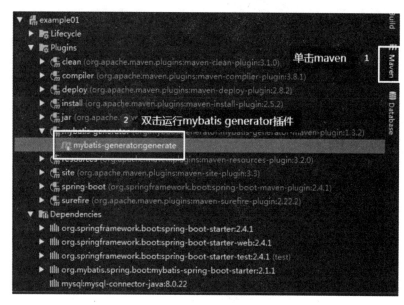

图 8-4　MyBatis generate 插件

　　执行完成之后，在对应的项目目录中查看，发现 Mapper 映射文件、POJO 实体类和 Mapper 接口都已生成，如图 8-5 所示。

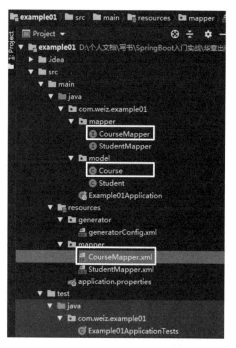

图 8-5　MyBatis Generate 生成的相关文件

　　MyBatis Generator 插件的配置非常简单，一键生成 Mapper.XML 映射文件、POJO 实体类和 Mapper 接口，避免重复低效的工作，从而提高工作效率。

8.3　使用 XML 配置文件实现数据库操作

MyBatis 真正强大的地方在于它的 SQL 映射，这是它的魔力所在。对于任何 MyBatis 的使用者来说，其 SQL 映射文件是必须要掌握的。本节开始介绍 MyBatis 的 SQL 映射文件的语法和使用方法。

8.3.1　SQL 映射文件

SQL 映射文件就是我们通常说的 mapper.xml 配置文件，主要实现 SQL 语句的配置和映射，同时实现 Java 的 POJO 对象与数据库中的表和字段进行映射关联的功能。

1. mapper.xml 的结构

前面我们创建的 StudentMapper.xml 中定义了 mapper 接口对应的 SQL 和返回类型。下面就来详细介绍 mapper.xml 文件的结构。首先看一个完整的 mapper.xml 示例：

```
<<?xml version="1.0" encoding="UTF-8"?>
<!DOCTYPE mapper PUBLIC "-//MyBatis.org//DTD Mapper 3.0//EN"
"http://MyBatis.org/dtd/MyBatis-3-mapper.dtd">
<mapper namespace="com.weiz.example01.mapper.StudentMapper" >

    <select id="selectAll" resultMap="BaseResultMap" >
        SELECT
        *
        FROM student
    </select>

    <resultMap id="BaseResultMap" type="com.weiz.example01.model.Student" >
        <id column="id" property="id" jdbcType="BIGINT" />
        <result column="name" property="name" jdbcType="VARCHAR" />
        <result column="sex" property="sex" javaType="INTEGER"/>
        <result column="age" property="age" jdbcType="INTEGER" />
    </resultMap>

</mapper>>
```

如上述示例所示，一般 mapper.xml 主要分为 4 部分：

1）mapper.xml 的语法声明，声明 MyBatis 语法。

2）通过 namespace 指明 mapper.xml 文件对应的 Mapper 接口。

3）通过 XML 标签定义接口方法对应的 SQL 语句，id 属性对应 Mapper 接口中的方法，resultMap 属性为返回值类型。

4）<resultMap>标签定义返回的结果类型与数据库表结构的对应关系，上面映射的是 Student 实体类对象。

2. mapper.xml 的标签

mapper.xml 映射文件提供了一些非常实用的标签，其中比较常用的有 resultMap、sql、insert、

update、delete、select 等标签。熟练掌握标签的使用，这样使用 MyBatis 才能如鱼得水。MyBatis 标签和功能说明如表 8-2 所示。

表8-2　MyBatis标签和功能说明

分　类	标　签	功　能
定义 SQL 语句	insert	映射插入语句（即新增语句）
	delete	映射删除语句
	select	映射查询语句
	update	映射更新语句
结果映射	resultMap	配置 Java 对象数据与查询结果集中的列名对应关系，是最复杂、最强大的元素
控制动态 SQL 拼接	foreach	循环拼接
	if	条件判断
	choose	类似于 Java 的 switch 语句，choose 为 switch，when 为 case
格式化输出	where	动态拼接 where 条件
	set	动态地配置 SET 关键字，以及剔除追加到条件末尾的任何不相关的逗号
	trim	去除多余关键字的标签
配置关联关系	collection	用来映射一对多的关系
	association	用来映射一对一的关系
定义 SQL 常量	sql	定义可被其他语句引用的可重用语句块

8.3.2　定义 SQL 语句

MyBatis 提供了 insert、update、delete 和 delete 四个标签来定义 SQL 语句。接下来就从 SQL 语句开始介绍每个标签的用法。

1. select

select 是 MyBatis 常用的元素之一，MyBatis 在查询和结果映射中做了相当多的改进。一个简单查询的 select 元素是非常简单的，比如：

```
<select id="selectOne" parameterType="Long" resultType="hashmap">
    SELECT name,age FROM student WHERE id = #{id}
</select>
```

在上面的示例中，通过 id 查询学生的姓名和年龄。定义方法名为 selectOne，接收一个 Long 类型的参数，并返回一个 HashMap 类型的对象。HashMap 的键是列名，值是结果集中的对应值。#{id} 为传入的参数符号。

select 标签允许配置很多属性来配置每条语句的行为细节，比如参数类型、返回值类型等，包含的属性如表 8-3 所示。

表 8-3　select 标签的属性说明

属　性	说　明
id	命名空间中唯一的标识符，被用来引用这条语句
parameterType	将传入语句的参数的数据类型，可选。因为 MyBatis 可以通过类型处理程序（TypeHandler）推断出传入语句的参数的数据类型，默认值为未设置（unset）

（续表）

属　性	说　明
resultType	返回结果的数据类型。注意，如果返回的是集合，那么应该设置为集合包含的类型，而不是集合本身的类型。resultType 和 resultMap 之间只能使用一个
resultMap	结果映射，resultMap 是 MyBatis 的强大特性之一，resultType 和 resultMap 之间只能使用一个
flushCache	是否清空缓存，Select 语句默认值为 false，如果设置为 true，只要语句被调用，将清空本地缓存和二级缓存
useCache	是否使用缓存，默认值为 true，缓存本条语句的查询结果
timeout	超时时间，等待数据库返回请求结果的时间。默认值为未设置（unset）
fetchSize	设置返回的结果行数。默认值为未设置（unset）
statementType	使用 Statement、PreparedStatement 或 CallableStatement 执行 SQL 语句，默认值为 PREPARED
resultSetType	FORWARD_ONLY、SCROLL_SENSITIVE、SCROLL_INSENSITIVE 或 DEFAULT（等价于 unset），默认值为 DEFAULT
databaseId	数据库厂商标识（databaseIdProvider），如果配置了此属性，MyBatis 会加载所有不带 databaseId 或匹配当前 databaseId 的语句
resultOrdered	针对嵌套结果 select 语句，默认值为 false，如果为 true，将会假设包含嵌套结果集或分组，当返回一个主结果行时，不会产生对前面结果集的引用
resultSets	仅适用于多结果集的情况。将列出语句执行后返回的结果集并赋予每个结果集一个名称，多个名称之间以逗号分隔

select 标签虽然有很多属性，但是常用的是 id、parameterType、resultType、resultMap 这 4 个属性。需要注意的是，resultMap 是 MyBatis 的强大特性之一，如果对其理解透彻，许多复杂的映射问题都能迎刃而解。

2. insert

insert 标签主要用于定义插入数据的 SQL 语句，例如：

```
<insert id="insert" parameterType="com.weiz.example01.model.Student" >
    INSERT INTO
    student
    (id,name,sex,age)
    VALUES
    (#{id},#{name}, #{sex}, #{age})
</insert>
```

在上面的示例中，插入语句的配置规则更加复杂，同时提供了额外的属性和子元素用来处理主键的生成方式。

如果数据库包含自动生成主键的字段，那么可以设置 useGeneratedKeys="true"，然后把 keyProperty 设置为目标属性。比如，上面的 Student 表已经在 id 列上使用了自动生成主键，那么语句可以修改为：

```
<insert id="insert" useGeneratedKeys="true" keyProperty="id"
parameterType="com.weiz.example01.model.Student" >
    INSERT INTO
    student
    (name,sex,age)
    VALUES
```

```
    (#{name}, #{sex}, #{age})
</insert>
```

在上面的示例中，设置 useGeneratedKeys="true"，然后设置 keyProperty="id"对应的主键字段。insert 标签包含的属性如表 8-4 所示。

表8-4 insert标签的属性说明

属　性	说　明
id	命名空间中唯一的标识符，被用来引用这条语句
parameterType	将传入语句的参数的数据类型，可选。MyBatis 可以通过类型处理程序（TypeHandler）推断出传入语句的参数的数据类型，默认值为未设置（unset）
flushCache	是否清空缓存，默认值为 true，只要语句被调用，就清空本地缓存和二级缓存
timeout	超时时间，即等待数据库返回请求结果的时间。默认值为未设置（unset）
statementType	使用 Statement、PreparedStatement 或 CallableStatement 执行 SQL 语句，默认值为 PREPARED
useGeneratedKeys	自动生成主键，默认值为 false，设置为 true 时，根据规则自动生成主键
keyProperty	指定能够唯一识别对象的属性
keyColumn	指定数据库表的主键列名
databaseId	数据库厂商标识（databaseIdProvider），如果配置了此属性，MyBatis 会加载所有不带 databaseId 或匹配当前 databaseId 的语句

常用的属性有 id、parameterType、useGeneratedKeys、keyProperty 等，部分属性和 select 标签是一致的。

3. update

update 标签和 insert 标签类似，主要用来映射更新语句，示例代码如下：

```
<update id="update" parameterType="com.weiz.example01.model.Student" >
    UPDATE
    student
    SET
    name = #{name},
    sex = #{sex},
    age = #{age}
    WHERE
    id = #{id}
</update>
```

如果需要根据传入的参数来动态判断是否进行修改，可以使用 if 标签动态生成 SQL 语句，示例代码如下：

```
<update id="update" parameterType="com.weiz.example01.model.Student" >
    UPDATE
    student
    SET
    <if test="name != null">name = #{name},</if>
    <if test="sex != null">sex = #{sex},</if>
    age = #{age}
    WHERE
    id = #{id}
</update>
```

在上面的示例中，通过 if 标签判断传入的 name 参数是否为空，实现根据参数动态生成 SQL 语句。

update 标签包含的属性和 insert 标签基本一致，这里不再重复解释。

4. delete

delete 标签用来映射删除语句。

```
<delete id="delete" parameterType="Long" >
    DELETE FROM
    student
    WHERE
    id =#{id}
</delete>
```

delete 标签包含的属性如表 8-5 所示。

表 8-5　delete 标签的属性说明

属　性	说　明
id	命名空间中唯一的标识符，被用来引用这条语句
parameterType	将传入语句的参数的数据类型，可选。MyBatis 可以通过类型处理程序（TypeHandler）推断出传入语句的参数的数据类型，默认值为未设置（unset）
flushCache	是否清空缓存，默认值为 true，只要语句被调用，就清空本地缓存和二级缓存
timeout	超时时间，即等待数据库返回请求结果的时间。默认值为未设置（unset）
statementType	使用 Statement、PreparedStatement 或 CallableStatement 执行 SQL 语句，默认值为 PREPARED
databaseId	数据库厂商标识（databaseIdProvider），如果配置了此属性，MyBatis 会加载所有不带 databaseId 或匹配当前 databaseId 的语句

delete 标签除了少了 useGeneratedKeys、keyProperty 和 keyColumn 三个属性之外，其余的和 insert、update 标签一样。

8.3.3　结果映射

结果映射是 MyBatis 重要的功能之一。对于简单的 SQL 查询，使用 resultType 属性自动将结果转换成 Java 数据类型。不过，如果是复杂的语句，则使用 resultMap 映射将查询结果转换为数据实体关系。

1. resultType

前面介绍 select 标签的时候提到，select 标签的返回结果可以使用 resultMap 和 resultType 两个属性指定映射结构。下面就来演示 resultType 的用法。

```
<select id="selectOne" resultType="com.weiz. example01.model.Student">
  select *
  from student
  where id = #{id}
</select>
```

通过设置 resultType 属性，MyBatis 会自动把查询结果集转换为 Student 实体对象。当然，如果只查询部分字段，则可以返回 HashMap，比如：

```
<select id="selectName" parameterType="Long" resultType="hashmap">
    select name,age from student where id = #{id}
</select >
```

上述语句，Mybatis 会自动将所有的列映射成 HashMap 对象。

2. resultMap

在日常开发过程中，在大部分情况下 resultType 就能满足。但是使用 resultType 需要数据库字段和属性字段名称一致，否则就得使用别名，这样就使得 SQL 语句变得复杂。

所以 MyBatis 提供了 resultMap 标签定义 SQL 查询结果字段与实体属性的映射关系。下面演示 resultMap 的使用。

首先，定义 resultMap：

```
<resultMap id="BaseResultMap" type="com.weiz.example01.model.Student" >
    <id column="id" property="id" jdbcType="BIGINT" />
    <result column="name" property="name" jdbcType="VARCHAR" />
    <result column="sex" property="sex" javaType="INTEGER"/>
    <result column="age" property="age" jdbcType="INTEGER" />
</resultMap>
```

在上面的示例中，我们使用 resultMap 标签定义了 BaseResultMap 映射关系，将数据库中的字段映射为 Student 实体对象。

然后，在 SQL 语句中使用自定义的 BaseResultMap 映射关系，设置 select 标签的 resultMap="BaseResultMap"，示例代码如下：

```
<select id="selectOne" parameterType="Long" resultMap="BaseResultMap" >
    SELECT
    *
    FROM student
    WHERE id = #{id}
</select>
```

在上面的示例中，将之前的 resultType 改为 resultMap="BaseResultMap"。

3. resultMap 的结构

resultMap 标签的结构比较复杂,包含很多子属性和子标签。resultMap 标签包含 id 和 type 属性：

● id 定义该 resultMap 的唯一标识。
● type 为返回值的类名。

同样，resultMap 还可以包含多个子标签，包括：

1）id 标签用于设置主键字段与领域模型属性的映射关系，此处主键为 id，对应数据库字段中的主键 ID。

2）result 标签用于设置普通字段与领域模型的属性映射关系。

3）association 标签用于配置一对一结果映射，可以关联 resultMap 中的定义，或者对其他结果映射的引用。

4）collection 标签用于配置一对多结果映射，可以关联 resultMap 中的定义，或者对其他结果映射的引用。

下面是完整的 resultMap 元素的结构：

```xml
<resultMap id="StudentAndClassMap" type="com.weiz.example01.model.Student" >
    <id column="id" property="id" jdbcType="BIGINT" />
    <result column="name" property="name" jdbcType="VARCHAR" />
    <result column="sex" property="sex" javaType="INTEGER"/>
    <result column="age" property="age" jdbcType="INTEGER" />
    <!--association 用户关系映射 查询单个完整对象-->
    <association property="classes"
javaType="com.weiz.example01.model.Classes">
        <id column="id" property="id"/>
        <result column="class_name" property="name" jdbcType="VARCHAR" />
        <result column="memo" property="memo" jdbcType="VARCHAR" />
    </association>
</resultMap>
```

8.3.4　关联关系

前面介绍了 resultMap 结果映射，MyBatis 通过 resultMap 标签自动将查询结果集转换成数据实体类。但是多表关联出来的复杂结果该怎么映射呢？这就需要通过 collection 标签和 association 标签配置关联关系。

1. association（一对一）

association 通常用来映射一对一的关系，比如一个学生（Student）对应一个班级（Classes），一个学生只能属于一个班级。下面以学生和班级为例来演示 association 标签配置一对一关联关系。

步骤 01 在数据库中创建班级表 Classes，代码如下：

```sql
CREATE TABLE 'Classes' (
  'id' bigint(20) NOT NULL AUTO_INCREMENT,
  'name' varchar(255) DEFAULT NULL,
  'createtime' date DEFAULT NULL,
  'memo' varchar(255) DEFAULT NULL,
  PRIMARY KEY ('id')
) ENGINE=InnoDB AUTO_INCREMENT=3 DEFAULT CHARSET=utf8;
```

步骤 02 使用 MyBatis Generator 插件自动生成 Mapper 接口、POJO 实体类和 Mapper 映射文件，如图 8-6 所示。

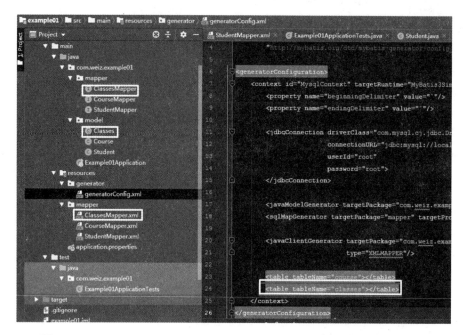

图 8-6　MyBatis Generate 生成 Classes 表的 Mapper 接口、实体类和映射文件

生成成功之后，修改之前的 Student 类，增加学生对应的课程关系字段，示例代码如下：

```java
public class Student {
    private Long id;
    private String name;
    private int sex;
    private int age;
    private Classes classes;

    //省略 get、set 方法
}
```

在上面的示例中，在 Student 实体类中增加 classes 属性。

步骤03 修改 StudentMapper 接口，增加查询学生班级信息的方法，示例代码如下：

```java
public interface StudentMapper {
    List<Student> selectAll();
    Student selectOne(Long id);
    void insert(Student student);
    void update(Student student);
    void delete(Long id);
    Student selectStudentAndClass(Long id);
}
```

在上面的示例中，在 StudentMapper 接口中增加了 selectStudentAndClass 方法，查询学生及课程信息。

步骤04 修改 StudentMapper.xml 映射文件，配置实体映射关系，示例代码如下：

```xml
<!-- 定义 resultmap -->
<resultMap id="StudentAndClassMap" type="com.weiz.example01.model.Student" >
```

```
<id column="id" property="id" jdbcType="BIGINT" />
<result column="name" property="name" jdbcType="VARCHAR" />
<result column="sex" property="sex" javaType="INTEGER"/>
<result column="age" property="age" jdbcType="INTEGER" />
<!--association 用户关系映射 查询单个完整对象-->
<association property="classes"
javaType="com.weiz.example01.model.Classes">
    <id column="id" property="id"/>
    <result column="class_name" property="name" jdbcType="VARCHAR" />
    <result column="memo" property="memo" jdbcType="VARCHAR" />
</association>
</resultMap>
```

在上面的示例中，通过 association 标签配置了 Classes 的映射关系。在 association 标签中的 property 属性的作用是将结果集与 Student 中的 classes 字段映射，javaType 属性指定映射到表的数据类型（Classes 类型）。

步骤05 定义 resultMap 之后，接下来定义查询语句，示例代码如下：

```
<select id="selectStudentAndClass" parameterType="Long"
resultMap="StudentAndClassMap" >
    select s.id,s.name,s.sex,s.age,s.class_id,c.name as class_name,c.memo from
student s left join classes c on s.class_id=c.id where s.id = #{id}
</select>
```

这个 SQL 的查询结果集会被自动转换成 resultMap 中定义的完整的 Student 对象。

步骤06 增加单元测试方法，验证是否生效，示例代码如下：

```
@Test
public void testSelectStudentAndClass() {
    Student student = studentMapper.selectStudentAndClass(1L);

System.out.println("name:"+student.getName()+",age:"+student.getAge()+",class
name:"+student.getClasses().getName()+",class
memo:"+student.getClasses().getMemo());
}
```

单击 Run Test 或在方法上右击，选择 Run 'testSelectStudentAndClass'，查看单元测试结果，结果如图 8-7 所示。

图 8-7　单元测试的运行结果

结果表明单元测试方法运行成功，并输出了相应的查询结果。这说明实现了学生和课程的多表信息关联查询。

2. collection（一对多）

collection 用来映射一对多的关系，将关联查询信息映射到一个列表集合中。比如，一个班级

（Classes）对应多名学生（Student）。下面就来演示 collection 标签配置一对多关联关系。

步骤01 修改 ClassesMapper 接口，查询班级和班级下的所有学生信息，示例代码如下：

```
Classes selectClassAndStudent(Long id);
```

在上面的示例中，在 ClassesMapper 接口中增加 selectClassAndStudent()方法，通过班级 id 查询班级以及班级下的所有学生信息。

步骤02 定义返回数据 resultMap：

```xml
<resultMap id="ClassAndStudentMap" type="com.weiz.example01.model.Classes">
  <id property="id" column="id" />
  <result property="name" column="name"/>
  <result property="memo" column="memo"/>
  <collection property="students" ofType="com.weiz.example01.model.Student">
    <id property="id" column="id"/>
    <result property="name" column="student_name"/>
    <result property="age" column="age"/>
  </collection>
</resultMap>
```

在上面的示例中，定义了 ClassAndStudentMap 返回数据映射，通过 collection 标签配置 Classes 类中的 students 属性字段的映射关系。

步骤03 创建 SQL 语句：

```xml
<select id="selectClassAndStudent" parameterType="Long"
resultMap="ClassAndStudentMap" >
    select c.id,c.name,c.memo,s.name as student_name,s.age,s.sex from classes
c left join student s  on s.class_id=c.id where c.id = #{id}
</select> >
```

在上面的示例中，使用前面定义的 ClassAndStudentMap 映射结果集返回查询到的数据。

步骤04 增加单元测试方法，验证是否生效，示例代码如下：

```java
@Autowired
private ClassesMapper classesMapper;
@Test
public void testSelectClassAndStudent() {
    Classes classes = classesMapper.selectClassAndStudent(1L);
    System.out.println("班级信息: name:" + classes.getName() + ",memo:"
+classes.getMemo());
    System.out.println("学生信息列表,总人数: "+classes.getStudents().size());
    for (Student stu : classes.getStudents()){
        System.out.println("name:"+stu.getName()+",age:"+stu.getAge());
    }
}
```

单击 Run Test 或在方法上右击，选择 Run 'testSelectClassAndStudent'，查看单元测试结果，结果如图 8-8 所示。

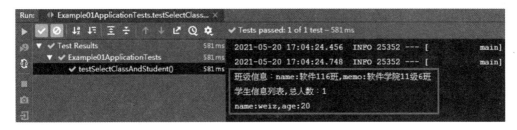

图 8-8　单元测试的运行结果

结果表明单元测试方法运行成功，并输出了相应的查询结果。这说明实现了班级和班级下的学生列表的多表信息关联查询。

通过上面的示例查询班级信息和该班级下的所有学生信息，使用 collection 将查询到的学生列表数据映射到列表集合中，这样做的目的也是方便对查询结果集进行遍历查询。而使用 resultType 无法将查询结果映射到列表集合中。

8.3.5　SQL 代码片段

当多个 SQL 语句中存在相同的部分，可以将其定义为公共的 SQL 代码片段。MyBatis 提供了 sql 和 include 标签来定义和引用 SQL 代码片段。这样调用方便、SQL 整洁。比如：

```
<sql id="Base_Column_List">
    id,name,age,sex
</sql>
```

通过 sql 标签定义可以重新使用的 SQL 代码片段 Base_Column_List，然后在 SQL 语句中引用 Base_Column_List，示例代码如下：

```
<select id="selectAll" resultMap="BaseResultMap" >
    SELECT
    <include refid="Base_Column_List" />
    FROM student
</select>
```

在上面的示例中，使用 include 标签引用定义的 Base_Column_List 代码片段。

当然，sql 标签也支持传入参数。我们对上面的示例进行修改：

```
<sql id="Base_Column_List">
    ${alias_s}.id,${alias_s}.name,${alias_s}.age,${alias_s}.sex
</sql>
```

在上面的示例中，通过${}定义查询表的别名作为传入参数。当引用此代码片段时，可以传入表的别名，比如：

```
<select id="selectOne" resultMap="BaseResultMap" >
    SELECT
    <include refid="BaseResultMap"><property name="alias_s"
value="stu"/></include>,
    FROM student stu
    WHERE stu.id=#{id}
</select>
```

在上面的示例中，使用 include 标签引用定义的 SQL 代码片段，并且通过 property 定义传入的参数。

8.3.6 动态 SQL 拼接

MyBatis 提供了 if、foreach、choose 等标签动态拼接 SQL 语句，使用起来特别简单灵活。下面一一介绍这些标签的使用。

1. if 标签

if 标签通常用于 WHERE 语句中，通过判断参数值来决定是否使用某个查询条件，它也经常用于 UPDATE 语句中，用于判断是否更新某一个字段，还可以在 INSERT 语句中使用，用来判断是否插入某个字段的值，比如：

```
<select id="selectStudentListLikeName" parameterType="com.weiz.example01.model.Student" resultMap="BaseResultMap">
    select * from student
    <if test="name!=null and name!='' ">
        where name like CONCAT(CONCAT('%', #{name}),'%')
    </if>
</select>
```

在上面的示例中，使用 if 标签先进行判断，如果传入的参数值为 null 或等于空字符串，就不进行此条件的判断。

2. foreach 标签

foreach 标签主要用于构建 in 条件，它可以在 sql 标签中对集合进行迭代。通常可以将其用到批量删除、添加等操作中。使用方法如下：

```
<delete id="deleteBatch">
  delete from student where id in
  <foreach collection="array" item="id" index="index" open="(" close=")" separator=",">
      #{id}
  </foreach>
/delete>
```

在上面的示例中，通过 foreach 标签将传入的 id 数组拼接成 in(1,2,3)，实现批量删除的功能。

foreach 标签包含如下几个属性：

- collection: 有 3 个值，分别是 list、array 和 map，分别对应 Java 中的类型为：List 集合、Array 和 Map 三种数据类型。示例中传的参数为数组，所以值为 array。
- item: 表示在迭代过程中每一个元素的别名。
- index: 表示在迭代过程中每次迭代到的位置（下标）。
- open: 前缀。
- close: 后缀。
- separator: 分隔符，表示迭代时每个元素之间以什么分隔。

3. choose 标签

MyBatis 提供了 choose 标签，用于按顺序判断 when 中的条件是否成立，如果有一个成立，则 choose 结束。如果 choose 中的所有 when 条件都不满足，则执行 otherwise 中的 SQL 语句。类似于 Java 中的 switch 语句，choose 为 switch，when 为 case，otherwise 为 default。

Choose 适用于从多个选项中选择一个条件的场景，比如：

```xml
<select id="selectStudentListChoose" parameterType="com.weiz.example01.model.Student" resultMap="BaseResultMap">
    select * from student
    <where>
        <choose>
            <when test="name!=null and name!='' ">
                name like CONCAT(CONCAT('%', #{name}),'%')
            </when>
            <when test="sex! null ">
                AND sex = #{sex}
            </when>
            <when test="age!=null">
                AND age = #{age}
            </when>
            <otherwise>

            </otherwise>
        </choose>
    </where>
</select>
```

在上面的示例中，把所有可以限制的条件都写上，匹配其中一个符合条件的拼接成 where 条件。

8.3.7　格式化输出

MyBatis 提供了 where、set、trim 等标签处理查询条件和 update 语句，使得在 mapper.xml 中拼接 SQL 语句变得非常简单高效，从而避免出错。

1. where 标签

MyBatis 支持使用 where 标签动态拼接查询条件，如果 where 标签判断包含的标签中含有返回值，就在 SQL 语句中插入一个 where。此外，如果标签返回的内容以 AND 或 OR 开头，则会自动去除，这样比我们手动拼接 where 条件简单许多。示例如下：

```xml
<!-- 查询学生 list，like 姓名，=性别 -->
<select id="selectStudentListWhere" parameterType="com.weiz.example01.model.Student" resultMap="BaseResultMap">
    select * from student
    <where>
        <if test="name!=null and name!='' ">
            name like CONCAT(CONCAT('%', #{name}),'%')
        </if>
        <if test="sex!= null ">
            AND sex= #{sex}
        </if>
    </where>
```

```
        </where>
    </select>
```

在上面的示例中，如果参数 name 为 null 或''，则不会生成这个条件，同时还会自动把后面多余的 AND 关键字去掉。这样就避免了手动判断的麻烦。

2. set 标签

与 where 标签类似，使用 set 标签可以为 update 语句动态配置 set 关键字，同时自动去除追加到条件末尾的任何逗号。使用方法如下：

```
<<!-- 更新学生信息 -->
<update id="updateStudent" parameterType="com.weiz.example01.model.Student"
>
    update student
    <set>
        <if test="name!=null and name!='' ">
            name = #{name},
        </if>
        <if test="sex!=null">
            sex= #{sex},
        </if>
        <if test="age!=null ">
            age = #{age},
        </if>
        <if test="classes!=null and classes.id!=null">
            class_id = #{classes.class_id}
        </if>
    </set>
    WHERE id = #{id};
</update> >
```

在上面的示例中，使用了 set 和 if 标签，如果某个传入参数不为 null，则生成该字段，无须额外处理末尾的逗号，整个 update 语句更加清晰简洁。

3. trim 标签

trim 标签的作用是在包含的内容前加上某些前缀，也可以在其后加上某些后缀，对应的属性是 prefix 和 suffix；可以把内容首部的某些内容覆盖掉，即忽略，也可以把内容尾部的某些内容覆盖掉，对应的属性是 prefixOverrides 和 suffixOverrides。

trim 标签比 Java 中的 trim 方法功能还要强大。正因为 trim 有这样的功能，所以我们可以非常简单地利用 trim 来代替 where 元素的功能，比如：

```
<!-- 查询学生 list，like 姓名，=性别 -->
<select id="selectStudentListTrim" parameterType="com.weiz.example01.model.
Student" resultMap="studentResultMap">
    select * from student
    <trim prefix="WHERE" prefixOverrides="AND|OR">
        <if test="name!=null and name!='' ">
            name like CONCAT(CONCAT('%', #{name}),'%')
        </if>
        <if test="sex!= null ">
            AND sex = #{sex}
```

```
        </if>
    </trim>
</select>
```

从上面的示例可以看到，trim 标签和 where 标签的功能类似，会自动去掉多余的 AND 或 OR 关键字。

trim 标签与 where 标签或 set 标签不同的地方是，trim 除了支持在首尾去除多余的字符外，还可以追加字符，比如：

```
<insert id="insertSelective" parameterType="
com.weiz.example01.model.Student">
    insert into student
    <trim prefix="(" suffix=")" suffixOverrides=",">
        <if test="id!=null">
            id,
        </if>
        <if test="name!=null">
            name,
        </if>
        <if test="age!=null">
            age,
        </if>
         <if test="sex!=null">
            sex,
        </if>
    </trim>
    <trim prefix="values (" suffixOverrides=",">
        <if test="id!=null">
            #{id,jdbcType=INTEGER},
        </if>
        <if test="name!=null">
            #{name,jdbcType=VARCHAR},
        </if>
        <if test="age!=null">
            #{age,jdbcType=INTEGER},
        </if>
        <if test="sex!=null">
            #{sex,jdbcType=INTEGER},
        </if>
    </trim>
</insert>
```

在上面的示例中，使用 trim 标签生成 insert 语句，通过 prefix 和 suffix 属性在首尾加上 "(" 和 ")"，同时通过 suffixOverrides 属性去掉拼接字段时多余的 ","。这样省去了很多判断，使得 insert 语句非常简单清晰。

8.4　使用 MyBatis 注解实现数据库操作

上一节我们在 Spring Boot 项目中集成了 MyBatis，使用 XML 配置文件实现了数据的增、删、改、查操作以及自动生成插件的使用。MyBatis 还提供了注解的方式，相比 XML 的方式，注解的方式更加简单方便，无须创建 XML 配置文件。接下来好好研究注解的使用方式。

8.4.1 XML 和注解的异同

自 Java 1.5 引入注解开始，注解就被广泛地应用在各种开源软件中，使用注解大大地降低了系统中的配置项，让代码变得更加简洁、优雅。MyBatis 也顺应潮流，推出了基于注解的数据库操作方式，避免开发过程中频繁切换到 XML 或者 Java 代码中，从而让开发者使用 MyBatis 有统一的开发体验。

MyBatis 在最初设计时是一个 XML 驱动的框架，配置信息和映射文件都是基于 XML 的，而到了 MyBatis 3，就有了新的选择。注解模式为使用 MyBatis 提供了一种更加简单的 SQL 语句映射，而不会造成大量的开销。两种模式的区别如下：

1）注解模式使用简单，开发效率高，但是维护麻烦，修改 SQL 需要重新编译打包。

2）XML 模式便于维护，SQL 和代码分开，代码清晰易懂，而使用注解模式需要在方法前加各种注解和 SQL 语句，使得代码的可读性不强。

3）XML 模式虽然提供了完善的标签来实现复杂的 SQL 语句，但是没有在 Java 代码中直接判断拼接那样简单方便。

4）XML 模式因为 SQL 是配置在 XML 文件中的，某些特殊字符需要转义，所以使用起来比较麻烦，容易出错。

两种模式各有特点，注解模式适合简单快速的模式，在微服务架构中，一般微服务都有自己对应的数据库，多表连接查询的需求会大大降低，非常适合注解模式。而 XML 模式比较适合大型项目，可以灵活地动态生成 SQL，方便调整 SQL。在具体开发过程中，可以根据公司业务和团队技术基础进行选择。

8.4.2 使用 MyBatis 注解实现数据查询

MyBatis 注解模式的最大特点是取消了 Mapper 的 XML 配置，通过@Insert、@Update、@Select、@Delete 等注解将 SQL 语句定义在 Mapper 接口方法中或 SQLProvider 的方法中，从而省去了 XML 配置文件。这些注解和参数的使用与 mapper.xml 配置文件基本一致。下面就来演示使用 MyBatis 注解实现数据查询。

1. 修改配置文件

首先创建 Spring Boot 项目，集成 MyBatis 的过程与 XML 配置方式一样。

使用注解方式只需要在 application.properties 中指明实体类的包路径，其他保持不变，配置示例如下：

```
# mapper.xml mapper 接口的包路径
MyBatis.type-aliases-package=com.weiz.example01
# 数据库连接
spring.datasource.url=jdbc:mysql://localhost:3306/MyBatis_test?serverTimezone=UTC&useUnicode=true&characterEncoding=utf-8&useSSL=true
```

```
spring.datasource.username=root
spring.datasource.password=root
spring.datasource.driver-class-name=com.mysql.cj.jdbc.Driver
```

在上面的示例中，配置了 mapper 接口的包路径和数据源，无须配置 mapper.xml 文件的路径。

2. 添加 mapper 接口

使用 MyBatis 提供的 SQL 语句注解无须再创建 mapper.xml 映射文件，创建 mapper 接口类，然后添加相关的方法即可：

```
public interface StudentMapper {
    @Select("select * from student")
    List<Student> selectAll();
}
```

在上面的示例中，使用 @Select 注解定义 SQL 查询语句即可实现查询所有学生列表的功能，无须再定义 mapper.xml 映射文件。是不是更加简单？

3. 验证测试

增加单元测试方法，验证是否生效。示例代码如下：

```
@Test
public void testSelectAll() {
    //查询
    List<Student> students = studentMapper.selectAll();
    for (Student stu : students){
        System.out.println("name:"+stu.getName()+",age:"+stu.getAge());
    }
}
```

单击 Run Test 或在方法上右击，选择 Run 'testSelectAll'，查看单元测试结果，运行结果如图 8-9 所示。

图 8-9　单元测试的运行结果

结果表明单元测试方法 testSelectAll 运行成功，并输出了相应的查询结果。这说明使用注解成功实现了查询全部学生信息的功能。

8.4.3　参数传递

相信很多人会有疑问：MyBatis 是如何将参数传递到 SQL 中的，有哪几种传参方式？下面就来一一介绍 MyBatis 注解的传参方式。

1. 直接传参

对于简单的参数，可以直接使用#{id}的方式接收同名的变量参数。示例代码如下：

```
@Select("select * from student where id=#{id,jdbcType=VARCHAR}")
Student selectOne(Long id);
```

在上面的示例中，使用#{id}传入变量参数，支持传入多个参数。只是需要注意，使用#{}方式定义的参数名必须和方法中的参数名保持一致。

2. 使用@Param 注解

@Param 注解的作用是给参数命名，参数命名后就能根据名字匹配到参数值，正确地将参数传入 SQL 语句中。比如，注解是@Param("person")，那么参数就会被命名为#{person}。示例代码如下：

```
@Select("select * from student where name=#{name} and sex=#{sex}")
Student selectByNameAndSex(@Param("name") String name,@Param("sex")Integer sex);
```

如果方法有多个参数，也可以不自定义 param，MyBatis 在方法的参数上就能为它们取自定义的名字，参数先以"param"作为前缀，再加上它们的参数位置作为参数别名，比如#{param1}、#{param2}。

```
// 默认使用 param +参数序号或者 0、1，值就是参数的值
@Select("SELECT * FROM student WHERE name = #{param1} and sex = #{param2}")
Student selectByNameAndSex(String name, Integer sex);
```

如果不想给每个参数命名，可以使用 param 参数，默认格式为 param+参数序号或者 0、1，值就是参数的值。

3. 映射传值

需要传送多个参数时，也可以考虑使用映射（Map）的形式。

```
@Select("SELECT * FROM student WHERE name = #{name} and sex = #{sex}")
Student selectByNameAndSex(Map<String, Object> map);
```

在上面的示例中，将 SQL 语句需要的参数通过 map 类型传入，key 为参数名，value 为参数值。MyBatis 会自动匹配对应的映射中的参数值。

调用时将参数依次加入映射中即可：

```
@Map param= new HashMap();
param.put("name","weiz");
param.put("sex",1);
Student student = studentMapper.selectByNameAndSex(param);
```

对于参数较多的方法，使用映射还是比较方便的。

4. 使用 pojo 对象

使用 pojo 对象传参是比较常用的传参方式，像前面介绍的 insert、update 等方法，都是直接传入 user 对象。

```
@Update({
    "update student",
```

```
    "set name = #{name,jdbcType=VARCHAR},",
    "age = #{age,jdbcType=INTEGER},",
    "sex = #{sex,jdbcType=INTEGER}",
    "where id = #{id,jdbcType=VARCHAR}"
})
void update(Student record);
```

对于 insert、update 等参数较多的方法，可以使用 pojo 对象传参。需要注意的是，参数的名字和类型必须和 pojo 对象的属性保持一致。

上面讲述了 MyBatis 传参的 4 种方式，使用时根据方法的参数来选择合适的传值方式即可。

8.4.4　结果映射

MyBatis 会自动将查询结果集转换为需要返回的数据类型，但是有些特殊的场景需要处理，比如查询的返回结果与期望的数据格式不一致时，应该怎么处理呢？

这就需要使用@Results 和@Result 注解。这两个注解可以将数据库中查询到的数值转化为具体的属性或类型，修饰返回的结果集，比如查询的对象返回值属性名和字段名不一致，或者对象的属性中使用了枚举等。

```
@@Select({
    "select",
    "id, name as student_name,age, sex as student_sex",
    "from student",
    "where id = #{id,jdbcType=VARCHAR}"
})
@Results({
    @Result(column="id", property="id", jdbcType= JdbcType.VARCHAR, id=true),
    @Result(column="student_name", property="name",
jdbcType=JdbcType.VARCHAR),
    @Result(column="student_sex", property="sex",
jdbcType=JdbcType.TIMESTAMP)
    })
Student selectById(Long id);
```

在上面的例子中，查询结果集的 student_name 字段和实体类 Student 定义的 name 属性的名称不一致，所以需要 Result 进行转换；而 age 名称是一致的，所以不需要 Result 进行转换。

8.4.5　实战：使用注解方式实现学生信息管理

前面使用注解方式实现了查询全部学生信息的功能，接下来通过实现完整的学生信息管理模块演示 MyBatis 注解方式的使用。

1. 查询

查询注解@Select，定义查询数据的 SQL 语句时使用，一般简单的查询可以使用这个注解。示例代码如下：

```
@Select("select * from student where id=#{id,jdbcType=VARCHAR}")
Student selectOne(Long id);
```

在上面的示例中，使用@Select 注解查询学生信息，传入参数 id。如果是多个参数，需要将#后面的参数和方法传入的变量名保持一致。

2. 新增

新增注解@Insert，定义插入数据的 SQL 语句时使用，直接传入数据实体类，MyBatis 会自动将实体类属性解析到对应的参数，所以需要将#后面的参数和实体类属性保持一致。示例代码如下：

```
@Insert({
    "insert into student (",
    "name, ",
    "age, ",
    "sex)",
    "values (",
    "#{name,jdbcType=VARCHAR},",
    "#{age,jdbcType=INTEGER},",
    "#{sex,jdbcType=INTEGER})"
})
int insert(Student record);
```

在上面的示例中，使用@Insert 注解定义插入 SQL，传入完整的学生信息实体数据。

3. 修改

修改注解@Update，定义修改数据的 SQL 语句时使用。示例代码如下：

```
@Update({
    "update student",
    "set name = #{name,jdbcType=VARCHAR},",
    "age = #{age,jdbcType=INTEGER},",
    "sex = #{sex,jdbcType=INTEGER}",
    "where id = #{id,jdbcType=VARCHAR}"
})
void update(Student record);
```

4. 删除

删除注解@Delete，定义删除数据的 SQL 语句时使用。示例代码如下：

```
@Select("delete from student where id=#{id,jdbcType=VARCHAR}")
void delete(Long id);
```

以上就是项目中常用的增、删、改、查操作，其实不需要手动编写这些基本的方法，使用前面讲过的 MyBatis generator 自动生成即可。

MyBatis 的@Select、@Update、@Insert、@Delete 注解与 XML 配置方式的 select 等标签一一对应，实现的功能是一样的。

8.5 动态 SQL 和分页

上一节介绍了使用注解方式实现数据操作、参数传递方式以及结果映射等常用功能。然而在实际项目中，除了这些常用的增、删、改、查功能外，可能还会需要动态拼接 SQL、分页查询、多数据源配置等复杂的功能。接下来介绍这些复杂且非常重要的功能。

8.5.1 动态 SQL 语句

在实际项目开发中，除了使用一些常用的增、删、改、查方法之外，也会遇到复杂的业务需求，可能需要执行一些自定义的动态 SQL 语句。我们知道 XML 配置可以使用 if、choose、where 等标签动态拼接 SQL 语句，那么使用注解方式如何实现呢？

MyBatis 除了提供 @Insert、@Delete 这些常用的注解外，还提供了 @InsertProvider、@UpdateProvider、@DeleteProvider 和@SelectProvider 等注解用来建立动态 SQL 语句。下面以按字段更新来演示动态 SQL 的功能。

1. 创建拼接 SQL 语句

首先创建 UserSqlProvider 类，并创建动态拼接 SQL 语句的方法。示例代码如下：

```
public class StudentSqlProvider {
    public String updateByPrimaryKeySelective(Student record) {
        BEGIN();
        UPDATE("student");
        if (record.getName() != null) {
            SET("name = #{name,jdbcType=VARCHAR}");
        }
        if (record.getSex()>=0) {
            SET("sex = #{sex,jdbcType=VARCHAR}");
        }
        if (record.getAge() >0) {
            SET("age = #{age,jdbcType=INTEGER}");
        }
        WHERE("id = #{id,jdbcType=VARCHAR}");
        return SQL();
    }
}
```

在上面的示例中，首先通过 UPDATE("sys_user")方法生成 Update 语句，然后根据具体传入的参数动态拼接要更新的 set 字段，最后通过 SQL()方法返回完整的 SQL 语句。

2. 调用 updateByPrimaryKeySelective()方法

在 provider 中定义了 updateByPrimaryKeySelective()方法后，就可以在 mapper 中引用该方法。

```
@UpdateProvider(type=StudentSqlProvider.class,
method="updateByPrimaryKeySelective")
    int updateByPrimaryKeySelective(Student record);
```

在上面的示例中，@UpdateProvider 注解定义调用的自定义 SQL 方法，type 参数定义动态生成 SQL 的类，method 参数定义类中具体的方法名。

3. 验证测试

增加单元测试方法，验证是否生效。示例代码如下：

```
@Test
public void testUpdateByPrimaryKeySelective() {
    Student student = new Student();
    student.setId(1L);
    student.setName("weiz 动态修改");
    studentMapper.updateByPrimaryKeySelective(student);
    Student stu = studentMapper.selectById(1L);
    System.out.println("name:"+stu.getName()+",age:"+stu.getAge()+",sex:"+
stu.getSex());
}
```

单击 Run Test 或在方法上右击，选择 Run 'testUpdateByPrimaryKeySelective'，查看单元测试结果，运行结果如图 8-10 所示。

图 8-10　单元测试的运行结果

结果表明单元测试方法运行成功，根据输出结果可以看到只有 name 字段被修改，其他字段不受影响。说明通过@UpdateProvider 动态生成 Update 语句验证成功。

使用 SqlProvider 动态创建 SQL 语句，除了使用@UpdateProvider 注解之外，还有@InsertProvider、@SelectProvider、@DeleteProvider 注解供插入、查询、删除时使用。

8.5.2　分页查询

分页查询是日常开发中比较常用的功能。MyBatis 框架下也有很多插件实现分页功能，比如 pageHelper。这是一款非常简单、易用的分页插件，能很好地集成在 Spring Boot 中。pageHelper 是一款基于 MyBatis 的数据库分页插件，所以我们在使用它时需要使用 MyBatis 作为持久层框架。下面通过示例演示 pageHelper 实现分页查询。

1. 添加 pageHelper 依赖

修改 pom.xml 文件，添加 pageHelper 依赖：

```
<!-- pagehelper -->
<dependency>
    <groupId>com.github.pagehelper</groupId>
    <artifactId>pagehelper-spring-boot-starter</artifactId>
</dependency>
```

pageHelper 提供了针对 Spring Boot 框架的依赖库 pagehelper-spring-boot-starter，对于 Spring Boot 项目可以使用 pagehelper-spring-boot-starter 组件。

2. 增加 pageHelper 配置

在 application.properties 中增加 pageHelper 配置。

```
# 分页框架
pagehelper.helperDialect=mysql
pagehelper.reasonable=true
pagehelper.supportMethodsArguments=true
pagehelper.params=count=countSql
```

上面的示例是 pageHelper 分页框架的初始配置，主要用于指定数据库类型。

- helperDialect: 指定数据库类型，可以不配置，pageHelper 插件会自动检测数据库的类型。
- reasonable: 分页合理化参数，默认为 false，当该参数设置为 true 时，当 pageNum ≤ 0 时，默认显示第一页，当 pageNum 超过 pageSize 时，显示最后一页。
- supportMethodsArguments: 分页插件会根据查询方法的参数，自动在 params 配置的字段中取值，找到合适的值会自动分页。
- params: 用于从对象中根据属性名取值，可以配置 pageNum、pageSize，count 不用配置映射的默认值。

3. 调用测试

增加单元测试方法，验证分页功能是否生效。示例代码如下：

```
@Test
public void testSelectListPaged() {
    PageHelper.startPage(1, 5);
    List<Student> students = studentMapper.selectAll();
    PageInfo<Student> pageInfo = new PageInfo<Student>(students);
    System.out.println("总页数:"+pageInfo.getPages()+",总条
数:"+pageInfo.getTotal()+",当前页:"+pageInfo.getPageNum());
    for (Student stu : students){
        System.out.println("name:"+stu.getName()+",age:"+stu.getAge());
    }
}
```

在上面的示例中，分页的核心只有一行代码，PageHelper.startPage(page,pageSize);就标识开始分页。添加此行代码之后，pageHelper 插件会通过其内部的拦截器将执行的 SQL 语句转化为分页的 SQL 语句。

单击 Run Test 或在方法上右击，选择 Run 'testSelectListPaged'，查看单元测试结果，运行结果如图 8-11 所示。

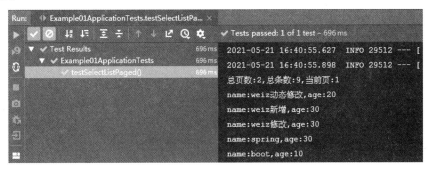

图 8-11　单元测试的运行结果

结果表明单元测试方法运行成功，控制台输出了当前页的数据列表、总页数、数据总条数和当前页。这说明使用 pageHelper 插件成功实现了分页功能。

使用时 PageHelper.startPage(pageNum, pageSize)一定要放在列表查询的方法中，这样在查询时会查出相应的数据量以及总数。

8.5.3 多数据源配置

在很多应用场景下，我们需要在一个项目中配置多个数据源来实现业务逻辑，比如现有电商业务、商品和库存数据分别放在不同的数据库中，这就要求我们的系统架构支持同时配置多个数据源实现相关业务操作。那么 Spring Boot 如何应对这种多数据源的场景呢？其实，在 Spring Boot 项目中配置多数据源十分便捷。接下来介绍 Spring Boot 集成 MyBatis 实现多数据源的相关配置。

1. 配置数据源

在系统配置文件中配置多个数据源，即在 application.properties 文件中增加如下配置：

```
# MyBatis 多数据源配置
# 数据库 1 的配置
spring.datasource.test1.driver-class-name = com.mysql.cj.jdbc.Driver
spring.datasource.test1.jdbc-url =
jdbc:mysql://localhost:3306/MyBatis_test?serverTimezone=UTC&useUnicode=true&characterEncoding=utf-8&useSSL=true
spring.datasource.test1.username = root
spring.datasource.test1.password = root
# 数据库 2 的配置
spring.datasource.test2.driver-class-name = com.mysql.cj.jdbc.Driver
spring.datasource.test2.jdbc-url =
jdbc:mysql://localhost:3306/MyBatis2_test?serverTimezone=UTC&useUnicode=true&characterEncoding=utf-8&useSSL=true
spring.datasource.test2.username = root
spring.datasource.test2.password = root
```

在上面的示例中，配置的是两个一样的数据库 MyBatis_test 和 MyBatis2_test。连接数据库的配置使用的是 jdbc-url，而不是之前的 url，这一点需要注意。

2. 自定义数据源配置类

1）在 config 包中创建 DataSource1Config 类，此类用于配置主数据源。示例代码如下：

```
@Configuration
@MapperScan(basePackages = "com.weiz.example01.mapper.test1",
sqlSessionFactoryRef = "test1SqlSessionFactory")
public class DataSource1Config {
    @Bean(name = "test1DataSource")
    @ConfigurationProperties(prefix = "spring.datasource.test1")
    @Primary
    public DataSource testDataSource() {
        return DataSourceBuilder.create().build();
    }

    @Bean(name = "test1SqlSessionFactory")
    @Primary
```

```
        public SqlSessionFactory
testSqlSessionFactory(@Qualifier("test1DataSource") DataSource dataSource) throws
Exception {
            SqlSessionFactoryBean bean = new SqlSessionFactoryBean();
            bean.setDataSource(dataSource);
            return bean.getObject();
        }

        @Bean(name = "test1TransactionManager")
        @Primary
        public DataSourceTransactionManager
testTransactionManager(@Qualifier("test1DataSource") DataSource dataSource) {
            return new DataSourceTransactionManager(dataSource);
        }

        @Bean(name = "test1SqlSessionTemplate")
        @Primary
        public SqlSessionTemplate
testSqlSessionTemplate(@Qualifier("test1SqlSessionFactory") SqlSessionFactory
sqlSessionFactory) throws Exception {
            return new SqlSessionTemplate(sqlSessionFactory);
        }
    }
```

在上面的示例中，配置主数据源需要添加@Primary 注解，其他普通数据源不能加这个注解，否则会报错。

2）在 config 包中创建 DataSource2Config 类，此类用于配置其他普通数据源。示例代码如下：

```
@Configuration
@MapperScan(basePackages = "com.weiz.example01.mapper.test2",
sqlSessionFactoryRef = "test2SqlSessionFactory")
    public class DataSource2Config {
        @Bean(name = "test2DataSource")
        @ConfigurationProperties(prefix = "spring.datasource.test2")
        public DataSource testDataSource() {
            return DataSourceBuilder.create().build();
        }

        @Bean(name = "test2SqlSessionFactory")
        public SqlSessionFactory
testSqlSessionFactory(@Qualifier("test2DataSource") DataSource dataSource) throws
Exception {
            SqlSessionFactoryBean bean = new SqlSessionFactoryBean();
            bean.setDataSource(dataSource);
            return bean.getObject();
        }

        @Bean(name = "test2TransactionManager")
        public DataSourceTransactionManager
testTransactionManager(@Qualifier("test2DataSource") DataSource dataSource) {
            return new DataSourceTransactionManager(dataSource);
        }

        @Bean(name = "test2SqlSessionTemplate")
```

```
public SqlSessionTemplate
testSqlSessionTemplate(@Qualifier("test2SqlSessionFactory") SqlSessionFactory
sqlSessionFactory) throws Exception {
        return new SqlSessionTemplate(sqlSessionFactory);
    }
}
```

在上面的示例中，DataSource2Config 是普通数据源配置类。可以看到两个数据源都配置了各自的 DataSource、SqlSessionFactory、TransactionManager 和 SqlSessionTemplate。

两个数据源通过配置 basePackages 扫描 mapper 包路径，匹配对应的 mapper 包。配置时需要注意，配置错了不会出现异常，但是运行时会找错数据库。

3. 创建 Mapper

创建 com.weiz.example01.mapper.test1 和 com.weiz.example01.mapper.test2 包，将之前的 StudentMapper 分别重命名为 PrimaryStudentMapper 和 SecondaryStudentMapper 并复制到相应的包中。

```
public interface PrimaryStudentMapper {
    @Select("select * from student")
    List<Student> selectAll();

    @Insert({
        "insert into student (",
        "name, ",
        "age, ",
        "sex)",
        "values (",
        "#{name,jdbcType=VARCHAR},",
        "#{age,jdbcType=INTEGER},",
        "#{sex,jdbcType=INTEGER})"
    })
    int insert(Student record);
}
```

上面的示例为 Primary 数据库操作。SecondaryStudentMapper 与 PrimaryStudentMapper 的代码基本一致。

4. 调用测试

增加单元测试方法，验证多数据源的操作是否生效。示例代码如下：

```
@Test
public void testMultiDataSource() {
    // 新增
    primaryStudentMapper.insert(new Student("weiz primary", 1, 30));
    secondaryStudentMapper.insert(new Student("weiz secondary", 1, 30));
    // 查询
    System.out.println("primary 库:");
    List<Student> studentsPrimary = primaryStudentMapper.selectAll();
    for (Student stu : studentsPrimary){
        System.out.println("name:"+stu.getName()+",age:"+stu.getAge());
    }
    System.out.println("secondary 库:");
    List<Student> studentsSecondary = primaryStudentMapper.selectAll();
```

```
for (Student stu : studentsSecondary){
    System.out.println("name:"+stu.getName()+",age:"+stu.getAge());
}
}
```

在上面的示例中，分别往两个数据库中写入学生信息数据，然后执行查询，从而验证多数据源操作是否生效。

单击 Run Test 或在方法上右击，选择 Run 'testMultiDataSource'，查看单元测试结果，运行结果如图 8-12 所示。

图 8-12　单元测试的运行结果

结果表明单元测试方法运行成功，通过控制台的输出可以看到，系统启动时创建了两个数据源连接，并且 MyBatis_test 和 MyBatis2_test 数据插入、查询都正常。这说明多数据源配置成功。

8.6　本章小结

本章主要介绍了 Spring Boot 集成数据库持久层框架 MyBatis 的相关知识，包括 MyBatis 的启动流程及其核心概念、使用 XML 配置方式集成 MyBatis 实现数据操作、使用 MyBatis 注解方式实现数据操作、SQL 的参数传递方式和分页功能，最后介绍了动态 SQL 拼接、声明式事务以及多数据源配置等复杂功能。

通过本章的学习，读者应该能掌握以下 3 种开发技能：

1）使用 XML 配置方式集成 MyBatis 实现数据操作。

2）使用 MyBatis 注解方式实现数据操作。

3）通过动态 SQL 实现复杂的数据查询功能。

8.7　本章练习

1）创建 Spring Boot 项目并集成 MyBatis。使用 XML 配置的方式实现完整的学生信息管理模块，包括学生、班级等信息的新增、修改、删除、查询等功能。

2）增加学生信息多条件查询功能，查询条件覆盖姓名、性别、年龄等字段。

第 9 章

认识 JPA

JPA（Java Persistence API，Java 持久层 API）是 Spring Boot 体系中"约定优于配置"的最佳实现，它大大简化了项目中数据库的操作。本章将主要介绍 Spring Data JPA 的使用。使用 JPA 会感觉它简直就是神器，几乎不需要编写任何关于数据库访问的代码就能轻松完成一个基本的增、删、改、查功能模块。接下来将从 JPA 的由来开始讲解，了解 JPA、Spring Boot JPA 的实现、JPA 实现查询、JPA 复杂查询、实体关系映射等。

9.1   JPA 入门

本节从基础的概念开始介绍 JPA 的由来、JPA 是什么，然后介绍 Spring Boot 是如何支持 JPA 的，最后通过示例讲述在 Spring Boot 中使用 JPA。

9.1.1   JPA 简介

1. JPA 是什么

JPA 是 Sun 官方提出的 Java 持久化规范，它为 Java 开发人员提供了一种对象/关联映射工具来管理 Java 应用中的关系数据，通过注解或者 XML 描述"对象-关系表"之间的映射关系，并将实体对象持久化到数据库中，极大地简化现有的持久化开发工作以及集成 ORM 技术。

JPA 不是一种新的 ORM 框架，它的出现主要是为了简化现有的持久化开发工作和整合 ORM 技术，结束现在 Hibernate，TopLink，JDO 等 ORM 框架各自为营的局面。它是一套规范而不是产品，而像 Hibernate、TopLink 等产品实现了 JPA 规范，我们就可以称它们为 JPA 的实现产品，关系如图 9-1 所示。

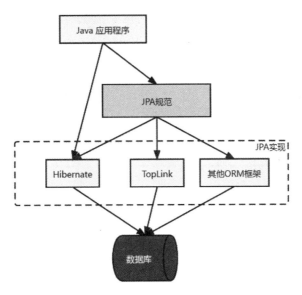

图 9-1　JPA 和其他 ORM 框架的关系

总体来说，ORM 是一种思想，JPA（Java Persistence API）是对这种思想进行规范，也就是一套标准（接口和抽象类），Hibernate 和 TopLink 等产品则通过实现 JPA 规范实现数据持久化的框架，通过 JPA 规范使得所有的数据持久化框架达到统一、规范，减少开发者的学习成本。

2. JAP 能做什么

JPA 是在充分吸收了现有的 Hibernate、TopLink、JDO 等 ORM 框架的基础上发展而来的，具有易于使用、伸缩性强等优点。总的来说，JPA 包括以下 3 方面的技术：

1）ORM 映射元数据：JPA 支持 XML 和 JDK 5.0 注解两种元数据的形式，元数据描述对象和表之间的映射关系，框架据此将实体对象持久化到数据库表中。

2）Java 持久化 API：用来操作实体对象，执行增、删、改、查（CRUD）操作，框架在后台替代我们完成所有的事情，将开发者从烦琐的 JDBC 和 SQL 代码中解脱出来。

3）查询语言（JPQL）：这是持久化操作中重要的一个方面，通过面向对象而非面向数据库的查询语言查询数据，避免程序的 SQL 语句紧密耦合。

JPA 解放了我们对数据库的操作，使得开发者不再需要关心数据库的表结构，需要更改的时候只需要修改对应实体类的属性即可。在微服务架构中，服务拆分得越来越细，微服务内部只需要关心自身的业务，不需要我们过多关注数据库。因此，在微服务架构中更推荐使用 JPA 技术。

9.1.2　Spring Data 对 JPA 的支持

Spring Data JPA 是 Spring 在 ORM 框架、JPA 规范的基础上封装的一套 JPA 应用框架。从名字就可以看出，它是 Spring Data 家族的一部分，旨在让开发者用极简的代码实现复杂的数据操作，使得构建 Spring 应用程序变得更加容易。

在相当长的一段时间内，实现应用程序的数据访问一直很麻烦，必须编写大量的 SQL 代码来执行数据查询、更新等操作。使用 Spring Data JPA 开发人员只需要编写 repository 接口和自定义查找器方法，其他的 SQL 语句由 Spring 自动提供，使得开发者从烦琐的 JDBC 和 SQL 代码中解脱出来。

虽然主流的 ORM 框架都实现了 JPA 规范，但是在不同 ORM 框架之间切换需要编写各自的代码，而通过使用 Spring Data Jpa 能够方便开发者在不同的 ORM 框架之间进行切换而无需要更改任何代码。这样方便开发者在 Spring Boot 项目中使用 JPA 技术，具体关系如图 9-2 所示。

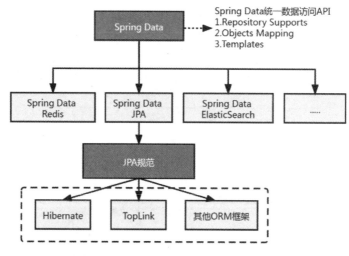

图 9-2　Spring Data JPA 与其他 JPA 产品的关系

9.2　在 Spring Boot 项目中使用 JPA

既然 Spring Data JPA 有着众多优点，又是当前开发趋势中的主流工具，接下来我们就一步一步地在 Spring Boot 项目中集成并使用 JPA。

9.2.1　集成 Spring Data JPA

Spring Boot 提供了启动器 spring-boot-starter-data-jpa，只需要添加启动器（Starters）就能实现在项目中使用 JPA。下面一步一步演示集成 Spring Data JPA 所需的配置。

步骤01 添加 JPA 依赖。

首先创建新的 Spring Boot 项目，在项目的 pom.xml 中增加 JPA 相关依赖，具体代码如下：

```
<dependency>
    <groupId>org.springframework.boot</groupId>
    <artifactId>spring-boot-starter-data-jpa</artifactId>
</dependency>
<dependency>
    <groupId>mysql</groupId>
    <artifactId>mysql-connector-java</artifactId>
</dependency>
```

在上面的示例中，除了引用 spring-boot-starter-data-jpa 之外，还需要依赖 MySQL 驱动 mysql-connector-java。

步骤 02 添加配置文件。

在 application.properties 中配置数据源和 JPA 的基本相关属性，具体代码如下：

```
# 数据库连接
spring.datasource.url=jdbc:mysql://localhost:3306/jpa_test?serverTimezone=UTC&useUnicode=true&characterEncoding=utf-8&useSSL=true
spring.datasource.username=root
spring.datasource.password=root
spring.datasource.driver-class-name=com.mysql.cj.jdbc.Driver
# JPA 配置
spring.jpa.properties.hibernate.hbm2ddl.auto=create
spring.jpa.properties.hibernate.dialect=org.hibernate.dialect.MySQL5InnoDBDialect
# SQL 输出
spring.jpa.show-sql=true
# format 下 SQL 输出
spring.jpa.properties.hibernate.format_sql=true
```

在上面的参数中，主要是配置数据库的连接以及 JPA 的属性。下面重点分析一下 JPA 中的 4 个配置。

1）spring.jpa.properties.hibernate.hbm2ddl.auto：该配置比较常用，配置实体类维护数据库表结构的具体行为。当服务首次启动时会在数据库中生成相应的表，后续启动服务时，如果实体类有增加属性就会在数据中添加相应字段，原来的数据仍然存在。

- update：常用的属性，表示当实体类的属性发生变化时，表结构跟着更新。
- create：表示启动时删除上一次生成的表，并根据实体类重新生成表，之前表中的数据会被清空。
- create-drop：表示启动时根据实体类生成表，但是当 sessionFactory 关闭时表会被删除。
- validate：表示启动时验证实体类和数据表是否一致。
- none：什么都不做。

2）spring.jpa.show-sql：表示 hibernate 在操作时在控制台打印真实的 SQL 语句，便于调试。

3）spring.jpa.properties.hibernate.format_sql：表示格式化输出的 JSON 字符串，便于查看。

4）spring.jpa.properties.hibernate.dialect：指定生成表名的存储引擎为 InnoDB。

步骤 03 添加实体类。

首先，创建 User 实体类，它是一个实体类，同时也是定义数据库中的表结构的类，示例代码如下：

```
@Entity
@Table(name = "Users")
public class User {
    @GeneratedValue(strategy=GenerationType.IDENTITY)
    @Id
    private Long id;
    @Column(length = 64)
    private String name;
    @Column(length = 64)
    private String password;
    private int age;

    public User(){
```

```
    }
    public User(String name, String password, int age) {
        this.name = name;
        this.password = password;
        this.age = age;
    }

    // 省略 getter、setter 方法
}
```

在上面的示例中，使用@Table 注解映射数据库中的表，使用@Column 注解映射数据库中的字段。具体说明如下：

1）@Entity：必选的注解，声明这个类对应了一个数据库表。

2）@Table：可选的注解，声明了数据库实体对应的表信息，包括表名称、索引信息等。这里声明这个实体类对应的表名是 Users。如果没有指定，则表名和实体的名称保持一致，与@Entity 注解配合使用。

3）@Id 注解：声明了实体唯一标识对应的属性。

4）@Column 注解：用来声明实体属性的表字段的定义。默认的实体每个属性都对应表的一个字段，字段名默认与属性名保持一致。字段的类型根据实体属性类型自动对应。这里主要声明了字符字段的长度，如果不这么声明，则系统会采用 255 作为该字段的长度。

5）@GeneratedValue 注解：设置数据库主键自动生成规则。strategy 属性提供 4 种值：

- AUTO：主键由程序控制，是默认选项。
- IDENTITY：主键由数据库自动生成，即采用数据库 ID 自增长的方式，Oracle 不支持这种方式。
- SEQUENCE：通过数据库的序列产生主键，通过@SequenceGenerator 注解指定序列名，MySQL 不支持这种方式。
- TABLE：通过特定的数据库表产生主键，使用该策略可以使应用更易于数据库移植。

除了上面使用到的@Entity 注解、@Table 注解等之外，还有一些常用的实体注解，具体说明如表 9-1 所示。这些注解用于描述实体对象与数据库字段的对应关系，需要注意的是，JPA 与 MyBatis 是有区别的，千万别混淆。

表9-1　JPA常用的实体类注解

注　解	说　明
@Entity	声明实体类或表
@Table	声明表名
@Basic	指定非约束明确的字段
@Embedded	指定类或值是一个可嵌入的类的实体的属性
@GeneratedValue	指定如何标识属性可以被初始化，例如自动、手动或从序列表中获取值
@Transient	表示该属性并非一个到数据库表的字段的映射，ORM 框架将忽略该属性
@Column	定义数据库字段
@Id	指定该属性为主键
@SequenceGeneretor	指定在@GeneratedValue 注解中指定的属性值的生成策略是 sequence
@NoRepositoryBean	指定 Spring 不去实例化该 repository，一般用作父类的 repository

步骤 04 测试验证。

以上几步就是集成 JPA 的全部配置，配置完之后启动项目，就可以看到日志中显示如图 9-3 所示的内容。

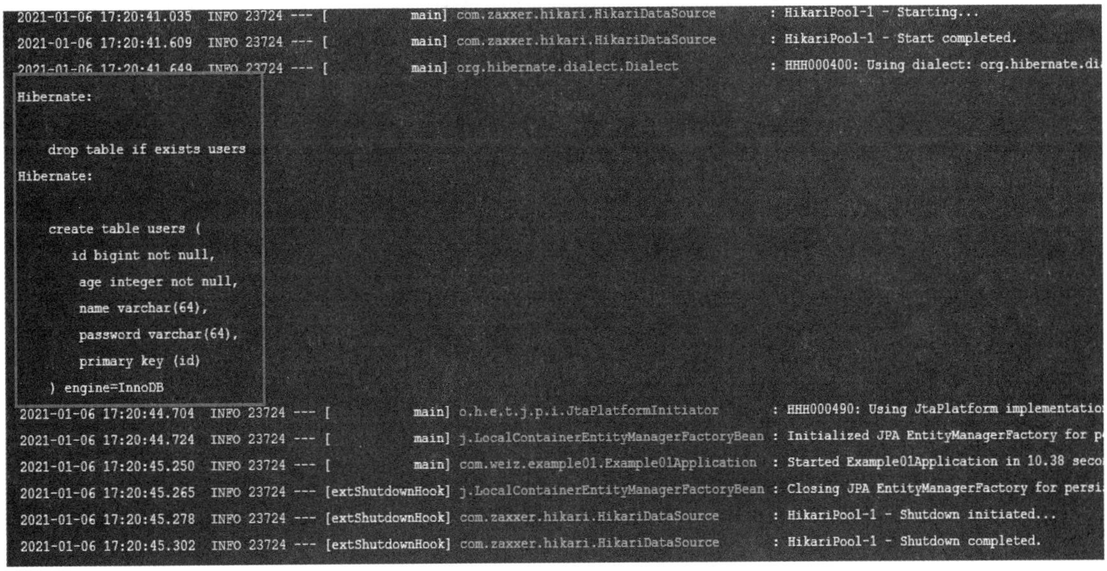

图 9-3　系统启动日志

由图 9-3 可知，系统启动后自动连接数据库，创建数据表结构，并打印出执行的 SQL 语句。如果查看数据库，可以看到数据库中对应的 Users 表也创建成功了，说明项目已经成功集成 JPA 并创建实体表。

9.2.2　JpaRepository 简介

JpaRepository 是 Spring Data JPA 中非常重要的类。它继承自 Spring Data 的统一数据访问接口——Repository，实现了完整的增、删、改、查等数据操作方法。JpaRepository 提供了 30 多个默认方法，基本能满足项目中的数据库操作功能，如图 9-4 所示。

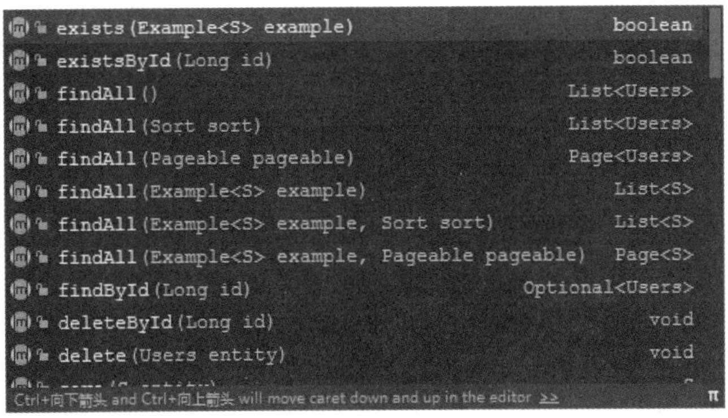

图 9-4　JpaRepository 提供的默认方法

我们可以通过 IntelliJ IDEA 查看 JpaRepository 的类图结构，打开类 JpaRepository 并右击，在弹出的快捷菜单中选择 show diagrams 命令，用图表的方式查看类的关系层次，如图 9-5 所示。

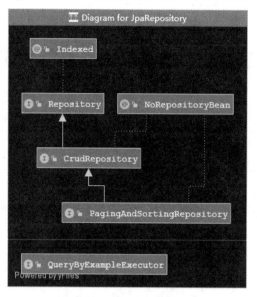

图 9-5　JpaRepository 类图

JpaRepository 是实现 Spring Data JPA 技术访问数据库的关键接口。JpaRepository 继承自 PagingAndSortingRepository 接口，而 PagingAndSortingRepository 接口继承自 CrudRepository 接口。CrudRepository 和 Repository 接口则是 Spring Data 底层通用的接口，定义了几乎所有的数据库接口方法，统一了数据访问的操作。

另外，JPA 提供了非常完善的数据查询功能，包括自定义查询、自定义 SQL、已命名查询等多种数据查询方式。

9.2.3　实战：实现人员信息管理模块

JpaRespository 默认实现完整的增、删、改、查等数据操作。只需定义一个 Repository 数据访问接口并继承 JpaRepository 类即可。下面通过之前创建的 User 用户类和表实现用户的增、删、改、查功能来演示用户管理模块的实现。

1. 定义 Repository

首先创建 UserRepository 接口并加上@Repository 注解，然后继承 JpaRepository 类，不需要编写任何代码，即可实现人员信息管理模块的全部功能。具体示例代码如下：

```
@Repository
public interface UserRespository extends JpaRepository<Users, Long> {

}
```

我们看到 UserRepository 虽然什么方法都没有定义，但是继承了 JpaRepository 之后，自然就拥有 JpaRepository 中的所有方法。

2. 实现新增、修改、删除、查询

（1）新增

接下来创建 UserRepositoryTests 单元测试类，并实现用户新增的测试方法。示例代码如下：

```
@RunWith(SpringRunner.class)
@SpringBootTest
public class UserRepositoryTest {
    @Resource
    private UserRepository userRepository;

    @Test
    public void testSave() {
        User user = new User("weiz","123456",40)
userRepository.save(user);
    }
}
```

在上面的示例中，在 UserRepositoryTests 单元测试类中注入 UserRepository 对象，然后使用 JpaRespository 预生成的 save()方法实现人员数据保存的功能。

（2）修改

修改与新增都使用 save()方法，传入数据实体即可。JPA 自动根据主键 id 修改 user 数据。示例代码如下：

```
@Test
public void testUpdate() {
    User user = userRepository.findById(1L).get();
    user.setPassword("12345678");
    userRepository.save(user);
}
```

（3）删除

删除也非常简单，使用的是 JpaRespository 预生成的 delete()方法，可以直接将对象删除，同时也可以使用 deleteByXXX 方法。示例代码如下：

```
@Test
public void testDelete() {
    User user = new User("weiz","123456",40);
    userRepository.delete(user);
}
```

（4）查询

JPA 对于数据查询的支持非常完善，有预生成的 findById()、findAll()、findOne()等方法，也可以使用自定义的简单查询，还可以自定义 SQL 查询。示例代码如下：

```
@Test
public void testSelect() {
    userRepository.findById(1L);
}
```

3. 验证测试

单击 Run Test 或在方法上右击，选择 Run 'UserRepositoryTest'命令，运行全部测试方法，结果如图 9-6 所示。

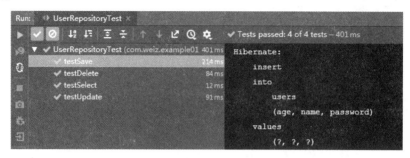

图 9-6　人员信息管理模块中所有方法单元测试的运行结果

结果表明人员信息的增、删、改、查单元测试全部运行成功，并输出了相应的查询结果，说明使用 JPA 实现了人员信息管理功能。

9.3　简单查询

前面介绍了在 Spring Boot 项目中集成 JPA 框架，实现数据的增、删、改、查等功能。Spring Data JPA 的使用非常简单，只需继承 JpaRepository 即可实现完整的数据操作方法，无须任何数据访问层和 SQL 语句。JPA 除了这些功能和优势之外，还有非常强大的数据查询功能。以前复杂的查询都需要拼接很多查询条件，JPA 有非常方便和优雅的方式来解决。接下来就聊一聊 JPA 的查询功能，从而体验 Spring Data JPA 的强大。

9.3.1　预生成方法

前面介绍了 JpaRepository 接口实现访问数据库的所有关键接口，比如 exists()、save()、findAll()、delete()等方法。创建 UserRepository 类继承 JpaRepository 类，拥有父类中所有预先生成的方法。

调用这些方法也特别简单，上面所有 JpaRepository 父类拥有的方法都可以直接调用，无须声明。示例代码如下：

```
userRespository.existsById((long) 1);
userRespository.save(user);
userRespository.findById((long) 1);
userRespository.findAll();
userRespository.delete(user);
userRespository.deleteById((long) 1);
```

9.3.2　自定义简单查询

JPA 除了可以直接使用 JpaRepository 接口提供的基础功能外，还支持根据实体的某个属性实现数据库操作，Spring Data JPA 能够根据其方法名为其自动生成 SQL，支持的关键字有 find、query、get、read、count、delete 等，主要的语法是 findByXX、queryByXX、getByXX、readByXX、countByXX 等。利用这个功能，仅需要在定义的 Repository 中添加对应的方法名即可，无须具体实现，使用时 Spring Data JPA 会自动根据方法名来生成 SQL 语句。

1. 属性查询

如果想根据实体的 name 属性来查询 User 的信息，那么直接在 UserRepository 中增加一个接口声明即可：

```
User findByUserName(String userName);
```

从上面的示例可以看到，我们可以在 UserRepository 接口中声明 findByUserName 方法，无须实现，JPA 会自动生成对应的实现方法及其 SQL 语句。

2. 组合查询

JPA 不仅支持单个属性查询，还支持多个属性查询，根据 And、Or 等关键字进行组合查询，示例代码如下：

```
User findByNameOrPassword (String name,String password);
```

在上面的示例中，根据姓名和密码两个属性组合查询，属性名称与个数要与参数的位置与个数一一对应。这是组合查询的例子，删除与统计也是类似的，如 deleteByXXXAndXXX、countByXXXAndXXX。可以根据查询的条件不断地添加和拼接，Spring Data JPA 都可以正确解析和执行。

3. JPA 关键字

JPA 的自定义查询除了 And、Or 关键字外，基本上 SQL 语法中的关键字 JPA 都支持，比如 like、between 等。这个语句结构可以使用表 9-2 说明。

表9-2 JPA关键字与JPQL对照表

关 键 字	示例方法	JPQL 语句
And	findByLastnameAndFirstname	… where x.lastname = ?1 and x.firstname = ?2
Or	findByLastnameOrFirstname	… where x.lastname = ?1 or x.firstname = ?2
Is,Equals	findByFirstname,findByFirstnameIs,findByFirstnameEquals	… where x.firstname = ?1
Between	findByStartDateBetween	… where x.startDate between ?1 and ?2
LessThan	findByAgeLessThan	… where x.age < ?1
LessThanEqual	findByAgeLessThanEqual	… where x.age <= ?1
GreaterThan	findByAgeGreaterThan	… where x.age > ?1
GreaterThanEqual	findByAgeGreaterThanEqual	… where x.age >= ?1
After	findByStartDateAfter	… where x.startDate > ?1
Before	findByStartDateBefore	… where x.startDate < ?1
IsNull	findByAgeIsNull	… where x.age is null
IsNotNull,NotNull	findByAge(Is)NotNull	… where x.age not null

（续表）

关 键 字	示例方法	JPQL 语句
Like	findByFirstnameLike	… where x.firstname like ?1
NotLike	findByFirstnameNotLike	… where x.firstname not like ?1
StartingWith	findByFirstnameStartingWith	… where x.firstname like ?1 (parameter bound with appended %)
EndingWith	findByFirstnameEndingWith	… where x.firstname like ?1 (parameter bound with prepended %)
Containing	findByFirstnameContaining	… where x.firstname like ?1 (parameter bound wrapped in %)
OrderBy	findByAgeOrderByLastnameDesc	… where x.age = ?1 order by x.lastname desc
Not	findByLastnameNot	… where x.lastname <> ?1
In	findByAgeIn(Collection<Age> ages)	… where x.age in ?1
NotIn	findByAgeNotIn(Collection<Age> ages)	… where x.age not in ?1
True	findByActiveTrue()	… where x.active = true
False	findByActiveFalse()	… where x.active = false
IgnoreCase	findByFirstnameIgnoreCase	… where UPPER(x.firstame) = UPPER(?1)

按照 Spring Data 的规范，查询方法以 find、read、get 开头。涉及查询条件时，条件的属性用条件关键字进行连接。需要注意的是，条件属性首字母大写。

9.3.3 自定义 SQL 查询

一般的数据查询功能都可以通过定义方法名的方式来实现。但是有些特殊的场景，可能需要自定义的 SQL 来实现数据查询功能。Spring Data JPA 同样可以完美支持，Spring Data JPA 提供了 @Query 注解，通过注解可以自定义 HQL 或 SQL 实现复杂的数据查询功能。下面通过示例程序演示@Query 注解实现自定义 SQL 查询。

1. HQL 查询

在对应查询方法上使用@Query 注解，在注解内写 HQL 来查询内容：

```
@Query("select u from User u")
List<User> findALL();
```

在上面的示例中，使用@Query 注解定义自定义的 HQL 语句，实现自定义 HQL 语句查询。使用 HQL 比原生的 SQL 可读性更强，实现面向对象的方式操作数据。使用 HQL 时需要注意：

1）from 后面跟的是实体类，而不是数据表名。
2）查询字段使用的是实体类中的属性，而不是数据表中的字段。
3）select 后面不能跟"*"，应为实体类中的属性。

2. SQL 查询

JPA 除了支持 HQL 语句查询外，还可以直接使用 SQL 语句，这样比较直观，只需再添加一个参数"nativeQuery = true"即可：

```
@Query(value="select * from user u where u.name = ?1",nativeQuery = true)
List<User> findByName(String name);
```

上面示例中的 "?1" 表示方法参数中的顺序，"nativeQuery = true" 表示执行原生 SQL 语句。除了按照这种方式传参外，还可以使用@Param 传值方式：

```
@Query(value="select u from User u where u.password = :password")
List<User> findByPassword(@Param("password") String password);
```

3. 修改和删除

除了自定义查询语句外，@Query 注解同样可以用于定义修改和删除语句，只不过还需要加上@Modifying 注解。示例代码如下：

```
@Modifying
@Query("update User set userName = ?1 where id = ?2")
int modifyById(String userName, Long id);

@Modifying
@Query("delete from User where id = ?1")
void deleteUserById(Long id);
```

在上面的示例中，自定义 delete 和 update 语句需要添加@Modifying 注解。需要注意的是，使用时需要在 Repository 或者更上层增加@Transactional 注解，确保数据能成功写入数据库。

9.3.4 已命名查询

除了使用 @Query 注解外，还可以使用@NamedQuery 与@NameQueries 等注解定义命名查询。JPA 的命名查询实际上就是给 SQL 查询语句起一个名字，执行查询时就是直接使用起的名字，避免重复写 JPQL 语句，使得查询方法能够复用。下面通过示例程序演示 JPA 已命名查询。

1. 定义命名查询

在实体类中，@NamedQuery 注解定义一个命名查询语句，示例代码如下：

```
@Entity
@Table(name="t_user")
@NamedQuery(name="findAllUser",query="SELECT u FROM User u")
public class User {
    // Entity 实体类相关定义
}
```

在上面的示例中，@NamedQuery 中的 name 属性指定命名查询的名称，query 属性指定命名查询的语句。如果要定义多个命名查询方法，则需要使用@NamedQueries 注解：

```
@Entity
@Table(name="users")
@NamedQueries({
    @NamedQuery(name="findAllUser",query="SELECT u FROM User u"),
    @NamedQuery(name="findUserWithId",query="SELECT u FROM User u WHERE u.id
= ?1"),
    @NamedQuery(name="findUserWithName",query="SELECT u FROM User u WHERE
u.name = :name")
```

```
})
public class User {
    // Entity 实体类相关定义
}
```

在上面的示例中，在 User 实体类中定义了 findAllUser()、findUserWithId()、findUserWithName() 三种方法。

2. 调用命名查询

定义命名查询后，可以使用 EntityManager 类中的 createNamedQuery()方法传入命名查询的名称来创建查询：

```
@Resource
EntityManagerFactory emf;

@Test
public void testNamedQuery() {
    EntityManager em = emf.createEntityManager();
    Query query = em.createNamedQuery("findUserWithName");// 根据 User 实体中定
义的命名查询
    query.setParameter("name", "weiz");
    List<User> users = query.getResultList();
    for (User u : users){
        System.out.println("name:"+u.getName()+",age:"+u.getAge());
    }
}
```

在上面的示例中，使用 createNamedQuery 创建对应的查询，JPA 会先根据传入的查询名查找对应的 NamedQuery，然后通过调用 getResultList()方法执行查询并返回结果。

3. 运行验证

单击 Run Test 或在方法上右击，选择 Run 'testNamedQuery'，运行全部测试方法，结果如图 9-7 所示。定义的已命名查询 findUserWithName 的单元测试运行成功，并输出了相应的查询结果，说明使用 JPA 实现了自定义的已命名查询的功能。

图 9-7　已命名查询的运行结果

除了使用@NamedQuery 注解的方式之外，Spring Data JPA 提供的 Named 查询可以支持将 SQL 语句写至 XML 文件中，实现 SQL 与 Java 代码的分离。

在 resources/META-INF 目录下创建 orm.xml 文件并定义命名方法，参考配置如下：

```
<?xml version="1.0" encoding="UTF-8"?>
<entity-mappings version="2.0"
xmlns="http://java.sun.com/xml/ns/persistence/orm"
            xmlns:xsi="http://www.w3.org/2001/XMLSchema-instance"
```

```
xsi:schemaLocation="http://java.sun.com/xml/ns/persistence/orm

http://www.oracle.com/webfolder/technetwork/jsc/xml/ns/persistence/orm_2_2.xsd
">

        <named-native-query name="findUserWithName2"
result-class="com.weiz.example01.model.User">
            <description>通过 name 查询用户数据</description>
            <query>select u.id , u.name , u.password , u.age from users u where u.name
= :name</query>
        </named-native-query>
    </entity-mappings>
```

在 orm.xml 文件中使用<named-native-query>标签定义 queryByName 的命名查询，使用 XML 的
方式与使用@NamedQuery 注解方式的效果是一样的。只是将 SQL 语句写至 XML 文件中，实现 SQL
与 Java 代码的分离，使得定义的 Java 实体类看起来不那么复杂、臃肿。

9.4 复杂查询

JPA 提供了强大的数据查询功能，让我们用少量的代码就能实现大部分数据查询功能。同时，
JPA 还提供了分页、排序和动态条件等复杂查询。

9.4.1 分页查询

JPA 已经帮我们内置了分页功能，在查询的方法中传入参数 Pageable，当查询中有多个参数的
时候，Pageable 建议作为最后一个参数传入，示例代码如下：

```
// 返回 Page 对象
Page<User> findByNameLike(String name, Pageable pageable);
```

在上面的示例中，使用 Pageable 对象实现分页查询功能，Pageable 和 Page 是 Spring 封装的分
页实现类，使用的时候需要传入页数、每页条数和排序规则。

调用方式也特别简单，先实例化 Pageable 分页参数，然后传入具体的调用方法即可，示例代码
如下：

```
@Test
public void testPageQuery() {
    int pageIndex=0,pageSize=2;
    Sort sort = Sort.by(Sort.Direction.DESC, "id");
    Pageable pageable = PageRequest.of(pageIndex, pageSize, sort);
    Page<User> pageInfo = userRepository.findByNameLike("we%",pageable);
    System.out.println("当前页:"+pageInfo.getNumber()
            +",总记录数:"+pageInfo.getTotalElements()
            +",总页数:"+pageInfo.getTotalPages()
            +",是否有上一页:"+pageInfo.hasPrevious()
            +",是否有下一页:"+pageInfo.hasNext());
    for (User u : pageInfo.getContent()){
```

```
        System.out.println("name:"+u.getName()+",age:"+u.getAge());
    }
}
```

在上面的示例中，使用 Sort 类定义排序对象，然后使用 PageRequest 生成分页参数，最后传入 Pageable 参数即可。

1）Sort：控制分页数据的排序，可以选择升序和降序。

2）PageRequest：控制分页的辅助类，可以设置页码、每页的数据条数、排序等。

通过示例代码可以看到，Page 封装了总页数、总记录数、当页数据等属性，完全满足分页功能的需求。具体属性如下：

- getContent：当前页数据。
- getNumber：获取当前页码。
- getTotalElements：获取总记录数。
- getTotalPages：获取总页数。
- hasPrevious：是否上一页。
- hasNext()：是否下一页。

9.4.2　排序和限制

有时，我们只需要查询前 N 个元素，或者只需要取前一条数据。这时用分页或重新编写 SQL 都比较麻烦。JPA 同样提供了非常简单的实现。

1. 按某个字段排序取第一条

要实现按照某个字段排序然后取第一条，不用编写 SQL，使用 findFirst、findTop、queryFirst，然后通过 OrderBy、Asc 排序就能轻松实现，示例代码如下：

```
// 按照 Name 升序排序，然后取第一条
User findFirstByOrderByNameAsc();
// 按照 Age 降序排序，然后取第一条
User findTopByOrderByAgeDesc();
```

在上面的示例中，分别是按照 Name 升序排序取第一条数据和按照 Age 降序排序取第一条数据，无须编写 SQL 语句，通过关键字直接定义接口即可。

2. 取前 N 条数据

获取前 N 条记录也一样，使用 findFirst、findTop、OrderBy、Asc 等关键字就能轻松实现。

```
// 取前 10 条
List<User> findFirst10ByLastname(String lastname, Sort sort);
// 分页，取第 N 页的前 10 条
Page<User> queryFirst10ByLastname(String lastname, Pageable pageable);
```

在上面的示例中，通过 findFirstXXX 或 queryFirstXXX 实现取前 10 条数据的功能。使用时在关键字后面跟上参数即可，无须编写 SQL 语句就可以实现取前 N 条数据的功能，代码简洁易读。

9.4.3 动态条件查询

虽然 Spring Data JPA 通过非常简单的 AND 或者 OR 等关键字就能实现很多数据查询功能，但如果查询参数很多、条件很复杂，这种自定义简单查询的方法名就会变得特别长，并且还不能解决动态多条件查询的问题。

因此，Spring Data JPA 还提供了类似 Hibernated 的 Criteria 查询方式实现复杂的动态条件查询，只需要定义的 Repository 类继承 JpaSpecificationExecutor 接口就可以使用 Specification 进行动态条件查询。

1. JpaSpecificationExecutor 介绍

JpaSpecificationExecutor 是 JPA 2.0 提供的 Criteria API 的使用封装，可以用于动态生成查询条件来满足业务中的各种复杂数据查询场景。在介绍 JpaSpecificationExecutor 之前，我们需要了解 Criteria 中的几个概念：

1）Predicate 类：简单或复杂的谓词类型，用来拼接条件。

2）Criteria：以元模型的概念为基础，元模型是为具体持久化单元的受管实体定义的，这些实体可以是实体类、嵌入类或者映射的父类。

3）Root<T> root：代表可以查询和操作的实体对象的根，通过 get("属性名")来获取对应的值。

4）CriteriaQuery<?> query：代表一个 specific 的顶层查询对象，它包含着查询的各个部分，比如 select、from、where、group by、order by 等。

5）CriteriaBuilder cb：构建 CriteriaQuery 的构建器对象，其实就相当于条件或者条件组合，并以 Predicate 的形式返回。

Spring Data JPA 为我们提供了 JpaSpecificationExecutor 接口来实现动态条件查询功能，该接口提供了如下方法：

```
public interface JpaSpecificationExecutor<T> {
    // 根据 Specification 条件查询单个对象，需要注意的是，如果条件能查出来多个就会报错
    T findOne(@Nullable Specification<T> spec);
    // 根据 Specification 条件查询 List 结果
    List<T> findAll(@Nullable Specification<T> spec);
    // 根据 Specification 条件分页查询
    Page<T> findAll(@Nullable Specification<T> spec, Pageable pageable);
    // 根据 Specification 条件提供带排序的查询结果
    List<T> findAll(@Nullable Specification<T> spec, Sort sort);
    // 根据 Specification 条件查询数量
    long count(@Nullable Specification<T> spec);
}
```

从源码可以看到，JpaSpecificationExecutor 接口提供了 findOne()、findAll()、count()等方法，其功能主要是通过构建 Specification 对象实现数据查询的功能。

在 JpaSpecificationExecutor 的接口参数中，Pageable 与 Sort 应该是比较简单的，分别是分页参数和排序参数，重点是 Specification 参数。JpaSpecificationExecutor 接口通过 Specification 来定义各种复查的查询条件，我们再查看一下 Specification 源码，来看看 Specification 接口的定义：

```
public interface Specification<T> {
```

```
    Predicate toPredicate(Root<T> root, CriteriaQuery<?> query, CriteriaBuilder
cb);
    }
```

可以看到 Specification 定义了 toPredicate()方法，返回的是动态查询的数据结构，可以通过 toPredicate()方法实现动态条件查询功能。

2. 实现动态条件查询

首先，修改 UserRepository，继承 JpaSpecificationExecutor 接口。示例代码如下：

```
public interface UserRepository extends JpaSpecificationExecutor<User>,
JpaRepository<User, Long> {
    …
    }
```

然后，创建单元测试，定义 Specification 测试方法。

使用 Specification 的核心是通过 CriteriaBuilder 创建查询条件，之后返回一个 Predicate 对象。这个对象中就有了相应的查询需求。示例代码如下：

```
@Test
public void testSpecificaiton() {
    List<User> users = userRepository.findAll(new Specification<User>() {
        @Override
        public Predicate toPredicate(Root<User> root, CriteriaQuery<?>
criteriaQuery, CriteriaBuilder criteriaBuilder) {
            Predicate p1 = criteriaBuilder.like(root.get("name"), "%w%");
            Predicate p2 = criteriaBuilder.greaterThan(root.get("age"),30);
            // 将两个查询条件联合起来之后返回 Predicate 对象
            return criteriaBuilder.and(p1,p2);
        }
    });
    for (User u : users){
        System.out.println("name:"+u.getName()+",age:"+u.getAge());
    }
}
```

上面的示例是根据不同条件来动态查询 User 数据，根据这个思路我们可以不断扩展，以完成更复杂的动态 SQL 查询。

最后，单击 Run Test 或在方法上右击，选择 Run 'testPageQuery'，运行单元测试方法，结果如图 9-8 所示。

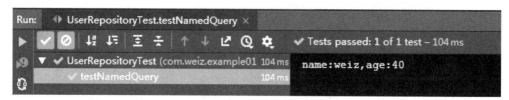

图 9-8　动态条件查询的运行结果

结果表明创建的单元测试运行成功，并查询出了姓名包含 w、年龄大于 30 的 User 数据，说明使用 JPA 实现了动态条件查询功能。

9.5 实体关系映射

上一节使用 JPA 实现了分页、排序、限制和动态查询等复杂的数据查询。JPA 是一个使用简单、功能强大的 ORM 框架，ORM 框架最难的就是实体关系映射和关联查询。JPA 支持使用 XML 映射文件或注解的形式来管理实体之间的关联关系。本节将讲解以 JPA 注解的形式实现实体关系映射。

9.5.1 关系映射注解

JPA 支持采用注解的形式来管理实体和数据表的映射关系，使得实体之间的关系清楚直观。JPA 提供的注解有很多，主要分为实体类注解和关系映射注解。

1. 实体类注解

1）@JoinColumn：指定该实体类对应的表中引用的表的外键，其中 name 属性指定外键名称，referencedColumnName 属性指定应用表中的字段名称。一般定义在"多对一"关系中的"一"中，例如在用户角色关系中，在用户实体类中定义、维护角色的属性。

2）@JoinTable(name="permission_role")：标注在连接的属性上，用于"多对多"关系中，指定中间关系表的表名，例如在角色权限关系中的中间关系表 permission_role。

需要注意的是，@JoinTable 注解与@OneToOne、@OneToMany 等注解的 mappedBy 属性互斥，不可以同时使用。

2. 关系映射注解

1）@OneToOne：配置"一对一"关系，指定关联的对象的类型。

2）@OneToMany：配置" 对多"关系，定义在" ·"方的实体类属性（该属性是一个集合对象）上包含 targetEntity 和 mappedBy 等属性。

- targetEntity：定义关联的实体类类型。
- mappedBy：定义另一方实体类在本实体类的属性名称。

3）@ManyToOne：配置"一对多"关系中"多"方的实体类属性（该属性是单个对象），注解关联的实体类类型，包含 mappedBy、fetch、cascade 等属性：

- mappedBy：表示另一方实体类在本实体类的属性名称，当前实体类不维护状态。
- fetch = FetchType.LAZY：表示数据加载方式，默认为懒加载，即默认不加载关联对象，可以设置成 FetchType.EAGER 自动加载关联对象。
- cascade=CascadeType.ALL：表示当前实体类发生变化时，被标注的连接属性的级联关系。

  ① CascadeType.REFRESH：级联刷新，当多个用户同时操作一个实体时，为了使用户获取到的数据是实时的，在使用实体中的数据之前可以调用一下 refresh()方法。

  ② CascadeType.REMOVE：级联删除，当调用 remove()方法删除 Order 实体时，会先级联删除 OrderItem 的相关数据。

③ CascadeType.MERGE：级联更新，当调用 Merge()方法时，如果 Order 中的数据改变了，会相应地更新 OrderItem 中的数据。

④ CascadeType.PERSIST：级联保存，当调用 Persist()方法时，会级联保存相应的数据。

⑤ CascadeType.ALL：包含以上所有级联属性。

4）@ManyToMany：配置"多对多"关系，定义在实体的属性字段上，使用 mappedBy 属性表示对应的关联关系。在表示双向关联关系时，双方都必须使用 mappedBy 属性。

> **注 意**
>
> 只有 OneToOne、OneToMany、ManyToMany 上才有 mappedBy 属性，ManyToOne 不存在该属性。

9.5.2 一对一

一对一的实体关系常用的场景就是主表与从表，即主表保存使用的字段，从表保存非关键字段，类似于 User 与 UserDetail 的关系。主表和从表通过外键一一映射。

一对一的映射关系通过@OneToOne 注解配置数据级联关系，@JoinColumn 配置数据库关联字段。

其实，一对一关联有好几种形式，最常用的一对一双向外键关联（改造成单向关联也很简单，在对应的实体类中去掉要关联的其他实体属性即可），并且配置了级联删除和添加。下面通过示例演示实体间一对一关联映射。

1. 用户类

修改之前的用户实体类 User，增加用户详细信息 UserDetail 关联属性，示例代码如下：

```
@Entity
@Table(name = "Users")
public class User {
    @GeneratedValue(strategy=GenerationType.IDENTITY)
    @Id
    private Long id;
    @Column(length = 64)
    private String name;
    @Column(length = 64)
    private String password;
    private int age;

    @OneToOne(cascade = {CascadeType.PERSIST,CascadeType.REMOVE})
    @JoinColumn(name="detailId",referencedColumnName = "id")
    private UserDetail userDetail;

    //省略 get、set
}
```

在上面的示例中，@OneToOne 注解定义了 User 类和 UserDetail 为一对一关系，在 User 类中增加@OneToOne 注解即可。最终数据库生成的 User 表中会增加 detail_id 字段。

其实，关联的实体的主键一般是用来做外键，但如果不想主键作为外键，可以通过 referencedColumnName 属性设置。当然，这里使用 UserDetail 的主键 id 来做主键，所以这里的 referencedColumnName = "id" 实际上可以省略。CascadeType.REMOVE 设置为级联删除，Users 主表的数据被删除后，子表 UserDetail 对应的数据也会被删除。

2. 用户详细类

```java
@Table(name = "UserDetail")
public class UserDetail {
    @Id
    @GeneratedValue
    private Long id;

    @Column(name = "address")
    private String address;

    //省略 get、set
}
```

在上面的示例中，用户详细信息 UsersDetail 与 User 类关系定义在 User 类中，数据和关系由 User 类负责维护，所以 UsersDetail 类无须其他额外设置。

3. 验证测试

```java
@Test
public void testOneToOne(){
    // 用户
    User user = new User();
    user.setName("one2one");
    user.setPassword("123456");
    user.setAge(20);
    // 详情
    UserDetail userDetail = new UserDetail();
    userDetail.setAddress("beijing,haidian,");
    // 保存用户和详情
    user.setUserDetail(userDetail);
    userRepository.save(user);

    User result = userRepository.findById(7L).get();
    System.out.println("name:"+result.getName()+",age:"+result.getAge()+",
address:"+result.getUserDetail().getAddress());
    }
```

在上面的示例中，对 UserDetail 对应的子表的字段赋值，主表 User 保存时会自动把数据保存到子表，并在主表上创建关联关系。

单击 Run Test 或在方法上右击，选择 Run 'testOneToOne'，运行单元测试方法，结果如图 9-9 所示。结果表明创建的单元测试运行成功，用户信息（User）和用户详细信息（UserDetail）保存成功，实现了一对一实体的级联保存和关联查询。

图 9-9　一对一关系单元测试的运行结果

9.5.3 一对多和多对一

在日常项目中，一对多和多对一的关系映射常见的场景是人员角色关系：人员实体（User）和角色实体（Role），人员和角色是一对多关系。在 JPA 中，如何表示一对多的双向关联呢？

JPA 使用 @OneToMany 和 @ManyToOne 来标识一对多的双向关联。一端（Role）使用 @OneToMany 注解，多端（User）使用 @ManyToOne 注解。在 JPA 规范中，一对多的双向关系由多端来维护。

- 一端为关系被维护端，不能维护关系。一端使用 @OneToMany 注解的 mappedBy="role" 属性表明 Role 是关系被维护端。
- 多端为关系维护端，负责关联关系的更新。多端使用 @ManyToOne 和 @JoinColumn 来注释属性 role，@ManyToOne 表明用户实体类是多端，@JoinColumn 设置在 User 表中的关联字段（外键）。

下面通过人员角色管理功能演示一对多和多对一关系映射。

1. 修改用户实体类（User）

修改原先的 User 实体类，增加角色属性，定义一对多关系。示例代码如下：

```
@Entity
@Table(name = "Users")
public class User {
    @GeneratedValue(strategy=GenerationType.IDENTITY)
    @Id
    private Long id;
    @Column(length = 64)
    private String name;
    @Column(length = 64)
    private String password;
    private int age;

    @OneToOne(cascade = {CascadeType.PERSIST,CascadeType.REMOVE})
    @JoinColumn(name="detailId",referencedColumnName = "id")
    private UserDetail userDetail;

    / **一对多，多的一方必须维护关系，即不能指定 mapped=""**/
    @ManyToOne(fetch = FetchType.EAGER,cascade=CascadeType.MERGE)
    @JoinColumn(name="role_id")
    private Role role
    //省略 get、set

}
```

在上面的示例中，在用户实体类中增加了角色属性。在一对多关系中，由多端维护关联关系，然后使用 cascade=CascadeType.MERGE 设置级联关系。

2. 定义角色实体类（Role）

定义角色实体类，并指定角色与用户的一对多关系。示例代码如下：

```
@Entity
@Table(name = "Role")
public class Role {
    @Id
    @GeneratedValue()
    private Long id;

    private String name;

    @OneToMany(mappedBy="role",fetch=FetchType.LAZY,cascade=CascadeType.ALL)
    private Set<Users> users = new HashSet<Users>();
    // 省略 get、set
}
```

在上面的示例中，在角色实体类中使用@OneToMany 注解定义角色为一端，通过 mappedBy 属性关联用户中的 Role 字段。最终生成的数据库 Users 表中会增加 role_id 字段。

3. 验证测试

接下来创建单元测试，验证一对多和多对一的关联更新及查询效果，示例代码如下：

```
@Test
public void testOneToMany() {
    // 保存角色
    Role role = new Role();
    role.setId(3L);
    role.setName("管理员");
    roleRepository.save(role);
    // 修改人员角色
    User user = userRepository.findById(7L).orElse(null);
    Role admin = roleRepository.findById(3L).orElse(null);
    if (user!=null){
        user.setRole(admin);
    }
    userRepository.save(user);
    User result = userRepository.findById(7L).get();
    System.out.println("name:"+result.getName()+",age:"+result.getAge()+",
role:"+result.getRole().getName());
}
```

在上面的示例中，首先创建角色，然后更新用户角色，用户保存时必须先保存 Role，否则会报错。

单击 Run Test 或在方法上右击，选择 Run 'testOneToMany'，运行单元测试方法，结果如图 9-10 所示。

图 9-10　一对多关系单元测试的运行结果

结果表明创建的单元测试运行成功,用户信息和角色信息保存成功,实现了一对多实体的级联保存和关联查询。

使用级联时一定要注意,级联一定要定义在关系的维护端,即多端(User)。比如,人员和角色关系中,角色是一端,人员是多端,级联属性 cascade = CascadeType.ALL 只能定义在一端(Role)中。数据更新或者删除时,一般是一端(Role)改变多端(User),不能由多端(User)改变一端(Role);因为 ALL 中包括更新、删除操作。试想一下,如果删除一个人员,就把该人员对应的角色也删除了,那岂不是乱套了。

9.5.4 多对多

多对多的映射关系常见的场景是权限和角色关系,一个角色可以有多个权限,一个权限也可以被多角色拥有。

JPA 中使用@ManyToMany 来注解多对多的关系,在数据库中会自动生成关联关系表,由此关联表来维护关联关系,表名默认是:主表名+下画线+从表名(主表是指关系维护端对应的表,从表是指关系被维护端对应的表)。关联表只有两个外键字段,分别指向主表 ID 和从表 ID。字段的名称默认为:主表名+下画线+主表中的主键列名(例如,role_id),从表名+下画线+从表中的主键列名(例如,permission_id)。

需要注意的是:

1)多对多关系中一般不设置级联保存、级联删除、级联更新等操作。

2)可以指定任意一方为关系维护端,比如指定角色(Role)为关系维护端,生成的关联表名称为 role_permission,关联表的字段为 role_id 和 permission_id。

3)关联关系的绑定和解除均由关系维护端来完成,即由角色(Role)来绑定多对多的关系。关系被维护端不能绑定关系,即权限(Permission)不能绑定关系。

4)如果角色和权限已经绑定了多对多的关系,那么不能直接删除权限,需要由角色(Role)解除关系后,才能删除权限。但是可以直接删除角色(Role),因为角色(Role)是关系维护端,删除角色时,会自动先解除角色和权限的关系,再删除对应的角色。

下面通过示例来演示角色和权限的多对多的映射关系的实现。

1. 定义权限实体类

定义权限实体类(Permission),示例代码如下:

```java
@Entity
@Table(name="Permission")
public class Permission {
    @Id
    @GeneratedValue
    private Long id;
    private String name;
    private String type;
    private String url;
    private String code;

    @ManyToMany(mappedBy="permission",fetch = FetchType.LAZY)
```

```
    private Set<Role> roles;

    // 省略 get、set
}
```

在上面的示例中，定义权限实体类，同时使用@ManyToMany 定义与角色的关联关系。角色的级联是更新，多对多关系不适合用 ALL，不然删除一个角色，所有此角色对应的权限都会被删除。

需要注意的是，只有 OneToOne、OneToMany、ManyToMany 上才有 mappedBy 属性，ManyToOne 不存在该属性，并且 mappedBy 一直和 joinXX 互斥。

2. 修改角色实体类

修改角色实体类（Role），在角色实体类中增加权限属性及关联关系的定义，示例代码如下：

```
@Entity
@Table(name = "Role")
public class Role{
    @Id
    @GeneratedValue()
    private Long id;

    private String name;

    @ManyToMany(cascade = CascadeType.MERGE,fetch = FetchType.LAZY)
    @JoinTable(name="role _permission ")
    private Set<Permission> permissions = new HashSet<Permission>();

    @OneToMany(mappedBy="role",fetch=FetchType.LAZY,cascade=CascadeType.ALL)
    private Set<Users> users = new HashSet<Users>();
}
```

在上面的示例中，使用@ManyToMany 注解定义权限属性。cascade 表示级联操作，ALL 是全部，一般用 MERGE 更新。使用 JoinTable 注解定义关系表是 permission_role。

角色 Role 是维护关系的类，删除角色的同时会级联删除 role_permission 关系表中的关联关系。但是，如果需要删除对应的权限，就需要使用 CascadeType.ALL，一般不建议使用。

3. 调用测试

创建单元测试，验证角色权限多对多关系的关联更新及查询效果，示例代码如下：

```
@Test
public void testManyToMany(){
    // 保存权限
    Set<Permission> ps = new HashSet<Permission>();
    for (int i = 0; i < 3; i++) {
        Permission pm = new Permission();
        pm.setName("permission"+i);
        pm.setCode("100"+i);
        permissionRepository.save(pm);  /**因为 Role 类没有设置级联持久化，所以需要先
持久化 pm，否则报错！*/
        ps.add(pm);
    }
    // 角色赋权限
```

```
Role admin = roleRepository.findById(3L).orElse(null);
admin.setPermissions(ps);
// 保存
roleRepository.save(admin);
admin = roleRepository.findById(3L).orElse(null);
System.out.println("role name:"+admin.getName());
for (Permission p : admin.getPermissions()){
    System.out.println("name:"+p.getName()+",code:"+p.getCode());
}
}
```

在上面的示例中，由于 role 方是维护关系的，因此建立 Roles.set(Permissions)就能建立关系表。

单击 Run Test 或在方法上右击，选择 Run 'testOneToMany'，运行单元测试方法，结果如图 9-11
所示。

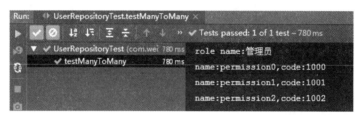

图 9-11　多对多关系单元测试的运行结果

结果表明创建的单元测试运行成功，用户信息和角色信息保存成功，从而实现了一对多实体的
级联保存和关联查询。

使用多对多关系映射时，需要注意以下几个问题：

1）由于没有设置级联等于 ALL，而 Permissions 是一个临时对象，临时对象保存时才会持久化，
如果没有设置级联保存的话，那么会报错，解决办法是，先通过 save(pm)保存 Permission 权限，再
设置角色对应的权限。

2）如果角色（Role）被删除，那么关系表中的管理关系会被级联删除，权限不受影响。

3）如果需要取消某个角色的权限，通过 role.setPermission(null)就可以解除关系，关系表中的关
联关系同样会被删除。

9.6　本章小结

本章主要介绍了 Spring Boot 非常实用的 ORM 框架——Spring Data JPA，它是 Spring Data 家族
的一部分，可以轻松实现基于 JPA 的数据持久化，极大地简化数据库应用开发的复杂度，提高开发
效率。

本章首先介绍了 Spring Boot 集成 Spring Data JPA 实现数据的增、删、改、查操作，以及 JPA
的预定义查询、自定义查询、已命名查询和自定义 SQL 查询等常用的数据查询，然后又逐一讲解了
日常开发过程中经常用到的分页查询、排序和限制查询、动态调节查询等复杂的数据查询功能，最
后对实体关系映射做了详细的介绍，主要包括一对一、一对多、多对一、多对多等关系映射，实现
了数据的级联查询和修改。

9.7 本章练习

1）创建 Spring Boot 项目并集成 JPA 自动创建数据库，实现完整的人员角色权限管理模块后台功能。

2）创建人员基本信息和人员详细信息的一对一映射关系以及人员、角色和权限的映射关系，同时实现数据的级联更新和删除。

第 10 章

搞定定时任务

在项目开发过程中，经常需要定时任务来帮助我们实现某些业务功能，比如定时生成数据报表、生成对账单、订单超时处理等。Spring Boot 提供了两种实现定时任务的方式：一种是 Spring Boot 内置的注解方式，只需在类上增加@Scheduled 即可实现；另一种是基于 Quartz 实现，Quartz 是目前完善的定时任务解决方案，适合处理复杂的应用场景。

10.1 @Scheduled 定时任务

在日常的项目开发中，往往会需要后台定时执行某项任务，比如自动将超过 24 小时的未付款订单改为取消状态，自动将超过 14 天客户未签收的订单改为已签收状态等。如何在 Spring Boot 中实现后台定时任务的功能呢？本节将介绍使用 Spring Boot 内置的@Scheduled 注解来实现定时任务。

10.1.1 使用@Scheduled 注解实现定时任务

Spring Boot 提供了内置的@Scheduled 注解实现定时任务的功能。使用@Scheduled 注解创建定时任务非常简单，只需几行代码即可完成。下面演示使用@Scheduled 注解实现定时任务。

步骤 01 修改启动类。

在启动类上加上@EnableScheduling 开启定时任务，具体的代码如下：

```
@SpringBootApplication
@EnableScheduling
public class Application {
        public static void main(String[] args) {
            SpringApplication.run(Application.class, args);
        }
}
```

在上面的示例中，使用@EnableScheduling 注解打开定时功能之后，默认情况下，系统会自动启动一个线程，调度执行定义的后台定时任务。

步骤02 创建定时任务类。

首先创建 SchedulerTask 类，然后在任务方法上添加@Scheduled 注解，具体的代码如下：

```
@Component
public class SchedulerTask {
    private static final Logger logger =
LoggerFactory.getLogger(SchedulerTask.class);

    @Scheduled(cron="*/10 * * * * ?")
    private void taskCron(){
        SimpleDateFormat dateFormat = new SimpleDateFormat("HH:mm:ss");
        logger.info("现在时间 Scheduled1: " + dateFormat.format(new Date()));
    }
}
```

在上面的示例中，创建了 taskCron 的定时任务，然后在 taskCron()方法中增加了@Scheduled 注解设置 Cron 表达式，设置任务每隔 10 秒执行一次。

@Scheduled 不仅支持以 Cron 表达式的方式定义执行周期，还支持以固定时间间隔的方式调度任务。下面定义一个固定时间间隔执行的任务，具体的代码如下：

```
@Scheduled(fixedRate = 10000)
public void taskFixed() {
    SimpleDateFormat dateFormat = new SimpleDateFormat("HH:mm:ss");
    logger.info("现在时间 Scheduled2: " + dateFormat.format(new Date()));
}
```

在上面的示例中，使用 fixedRate 参数就是指固定的时间间隔，单位是毫秒，即设置任务每隔10 秒执行一次。

步骤03 启动项目。

创建好 SchedulerTask 定时任务后启动项目，查看后台任务的运行情况，如图 10-1 所示。

图 10-1　后台定时任务执行日志

后台日志显示，SchedulerTask 任务每隔 10 秒输出当前时间，说明定义的任务正在后台定时执行。

10.1.2　时间参数设置

@Scheduled 注解可以接受两种定时的参数设置：一种是我们常用的 cron 参数，设定按 Cron 表达式方式执行；另一种是按 fixedRate 设定的固定时间执行。

- fixedRate 参数：按指定的固定时间间隔执行，单位为毫秒，如@Scheduled(fixedDelay =

5000)为上一次执行完毕时间点之后 5 秒再次执行，每次执行间隔 5 秒。

- cron 参数：使用 Cron 表达式规则执行，比如@Scheduled(cron="*/5 * * * * *")为间隔 5 秒执行。

同时，@Scheduled 还支持简单的延时操作，比如 fixedDelay、initialDelay 后面填写相应的毫秒数即可：

- @Scheduled(fixedDelay =10000)：上一次执行完毕时间点之后 10 秒再执行。
- @Scheduled(initialDelay=1000, fixedRate=10000)：首次延迟 1 秒后执行，之后按 fixedRate 指定的固定时间间隔执行，即每 10 秒执行一次。

总的来说，fixedRate 简单易懂，而 Cron 表达式功能灵活，支持定义复杂的时间规则。二者各有优劣，使用时可根据实际的业务需求选择。

10.1.3 多线程定时任务

默认情况下，Spring Boot 定时任务是按单线程方式执行的，也就是说，如果同一时刻有两个定时任务需要执行，那么只能在一个定时任务完成之后再执行下一个。如果只有一个定时任务，这样做肯定没问题；当定时任务增多时，如果一个任务被阻塞，则会导致其他任务无法正常执行。要解决这个问题，需要配置任务调度线程池。

1. 增加多线程配置类

在 config 目录下增加 SchedulerConfig 配置类，代码如下：

```
public class SchedulerConfig {
    @Bean
    public Executor taskScheduler() {
        ThreadPoolTaskExecutor executor = new ThreadPoolTaskExecutor();
        executor.setCorePoolSize(3);
        executor.setMaxPoolSize(10);
        executor.setQueueCapacity(3);
        executor.initialize();
        return executor;
    }
}
```

设置执行线程池为 3，最大线程数为 10。

2. 修改 SchedulerTask 定时任务

修改之前定义的 SchedulerTask 定时任务的类，在方法上增加@Async 注解，使得后台任务能够异步执行，代码如下：

```
@EnableAsync // 开启异步事件的支持
@Component
public class SchedulerTask {
    private static final Logger logger =
LoggerFactory.getLogger(SchedulerTask.class);
```

```
@Async
@Scheduled(cron="*/10 * * * * ?")
public void taskCron() {
    SimpleDateFormat dateFormat = new SimpleDateFormat("HH:mm:ss");
    logger.info("SchedulerTask taskCron 现在时间： " + dateFormat.format(new
Date()));
    }

    @Async
    @Scheduled(fixedRate = 5000)
    public void taskFixed() {
        SimpleDateFormat dateFormat = new SimpleDateFormat("HH:mm:ss");
        logger.info("SchedulerTask taskFixed 现在时间： " + dateFormat.format(new
Date()));
    }
}
```

在上面的示例中，定时任务类 SechedulerTask 增加了@EnableAsync 注解，开启了异步事件支持。同时，在定时方法上增加@Async 注解，使任务能够异步执行，这样各个后台任务就不会阻塞。

3. 启动项目

配置修改完成后，重新启动项目，查看后台任务的运行情况。如图 10-2 所示，全部的后台任务分成了多个线程执行，这样任务之间不会相互影响。

```
2021-01-08 20:14:19.408  INFO 116552 --- [       task-1] com.weiz.example01.task.SchedulerTask    : 现在时间Scheduled2： 20:14:19
2021-01-08 20:14:20.019  INFO 116552 --- [       task-2] com.weiz.example01.task.SchedulerTask    : 现在时间Scheduled1： 20:14:20
2021-01-08 20:14:29.378  INFO 116552 --- [       task-3] com.weiz.example01.task.SchedulerTask    : 现在时间Scheduled2： 20:14:29
2021-01-08 20:14:30.001  INFO 116552 --- [       task-4] com.weiz.example01.task.SchedulerTask    : 现在时间Scheduled1： 20:14:30
2021-01-08 20:14:39.379  INFO 116552 --- [       task-5] com.weiz.example01.task.SchedulerTask    : 现在时间Scheduled2： 20:14:39
2021-01-08 20:14:40.003  INFO 116552 --- [       task-6] com.weiz.example01.task.SchedulerTask    : 现在时间Scheduled1： 20:14:40
2021-01-08 20:14:49.379  INFO 116552 --- [       task-7] com.weiz.example01.task.SchedulerTask    : 现在时间Scheduled2： 20:14:49
2021-01-08 20:14:50.002  INFO 116552 --- [       task-8] com.weiz.example01.task.SchedulerTask    : 现在时间Scheduled1： 20:14:50
2021-01-08 20:14:59.378  INFO 116552 --- [       task-1] com.weiz.example01.task.SchedulerTask    : 现在时间Scheduled2： 20:14:59
```

图 10-2　后台定时任务执行日志

通过后台日志可以看到，Spring Boot 启动线程池负责调度执行后台任务，各个后台任务之间相对独立、互不影响。

10.2　Cron 表达式

前面讲解了使用 Spring Boot 内置的@Scheduled 注解实现定时任务，接下来介绍 Cron 表达式。Cron 表达式在项目开发过程中比较重要，需要牢牢掌握。

10.2.1　Cron 表达式的语法

1. Cron 表达式的结构

Cron 表达式是一个字符串，结构非常简单。Cron 表达式从左到右分为 6 或 7 个字段，每个字段代表一个含义，用空格隔开，如图 10-3 所示。

秒	分	小时	日期	月	星期	年（可选）
*/5	*	*	*	*	?	

图 10-3　Cron 表达式的格式

Cron 表达式主要由秒、分、小时、日期、月份、星期、年份 7 个字段构成，其中年份可选。示例中的 Cron 表达式 "*/5 * * * * ?" 表示每 5 秒执行一次。

2. 各个字段的含义

Cron 表达式中各个字段的含义、允许值和使用规则如表 10-1 所示。

表10-1　Cron表达式中各个字段的说明和规则

字　　段	允　许　值	说　　明
秒（Seconds）	0~59 的整数	,、-、*、/四个字符
分（Minutes）	0~59 的整数	,、-、*、/四个字符
小时（Hours）	0~23 的整数	,、-、*、/四个字符
日期（DayofMonth）	1~31 的整数（但是需要考虑当月的天数）	,、-、*、?、/、L、W、C 八个字符
月份（Month）	1~12 的整数或者 JAN~DEC	,、-、*、/四个字符
星期（DayofWeek）	1~7 的整数或者 SUN~SAT（1=SUN）	,、-、*、?、/、L、C、#八个字符
年份（可选，留空，Year）	1970~2099	,、-、*、/四个字符

在表 10-1 中，Cron 一共有 7 位，最后一位是年份，可以留空。因此，一般我们可以写 6 位。另外，第 6 位星期（DayofWeek）的取值范围为 1~7，从星期日（SUN）开始。

3. 特殊字符说明

Cron 表达式的时间字段除了允许设置数值外，还可以使用一些特殊的字符，提供列表、范围、通配符等功能，说明如下：

- *: 表示字段中的"每个"，比如在 Minutes 字段中，*表示每分钟。
- ?: 用在 DayofMonth 和 DayofWeek 字段中，表示"没有指定值"。这对于需要指定一个或者两个字段的值，而不需要对其他字段进行设置来说相当有用。例如，想在一个月的某一天（比如第 10 天）执行某项任务，而不在乎具体是哪一天，就可以把"10"放在 DayofMonth 字段，然后把"?"放在 DayofWeek 字段。
- -: 指定范围，例如，"10-12"在 Hours 字段中表示"10 点到 12 点"。
- ,: 指定附加值，例如，"MON,WED,FRI"在 DayofWeek 字段中表示"星期一、星期三和星期五"。
- /: 用于指定值的增量，例如，"0/15"在 Seconds 字段中表示"从 0 开始，每隔 15 秒"。
- L: 只用在 DayofMonth 和 DayofWeek 中，这个字符是"Last"的简写，但是在两个字段中的意义不同。例如，在 DayofMonth 字段中，"L"表示本月的最后一天，即 1 月的 31 日，非闰年的 2 月 28 日。如果它用在 DayofWeek 中，则表示"7"或者"SAT"。

但是，如果这个字符跟在别的值后面，则表示"当月的最后的周 XXX"，如"6L"或者"FRIL"都表示本月的最后一个周五。同时，也可以用来指定第某个月的最后一天的倒数第几天，如"L-3"表示某月最后一天的倒数第三天。注意：当使用"L"选项时，重要的是不要指定列表或者值范围，否则会导致混乱。

- W：用于 DayofWeek 字段中，指定给定日（星期一到星期五）最近的一天，如"15W"表示"距离月中 15 日最近的工作日是周几"。
- #：表示本月中的第几个周几，如 DayofWeek 字段中的"6#3"或者"FRI#3"表示"本月中第三个周五"。

Cron 表达式复杂难懂的地方就是这些特殊字符。只有熟悉了这些特殊字符的含义和作用，才能彻底了解 Cron 表达式。

10.2.2　常用表达式

Cron 表达式看起来晦涩难懂，但是只要明白了字段和通配符的含义，就能一眼看出表达式的触发执行规则。下面给出一些常用的 Cron 表达式，基本上可以拿来即用，详细的表达式说明见表 10-2。

表10-2　常用的Cron表达式

Cron 表达式	说 明	Cron 表达式	说 明
0 0 2 1 * ? *	在每月 1 日的凌晨 2 点执行	0 * 14 * * ?	在每天 14 点到 14:59 期间，每分钟执行一次
0 15 10 ? * MON-FRI	周一到周五每天上午 10:15 执行	0 0/5 14 * * ?	在每天 14 点到 14:55 期间，每 5 分钟执行一次
0 15 10 ? 6L 2002-2006	2002~2006 年每个月的最后一个星期五上午 10:15 执行	0 0/5 14,18 * * ?	在每天 14 点到 14:55 期间和 18 点到 18:55 期间，每 5 分钟执行一次
0 0 10,14,16 * * ?	每天上午 10 点、下午 2 点和 4 点执行	0 0-5 14 * * ?	在每天 14 点到 14:05 期间，每分钟执行一次
0 0 12 ? * WED	每个星期三中午 12 点执行	0 15 10 ? * MON-FRI	周一至周五的上午 10:15 执行
0 0/30 9-17 * * ?	每天 9 点到 17 点每半小时执行一次	0 15 10 15 * ?	每月 15 日上午 10:15 执行
0 15 10 ? * *	每天上午 10:15 执行	0 15 10 L * ?	每月最后一日的上午 10:15 执行
0 15 10 * * ?	每天上午 10:15 执行	0 15 10 * * ? *	每天上午 10:15 执行
0 15 10 * * ? 2005	2005 年的每天上午 10:15 执行	0 15 10 ? * 6#3	每月的第三个星期五上午 10:15 执行

如表 10-2 所示，Cron 表达式支持一些范围或列表，如子表达式"天（星期）"可以为"MON-FRI""MON,WED,FRI""MON-WED,SAT"，即设置时间范围。这正是 Cron 表达式的灵活、强大之处。

10.3 Quartz 定时任务

上一节介绍了如何使用 Spring Boot 内置的@Scheduled 注解实现后台定时任务，虽然其开发简单、执行效率高，但是只适合处理简单的计划任务，不能处理分布式计划任务。在任务数量多的情况下，可能出现阻塞、延迟启动等问题。接下来将介绍 Quartz 这个使用简单、功能强大的定时任务调度框架。

10.3.1 Quartz 简介

1. 什么是 Quartz

Quartz 是 OpenSymphony 开源组织在任务调度（Job Scheduling，也称为作业调度）领域下的开源项目，它是 Java 开发的开源任务调度管理系统，具有使用灵活、配置简单的特点，能够实现复杂应用场景下的任务调度管理。

当定时任务愈加复杂时，使用 Spring Boot 注解@Scheduled 已经不能满足业务需要。相比之下，Quartz 灵活而又不失简单，能够创建简单或复杂的调度任务，其主要具有如下功能：

1）持久化：将任务和状态持久化到数据库。
2）任务管理：对调度任务进行有效的管理。
3）集群：借助关系数据库和 JDBC 任务存储支持集群。

2. Quartz 的基本概念

想要明白 Quartz 怎么用，首先要了解 Job（任务）、JobDetail（任务信息）、Trigger（触发器）和 Scheduler（调度器）这 4 个基本概念。

1）Job（任务）：接口，只有 execute(JobExecutionContext context)方法，在实现接口的 execute 方法中编写需要定时执行的任务，JobExecutionContext 类提供调度任务执行的上下文信息，任务运行时的信息保存在 JobDataMap 实例中。

2）JobDetail（任务信息）：Quartz 每次调度任务时都重新创建一个 Job 实例，因此它不接收一个任务的实例，而是接收任务实现类（JobDetail，描述任务的实现类及其他相关的静态信息，如任务名字、描述、关联监听器等信息），以便运行时通过调用 newInstance()方法的反射机制实例化任务。

3）Trigger（触发器）：一个类，描述触发任务执行的时间触发规则，主要有 SimpleTrigger 和 CronTrigger 这两个类。当需要执行调度或者以固定时间间隔周期执行调度时，SimpleTrigger 是合适的选择；而 CronTrigger 可以通过 Cron 表达式定义出各种复杂时间规则的调度方案，如周一到周五的 15:00~16:00 执行调度任务等。

4）Scheduler（调度器）：调度器就相当于一个容器，装载着任务和触发器，该类是一个接口，代表一个 Quartz 的独立运行容器。

Trigger 和 JobDetail 可以注册到 Scheduler 中，两者在 Scheduler 中拥有各自的组和名称，组和名称是 Scheduler 查找、定位容器中某个对象的依据，Trigger 的组和名称必须唯一，JobDetail 的组和名称也必须唯一（但可以与 Trigger 的组和名称相同，因为它们是不同类型的）。Scheduler 定义了多个接口方法，允许外部通过组和名称访问控制容器中的 Trigger 与 JobDetail。

　　总而言之，Scheduler 相当于一个容器，其中包含各种 Job 和 Trigger，四者之间的关系如图 10-4 所示。

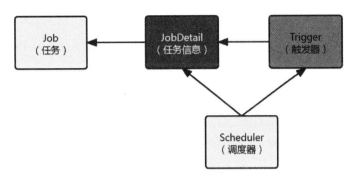

图 10-4　四者之间的关系图

　　Quartz 通过 Scheduler 触发 Trigger 规则实现任务的管理和调度。除此之外，Quartz 还提供了 TriggerBuilder 和 JobBuilder 类来构建 Trigger 实例和 Job 实例。

3. Spring Boot 对 Quartz 的支持

Spring Boot 对 Quartz 做了很好的支持，它提供 spring-boot-starter-quartz 组件集成 Quartz，开箱即用，让我们在项目中使用 Quartz 变得更加简单。

10.3.2　简单定时任务

　　Quartz 主要有简单定时调度器（SimpleSchedule）和 Cron 表达式调度器（CronSchedule）来调度触发的定时任务。下面通过示例演示这两种调度器的用法。

1. 添加 Quartz 依赖

在 pom.xml 中配置 Quartz 的依赖包 spring-boot-starter-quartz，具体配置如下：

```
<dependency>
        <groupId>org.springframework.boot</groupId>
        <artifactId>spring-boot-starter-quartz</artifactId>
</dependency>
```

2. 创建任务

创建定时任务的实现类 SampleJob，并继承 QuartzJobBean，示例代码如下：

```
public class SampleJob extends QuartzJobBean {
    private static final Logger logger =
LoggerFactory.getLogger(SchedulerTask.class);

    private String name;
    public void setName(String name) {
        this.name = name;
```

```
    }
    @Override
    protected void executeInternal(JobExecutionContext context)
            throws JobExecutionException {
        logger.info(String.format("Hello %s!", this.name));
    }
}
```

在上面的示例中，SampleJob 实现了 executeInternal()方法执行后台任务，同时定义的 Name 变量用于触发任务时传入参数。

3. 构建 JobDetail、CronTrigger

接下来构建 JobDetail 和 Trigger 实例。首先使用 SimpleScheduleBuilder 创建 Scheduler 实例，然后关联 JobDetail 和 Trigger 实例。示例代码如下：

```
@Configuration
public class SampleScheduler {
    @Bean
    public JobDetail sampleJobDetail() {
        return JobBuilder.newJob(SampleJob.class).withIdentity("sampleJob")
                .usingJobData("name", "weiz test1")
                .storeDurably()
                .build();
    }

    @Bean
    public Trigger sampleJobTrigger() {
        SimpleScheduleBuilder scheduleBuilder =
SimpleScheduleBuilder.simpleSchedule()
                .withIntervalInSeconds(10).repeatForever();
        return TriggerBuilder
                .newTrigger()
                .forJob(sampleJobDetail())
                .withIdentity("sampleTrigger")
                .withSchedule(scheduleBuilder).build();
    }
}
```

在上面的示例中，定义的 SampleScheduler 调度器类包含 JobDetail 和 Trigger 两个对象，分别用于控制任务启动时的参数传入和任务触发规则。示例参数说明如下：

1）JobBuilder 类构造函数只能通过 JobBuilder 的静态方法 newJob(Class<? extends Job> jobClass) 生成 JobDetail 实例。

2）usingJobData()方法动态传入 Job 任务中的参数，这里传入 SampleJob 任务类中的 name 参数。

3）withIdentity()方法可以传入 String name 和 String group 两个参数来定义 TriggerKey。当然，也可以不设置参数，Quartz 会自动生成一个独一无二的 TriggerKey 来区分不同的触发器。

4）withIntervalInSeconds()方法中的任务触发规则包含 withIntervalInXXX 等多种时间设置。示例代码中定义了每 10 秒执行一次任务。

4. 运行任务

启动项目，验证任务是否能正常运行。如图 10-5 所示，SampleJob 后台任务成功运行，每隔 10 秒执行一次，这说明使用 SimpleSchedule 创建简单的定时任务运行成功。

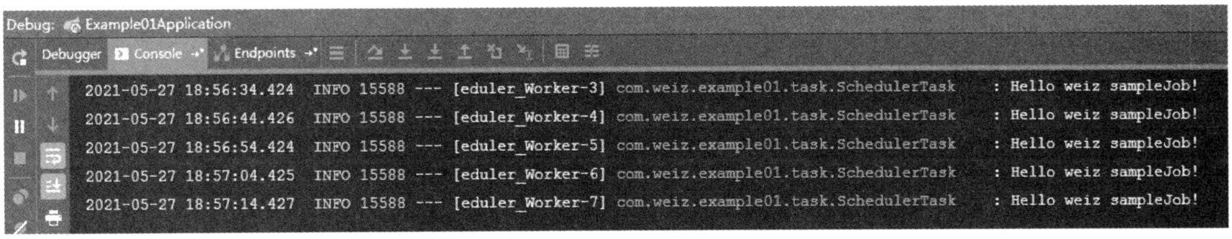

图 10-5　简单任务运行日志

10.3.3　Cron 定时任务

如果需要定义更复杂的应用场景可以使用 CronSchedule，它可以设置更灵活的使用方式，定时设置可以参考上面的 Cron 表达式。其实两种定时任务大体一致，只是 SimpleSchedule 换成了 CronSchedule。

1. 定义 Job

```
public class CronJob extends QuartzJobBean {
    private static final Logger logger =
LoggerFactory.getLogger(SchedulerTask.class);

    private String name;
    public void setName(String name) {
        this.name = name;
    }

    @Override
    protected void executeInternal(JobExecutionContext context)
        throws JobExecutionException {
        logger.info(String.format("Hello %s!", this.name));
    }
}
```

在上面的示例中，定义 CronJob 后台任务，继承自 QuartzJobBean 类，然后实现 executeInternal() 方法，与之前的任务一样。

2. 构建 JobDetail、CronTrigger

使用 Scheduler 关联 JobDetail 和 CronTrigger，并设置每隔 10 秒执行一次。

```
@Configuration
public class CronScheduler {
    @Bean
    public JobDetail cronJobDetail(){
        return JobBuilder.newJob(CronJob.class)
                .withIdentity("cronJob")
                .usingJobData("name","weiz cronJob")
                .storeDurably()
```

```
                .build();
        }

        @Bean
        public Trigger cronJobTrigger(){
            CronScheduleBuilder scheduleBuilder =
CronScheduleBuilder.cronSchedule("0/10 * * * * ?");
            return TriggerBuilder.newTrigger()
                    .withIdentity("CronSchedule")
                    .forJob(cronJobDetail())
                    .withSchedule(scheduleBuilder)
                    .build();
        }
    }
```

在上面的示例中，也是创建 JobDetail 和 JobTrigger，不同的是，这里使用 CronScheduleBuilder 创建调度器，传入“0/10 * * * * ?” Cron 表达式，设置任务每隔 10 秒执行一次。

3. 运行任务

启动项目，验证任务是否能正常运行，如图 10-6 所示，CronJob 后台任务成功运行，每隔 10 秒执行一次。这说明使用 CronSchedule 创建复杂的 Cron 定时任务运行成功。

```
2021-05-28 17:23:45.966  INFO 11628 --- [           main] com.weiz.example01.Example01Application  : Started Example01Application
2021-05-28 17:23:50.049  INFO 11628 --- [eduler_Worker-1] com.weiz.example01.task.SchedulerTask    : Hello weiz cronJob!
2021-05-28 17:24:00.003  INFO 11628 --- [eduler_Worker-2] com.weiz.example01.task.SchedulerTask    : Hello weiz cronJob!
2021-05-28 17:24:10.003  INFO 11628 --- [eduler_Worker-3] com.weiz.example01.task.SchedulerTask    : Hello weiz cronJob!
2021-05-28 17:24:20.004  INFO 11628 --- [eduler_Worker-4] com.weiz.example01.task.SchedulerTask    : Hello weiz cronJob!
2021-05-28 17:24:30.003  INFO 11628 --- [eduler_Worker-5] com.weiz.example01.task.SchedulerTask    : Hello weiz cronJob!
```

图 10-6　Cron 定时任务运行日志

10.4　实战：实现分布式定时任务

本节从项目实战出发来介绍分布式定时任务的实现。在某些应用场景下要求任务必须具备高可用性和可扩展性，单台服务器不能满足业务需求，这时就需要使用 Quartz 实现分布式定时任务。

10.4.1　分布式任务应用场景

定时任务系统在应用平台中的重要性不言而喻，特别是互联网电商、金融等行业更是离不开定时任务。在任务数量不多、执行频率不高时，单台服务器完全能够满足。但是随着业务逐渐增加，定时任务系统必须具备高可用和水平扩展的能力，单台服务器已经不能满足需求。因此需要把定时任务系统部署到集群中，实现分布式定时任务系统集群。

Quartz 的集群功能通过故障转移和负载平衡功能为调度程序带来高可用性和可扩展性。在集群环境下，Quartz 是通过数据库表来存储和共享任务信息的。独立的 Quartz 节点并不与另一个节点或者管理节点通信，而是通过数据库锁机制来调度执行定时任务。

需要注意的是，在集群环境下，时钟必须同步，否则执行时间不一致。

10.4.2　使用 Quartz 实现分布式定时任务

1. 添加 Quartz 依赖

由于分布式的原因，Quartz 中提供分布式处理的 JAR 包以及数据库和连接相关的依赖。示例代码如下：

```
<dependency>
    <groupId>org.springframework.boot</groupId>
    <artifactId>spring-boot-starter-quartz</artifactId>
</dependency>

<!-- mysql -->
<dependency>
    <groupId>mysql</groupId>
    <artifactId>mysql-connector-java</artifactId>
</dependency>

<!-- orm -->
<dependency>
    <groupId>org.springframework.boot</groupId>
    <artifactId>spring-boot-starter-data-jpa</artifactId>
</dependency>
```

在上面的示例中，除了添加 Quartz 依赖外，还需要添加 mysql-connector-java 和 spring-boot-starter-data-jpa 两个组件，这两个组件主要用于 JOB 持久化到 MySQL 数据库。

2. 初始化 Quartz 数据库

分布式 Quartz 定时任务的配置信息存储在数据库中，数据库初始化脚本可以在官方网站中查找，默认保存在 quartz-2.2.3-distribution\src\org\quartz\impl\jdbcjobstore\tables-mysql.sql 目录下。首先创建 quartz_jobs 数据库，然后在数据库中执行 tables-mysql.sql 初始化脚本。具体示例如下：

```
DROP TABLE IF EXISTS QRTZ_FIRED_TRIGGERS;
DROP TABLE IF EXISTS QRTZ_PAUSED_TRIGGER_GRPS;
DROP TABLE IF EXISTS QRTZ_SCHEDULER_STATE;
DROP TABLE IF EXISTS QRTZ_LOCKS;
DROP TABLE IF EXISTS QRTZ_SIMPLE_TRIGGERS;
DROP TABLE IF EXISTS QRTZ_SIMPROP_TRIGGERS;
DROP TABLE IF EXISTS QRTZ_CRON_TRIGGERS;
DROP TABLE IF EXISTS QRTZ_BLOB_TRIGGERS;
DROP TABLE IF EXISTS QRTZ_TRIGGERS;
DROP TABLE IF EXISTS QRTZ_JOB_DETAILS;
DROP TABLE IF EXISTS QRTZ_CALENDARS;


CREATE TABLE QRTZ_JOB_DETAILS
  (
    SCHED_NAME VARCHAR(120) NOT NULL,
    JOB_NAME  VARCHAR(200) NOT NULL,
    JOB_GROUP VARCHAR(200) NOT NULL,
```

```
    DESCRIPTION VARCHAR(250) NULL,
    JOB_CLASS_NAME  VARCHAR(250) NOT NULL,
    IS_DURABLE VARCHAR(1) NOT NULL,
    IS_NONCONCURRENT VARCHAR(1) NOT NULL,
    IS_UPDATE_DATA VARCHAR(1) NOT NULL,
    REQUESTS_RECOVERY VARCHAR(1) NOT NULL,
    JOB_DATA BLOB NULL,
    PRIMARY KEY (SCHED_NAME,JOB_NAME,JOB_GROUP)
);

CREATE TABLE QRTZ_TRIGGERS
  (
    SCHED_NAME VARCHAR(120) NOT NULL,
    TRIGGER_NAME VARCHAR(200) NOT NULL,
    TRIGGER_GROUP VARCHAR(200) NOT NULL,
    JOB_NAME  VARCHAR(200) NOT NULL,
    JOB_GROUP VARCHAR(200) NOT NULL,
    DESCRIPTION VARCHAR(250) NULL,
    NEXT_FIRE_TIME BIGINT(13) NULL,
    PREV_FIRE_TIME BIGINT(13) NULL,
    PRIORITY INTEGER NULL,
    TRIGGER_STATE VARCHAR(16) NOT NULL,
    TRIGGER_TYPE VARCHAR(8) NOT NULL,
    START_TIME BIGINT(13) NOT NULL,
    END_TIME BIGINT(13) NULL,
    CALENDAR_NAME VARCHAR(200) NULL,
    MISFIRE_INSTR SMALLINT(2) NULL,
    JOB_DATA BLOB NULL,
    PRIMARY KEY (SCHED_NAME,TRIGGER_NAME,TRIGGER_GROUP),
    FOREIGN KEY (SCHED_NAME,JOB_NAME,JOB_GROUP)
        REFERENCES QRTZ_JOB_DETAILS(SCHED_NAME,JOB_NAME,JOB_GROUP)
);

CREATE TABLE QRTZ_SIMPLE_TRIGGERS
  (
    SCHED_NAME VARCHAR(120) NOT NULL,
    TRIGGER_NAME VARCHAR(200) NOT NULL,
    TRIGGER_GROUP VARCHAR(200) NOT NULL,
    REPEAT_COUNT BIGINT(7) NOT NULL,
    REPEAT_INTERVAL BIGINT(12) NOT NULL,
    TIMES_TRIGGERED BIGINT(10) NOT NULL,
    PRIMARY KEY (SCHED_NAME,TRIGGER_NAME,TRIGGER_GROUP),
    FOREIGN KEY (SCHED_NAME,TRIGGER_NAME,TRIGGER_GROUP)
        REFERENCES QRTZ_TRIGGERS(SCHED_NAME,TRIGGER_NAME,TRIGGER_GROUP)
);

CREATE TABLE QRTZ_CRON_TRIGGERS
```

```
   (
   SCHED_NAME VARCHAR(120) NOT NULL,
   TRIGGER_NAME VARCHAR(200) NOT NULL,
   TRIGGER_GROUP VARCHAR(200) NOT NULL,
   CRON_EXPRESSION VARCHAR(200) NOT NULL,
   TIME_ZONE_ID VARCHAR(80),
   PRIMARY KEY (SCHED_NAME,TRIGGER_NAME,TRIGGER_GROUP),
   FOREIGN KEY (SCHED_NAME,TRIGGER_NAME,TRIGGER_GROUP)
       REFERENCES QRTZ_TRIGGERS(SCHED_NAME,TRIGGER_NAME,TRIGGER_GROUP)
);

CREATE TABLE QRTZ_SIMPROP_TRIGGERS
  (
   SCHED_NAME VARCHAR(120) NOT NULL,
   TRIGGER_NAME VARCHAR(200) NOT NULL,
   TRIGGER_GROUP VARCHAR(200) NOT NULL,
   STR_PROP_1 VARCHAR(512) NULL,
   STR_PROP_2 VARCHAR(512) NULL,
   STR_PROP_3 VARCHAR(512) NULL,
   INT_PROP_1 INT NULL,
   INT_PROP_2 INT NULL,
   LONG_PROP_1 BIGINT NULL,
   LONG_PROP_2 BIGINT NULL,
   DEC_PROP_1 NUMERIC(13,4) NULL,
   DEC_PROP_2 NUMERIC(13,4) NULL,
   BOOL_PROP_1 VARCHAR(1) NULL,
   BOOL_PROP_2 VARCHAR(1) NULL,
   PRIMARY KEY (SCHED_NAME,TRIGGER_NAME,TRIGGER_GROUP),
   FOREIGN KEY (SCHED_NAME,TRIGGER_NAME,TRIGGER_GROUP)
   REFERENCES QRTZ_TRIGGERS(SCHED_NAME,TRIGGER_NAME,TRIGGER_GROUP)
);

CREATE TABLE QRTZ_BLOB_TRIGGERS
  (
   SCHED_NAME VARCHAR(120) NOT NULL,
   TRIGGER_NAME VARCHAR(200) NOT NULL,
   TRIGGER_GROUP VARCHAR(200) NOT NULL,
   BLOB_DATA BLOB NULL,
   PRIMARY KEY (SCHED_NAME,TRIGGER_NAME,TRIGGER_GROUP),
   FOREIGN KEY (SCHED_NAME,TRIGGER_NAME,TRIGGER_GROUP)
       REFERENCES QRTZ_TRIGGERS(SCHED_NAME,TRIGGER_NAME,TRIGGER_GROUP)
);

CREATE TABLE QRTZ_CALENDARS
  (
   SCHED_NAME VARCHAR(120) NOT NULL,
   CALENDAR_NAME  VARCHAR(200) NOT NULL,
```

```
      CALENDAR BLOB NOT NULL,
      PRIMARY KEY (SCHED_NAME,CALENDAR_NAME)
);

CREATE TABLE QRTZ_PAUSED_TRIGGER_GRPS
  (
      SCHED_NAME VARCHAR(120) NOT NULL,
      TRIGGER_GROUP  VARCHAR(200) NOT NULL,
      PRIMARY KEY (SCHED_NAME,TRIGGER_GROUP)
);

CREATE TABLE QRTZ_FIRED_TRIGGERS
  (
      SCHED_NAME VARCHAR(120) NOT NULL,
      ENTRY_ID VARCHAR(95) NOT NULL,
      TRIGGER_NAME VARCHAR(200) NOT NULL,
      TRIGGER_GROUP VARCHAR(200) NOT NULL,
      INSTANCE_NAME VARCHAR(200) NOT NULL,
      FIRED_TIME BIGINT(13) NOT NULL,
      SCHED_TIME BIGINT(13) NOT NULL,
      PRIORITY INTEGER NOT NULL,
      STATE VARCHAR(16) NOT NULL,
      JOB_NAME VARCHAR(200) NULL,
      JOB_GROUP VARCHAR(200) NULL,
      IS_NONCONCURRENT VARCHAR(1) NULL,
      REQUESTS_RECOVERY VARCHAR(1) NULL,
      PRIMARY KEY (SCHED_NAME,ENTRY_ID)
);

CREATE TABLE QRTZ_SCHEDULER_STATE
  (
      SCHED_NAME VARCHAR(120) NOT NULL,
      INSTANCE_NAME VARCHAR(200) NOT NULL,
      LAST_CHECKIN_TIME BIGINT(13) NOT NULL,
      CHECKIN_INTERVAL BIGINT(13) NOT NULL,
      PRIMARY KEY (SCHED_NAME,INSTANCE_NAME)
);

CREATE TABLE QRTZ_LOCKS
  (
      SCHED_NAME VARCHAR(120) NOT NULL,
      LOCK_NAME  VARCHAR(40) NOT NULL,
      PRIMARY KEY (SCHED_NAME,LOCK_NAME)
);
```

使用 tables-mysql.sql 创建表的语句执行完成后，说明 Quartz 的数据库和表创建成功，我们查看数据库的 ER 图，如图 10-7 所示。

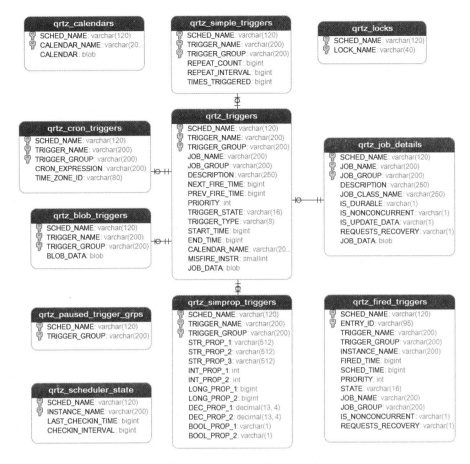

图 10-7　Cron 定时任务运行日志

3. 配置数据库和 Quartz

修改 application.properties 配置文件，配置数据库与 Quartz。具体操作如下：

```
# server.port=8090
# Quartz 数据库
spring.datasource.url=jdbc:mysql://localhost:3306/quartz_jobs?useSSL=false&
serverTimezone=UTC
spring.datasource.username=root
spring.datasource.password=root
spring.datasource.driver-class-name=com.mysql.cj.jdbc.Driver
spring.datasource.max-active=1000
spring.datasource.max-idle=20
spring.datasource.min-idle=5
spring.datasource.initial-size=10

# 是否使用 properties 作为数据存储
org.quartz.jobStore.useProperties=false
# 数据库中表的命名前缀
org.quartz.jobStore.tablePrefix=QRTZ_
# 是否是一个集群，是不是分布式的任务
org.quartz.jobStore.isClustered=true
```

```
# 集群检查周期，单位为毫秒，可以自定义缩短时间。当某一个节点宕机的时候，其他节点等待多久后
开始执行任务
org.quartz.jobStore.clusterCheckinInterval=5000
# 单位为毫秒，集群中的节点退出后，再次检查进入的时间间隔
org.quartz.jobStore.misfireThreshold=60000
# 事务隔离级别
org.quartz.jobStore.txIsolationLevelReadCommitted=true
# 存储的事务管理类型
org.quartz.jobStore.class=org.quartz.impl.jdbcjobstore.JobStoreTX
# 使用的 Delegate 类型
org.quartz.jobStore.driverDelegateClass=org.quartz.impl.jdbcjobstore.StdJDB
CDelegate
# 集群的命名，一个集群要有相同的命名
org.quartz.scheduler.instanceName=ClusterQuartz
# 节点的命名，可以自定义。AUTO 代表自动生成
org.quartz.scheduler.instanceId=AUTO
# rmi 远程协议是否发布
org.quartz.scheduler.rmi.export=false
# rmi 远程协议代理是否创建
org.quartz.scheduler.rmi.proxy=false
# 是否使用用户控制的事务环境触发执行任务
org.quartz.scheduler.wrapJobExecutionInUserTransaction=false
```

上面的配置主要是 Quartz 数据库和 Quartz 分布式集群相关的属性配置。分布式定时任务的配置存储在数据库中，所以需要配置数据库连接和 Quartz 配置信息，为 Quartz 提供数据库配置信息，如数据库、数据表的前缀之类。

4. 定义定时任务

后台定时任务与普通 Quartz 任务并无差异，只是增加了@PersistJobDataAfterExecution 注解和@DisallowConcurrentExecution 注解。创建 QuartzJob 定时任务类并实现 Quartz 定时任务的具体示例代码如下：

```
// 持久化
@PersistJobDataAfterExecution
// 禁止并发执行
@DisallowConcurrentExecution
public class QuartzJob extends QuartzJobBean {
    private static final Logger log = LoggerFactory.getLogger(QuartzJob.class);

    @Override
    protected void executeInternal(JobExecutionContext context) throws
JobExecutionException {
        String taskName =
context.getJobDetail().getJobDataMap().getString("name");
        log.info("---> Quartz job, time:{"+new
Date()+"} ,name:{"+taskName+"}<----");
    }
}
```

在上面的示例中，创建了 QuartzJob 定时任务类，使用@PersistJobDataAfterExecution 注解持久化任务信息。DisallowConcurrentExecution 禁止并发执行，避免同一个任务被多次并发执行。

5. SchedulerConfig 配置

创建 SchedulerConfig 配置类，初始化 Quartz 分布式集群相关配置，包括集群设置、数据库等。
示例代码如下：

```
@Configuration
public class SchedulerConfig {

    @Autowired
    private DataSource dataSource;

    /**
     * 调度器
     *
     * @return
     * @throws Exception
     */
    @Bean
    public Scheduler scheduler() throws Exception {
        Scheduler scheduler = schedulerFactoryBean().getScheduler();
        return scheduler;
    }

    /**
     * Scheduler 工厂类
     *
     * @return
     * @throws IOException
     */
    @Bean
    public SchedulerFactoryBean schedulerFactoryBean() throws IOException {
        SchedulerFactoryBean factory = new SchedulerFactoryBean();
        factory.setSchedulerName("Cluster_Scheduler");
        factory.setDataSource(dataSource);
factory.setApplicationContextSchedulerContextKey("applicationContext");
        factory.setTaskExecutor(schedulerThreadPool());
        //factory.setQuartzProperties(quartzProperties());
        factory.setStartupDelay(10);// 延迟 10s 执行
        return factory;
    }

    /**
     * 配置 Schedule 线程池
     *
     * @return
     */
    @Bean
    public Executor schedulerThreadPool() {
        ThreadPoolTaskExecutor executor = new ThreadPoolTaskExecutor();
        executor.setCorePoolSize(Runtime.getRuntime().availableProcessors());
        executor.setMaxPoolSize(Runtime.getRuntime().availableProcessors());
executor.setQueueCapacity(Runtime.getRuntime().availableProcessors());
        return executor;
```

```
        }
    }
```

在上面的示例中，主要是配置 Schedule 线程池、配置 Quartz 数据库、创建 Schedule 调度器实例等初始化配置。

6. 触发定时任务

配置完成之后，还需要触发定时任务，创建 JobStartupRunner 类以便在系统启动时触发所有定时任务。示例代码如下：

```
@ @Component
public class JobStartupRunner implements CommandLineRunner {
    @Autowired
    SchedulerConfig schedulerConfig;
    private static String TRIGGER_GROUP_NAME = "test_trigger";
    private static String JOB_GROUP_NAME = "test_job";

    @Override
    public void run(String... args) throws Exception {
        Scheduler scheduler;
        try {
            scheduler = schedulerConfig.scheduler();
            TriggerKey triggerKey = TriggerKey.triggerKey("trigger1",
TRIGGER_GROUP_NAME);
            CronTrigger trigger = (CronTrigger)
scheduler.getTrigger(triggerKey);
            if (null == trigger) {
                Class clazz = QuartzJob.class;
                JobDetail jobDetail =
JobBuilder.newJob(clazz).withIdentity("job1",
JOB_GROUP_NAME).usingJobData("name","weiz QuartzJob").build();
                CronScheduleBuilder scheduleBuilder =
CronScheduleBuilder.cronSchedule("0/10 * * * * ?");
                trigger = TriggerBuilder.newTrigger().withIdentity("trigger1",
TRIGGER_GROUP_NAME)
                        .withSchedule(scheduleBuilder).build();
                scheduler.scheduleJob(jobDetail, trigger);
                System.out.println("Quartz 创建了 job:...:" +
jobDetail.getKey());
            } else {
                System.out.println("job 已存在:{}" + trigger.getKey());
            }

            TriggerKey triggerKey2 = TriggerKey.triggerKey("trigger2",
TRIGGER_GROUP_NAME);
            CronTrigger trigger2 = (CronTrigger)
scheduler.getTrigger(triggerKey2);
            if (null == trigger2) {
                Class clazz = QuartzJob2.class;
                JobDetail jobDetail2 =
```

```
JobBuilder.newJob(clazz).withIdentity("job2",
JOB_GROUP_NAME).usingJobData("name","weiz QuartzJob2").build();
                CronScheduleBuilder scheduleBuilder =
CronScheduleBuilder.cronSchedule("0/10 * * * * ?");
                trigger2 = TriggerBuilder.newTrigger().withIdentity("trigger2",
TRIGGER_GROUP_NAME)
                    .withSchedule(scheduleBuilder).build();
                scheduler.scheduleJob(jobDetail2, trigger2);
                System.out.println("Quartz 创建了 job:...:{}" +
jobDetail2.getKey());
            } else {
                System.out.println("job 已存在:{}" + trigger2.getKey());
            }
            scheduler.start();
        } catch (Exception e) {
            System.out.println(e.getMessage());
        }
    }
}
```

在上面的示例中，为了适应分布式集群，我们在系统启动时触发定时任务，判断任务是否已经创建、是否正在执行。如果集群中的其他示例已经创建了任务，则启动时无须触发任务。

7. 验证测试

配置完成之后，接下来启动任务，测试分布式任务配置是否成功。启动一个实例，可以看到定时任务执行了，然后每 10 秒钟打印输出一次，如图 10-8 所示。

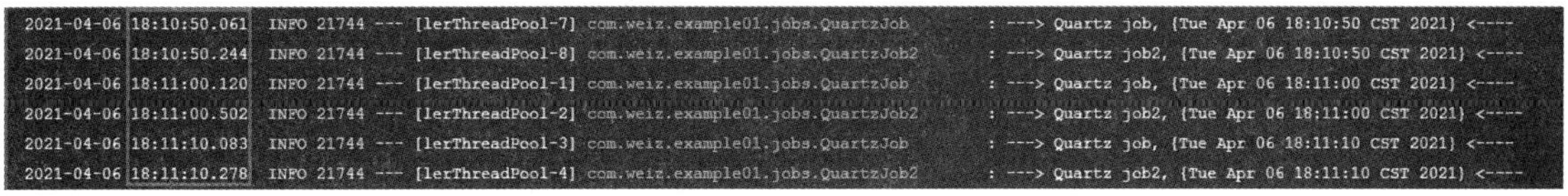

图 10-8　后台定时任务的日志输出

接下来，模拟分布式部署的情况。我们再启动一个测试程序实例，这样就有两个后台定时任务实例，如图 10-9 和图 10-10 所示。

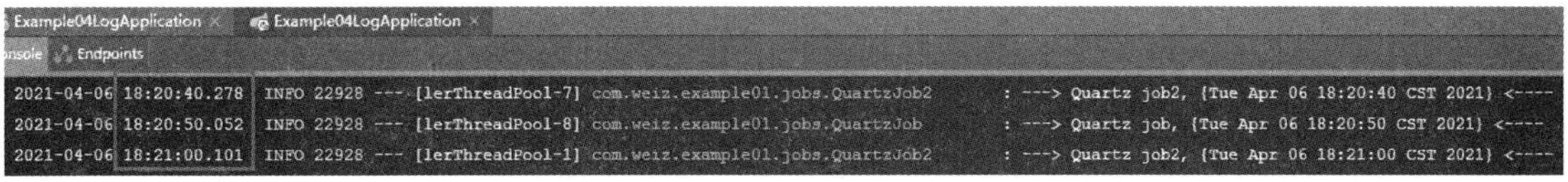

图 10-9　后台定时任务实例 1 的日志输出

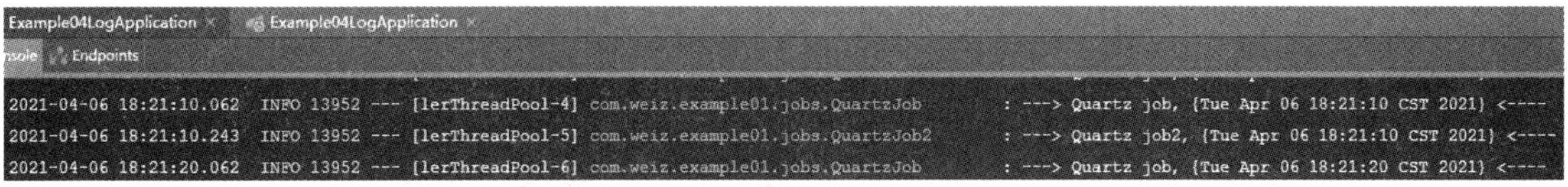

图 10-10　后台定时任务实例 2 的日志输出

Quartz Job 和 Quartz Job2 交替地在两个任务实例进程中执行，同一时刻同一个任务只有一个进程在执行，这说明已经达到了分布式后台定时任务的效果。

接下来，停止任务实例 1，测试任务实例 2 是否会接管所有任务继续执行。如图 10-11 所示，停止任务实例 1 后，任务实例 2 接管了所有的定时任务。这样如果集群中的某个实例异常了，其他实例能够接管所有的定时任务，确保任务集群的稳定运行。

```
2021-04-06 18:27:30.052  INFO 13952 --- [lerThreadPool-5] com.weiz.example01.jobs.QuartzJob        : ---> Quartz job, {Tue Apr 06 18:27:30 CST 2021} <----
2021-04-06 18:27:30.356  INFO 13952 --- [lerThreadPool-6] com.weiz.example01.jobs.QuartzJob2       : ---> Quartz job2, {Tue Apr 06 18:27:30 CST 2021} <----
2021-04-06 18:27:40.119  INFO 13952 --- [lerThreadPool-7] com.weiz.example01.jobs.QuartzJob        : ---> Quartz job, {Tue Apr 06 18:27:40 CST 2021} <----
2021-04-06 18:27:40.394  INFO 13952 --- [lerThreadPool-8] com.weiz.example01.jobs.QuartzJob2       : ---> Quartz job2, {Tue Apr 06 18:27:40 CST 2021} <----
2021-04-06 18:27:50.052  INFO 13952 --- [lerThreadPool-1] com.weiz.example01.jobs.QuartzJob        : ---> Quartz job, {Tue Apr 06 18:27:50 CST 2021} <----
2021-04-06 18:27:50.224  INFO 13952 --- [lerThreadPool-2] com.weiz.example01.jobs.QuartzJob2       : ---> Quartz job2, {Tue Apr 06 18:27:50 CST 2021} <----
2021-04-06 18:28:00.082  INFO 13952 --- [lerThreadPool-3] com.weiz.example01.jobs.QuartzJob        : ---> Quartz job, {Tue Apr 06 18:28:00 CST 2021} <----
2021-04-06 18:28:00.320  INFO 13952 --- [lerThreadPool-4] com.weiz.example01.jobs.QuartzJob2       : ---> Quartz job2, {Tue Apr 06 18:28:00 CST 2021} <----
2021-04-06 18:28:10.065  INFO 13952 --- [lerThreadPool-5] com.weiz.example01.jobs.QuartzJob        : ---> Quartz job, {Tue Apr 06 18:28:10 CST 2021} <----
2021-04-06 18:28:10.228  INFO 13952 --- [lerThreadPool-6] com.weiz.example01.jobs.QuartzJob2       : ---> Quartz job2, {Tue Apr 06 18:28:10 CST 2021} <----
```

图 10-11　任务实例 2 的日志输出

10.5　本章小结

在日常的项目开发中，往往会涉及需要定时执行的任务，例如自动将超过 24 小时的未付款订单改为取消状态等。Spring Boot 实现定时任务非常简单，本章介绍了使用自带的 Scheduled 注解和 Quartz 任务调度框架两种方式来实现定时任务，以及非常重要且特别常用的 Cron 表达式。最后，针对大量的定时任务需求，介绍了实现分布式定时任务的解决方案。

如果仅需执行简单的定时任务，则使用 Spring Boot 自带的 Scheduled 注解即可，非常简单方便。如果需要在项目中执行大量的批处理任务，则可以采用 Quartz 来解决。

10.6　本章练习

1）使用 Quartz 实现后台定时任务，实现超过 30 分钟自动取消订单的功能。

2）将订单超时任务扩展为分布式定时任务，支持单机或分布式部署。

第11章

数据缓存 Redis 实现高并发

Redis 是目前使用广泛的缓存服务，与 Memcached 等缓存中间件相比，Redis 支持数据持久化，支持更多的数据结构和更丰富的数据操作，此外，Redis 有着高可用的集群方案和广泛的应用场景。本章将学习 Spring Boot 如何集成 Redis 实现各种应用场景。

本章主要内容：

- Redis 简介：了解 Redis 的特点、数据结构。
- 整合 Redis：学会 Spring Boot 如何整合 Redis，实现缓存数据。
- Redis 数据类型：介绍 Spring Boot 中 Redis 常用数据结构的用法、优缺点和适用场景。
- Redis 项目实战：从项目实战出发，演示实际应用场景如何使用 Redis，实现基于 Redis 的数据缓存和基于 Redis 的 Session 共享。

11.1　Redis 入门

本节首先介绍 Redis 的基本概念，包括 Redis 的优点和适用场景，然后介绍 Spring Boot 提供的 Redis 组件以及它们的依赖关系。通过这些基础的介绍，使读者对 Redis 有全局、直观的了解。

11.1.1　Redis 简介

Redis 是一个开源的 Key-Value（键-值）数据库，支持数据的持久化，支持更多的数据结构和更丰富的数据操作，提供了多种语言的 API 客户端，如 Java、C/C++、C#、PHP、JavaScript、Perl、Object-C、Python、Ruby、Erlang 等，使用起来简单方便。另外，Redis 拥有丰富的集群方案，适合各种复杂的应用场景。因此，Redis 是目前使用广泛的开源缓存中间件。

Redis 的主要特点如下：

1）支持数据的持久化，可以将内存中的数据持久化保存在磁盘中，重启后再次将磁盘中的数据加载到内存。

2）丰富的数据类型，不仅支持简单的 key-value 类型的数据，还提供 List、Set、ZSet、Hash 等数据结构的存储。

3）支持数据的备份，即 master-slave（主-从）模式的数据备份。

4）丰富的特性，支持 publish/subscribe（发布/订阅）、通知、key 过期等特性。

Redis 以其超高的性能、完善的文档、简洁易懂的源码和丰富的客户端库支持在开源中间件领域广受好评。很多大型互联网公司都使用 Redis，可以说 Redis 已成为当下后端开发者的必备技能。

11.1.2　Redis 数据类型

Redis 是一款高性能的非关系数据库（Non-Relational Database），支持丰富的数据类型，如 String（字符串）、Hash（哈希）、List（列表）、Set（集合）以及 ZSet（Sorted Set，有序集合），如表 11-1 所示。这些数据类型都支持 push/pop、add/remove 以及交集，并集和差集等操作。

表 11-1　Redis 支持的数据类型说明

数据类型	说　　明	主要方法	适用场景
String	String 是 Redis 中最基本、最常用的数据类型，String 类型是二进制安全的，一个 key 对应一个 value。它可以存储任何格式的数据，如数字、字符串、图片或者序列化的对象等	set、get、decr、incr、mget	计数器、数据缓存、session 缓存等
Hash	Hash 是一个 String 类型的 field 和 value 的映射表，相比 String 更节省空间，特别适用于存储对象	hset、hget、hmget	缓存用户信息
List	List 是简单的字符串列表，按照插入顺序排序，可以添加一个元素到列表头部（左边）或者尾部（右边）	lpush、rpush、lpop、rpop、llen	标签、收藏、消息队列等
Set	Set 是 String 类型的无序集合，其实也是通过哈希表实现的。集合成员是唯一的，会自动去除重复的成员	sadd、scard、sismember、srem	共同好友等
ZSet	ZSet 和 Set 一样也是 String 类型元素的集合，并且不允许出现重复的成员。区别在于：ZSet 的每个元素都会关联一个 double 类型的分数，并通过分数为集合中的成员进行排序	Zadd、zcard、zrange	排行榜、关注度等

这 5 种数据类型各有优缺点和适用的场景，使用时根据实际业务需求选择合适的数据类型即可。

11.2　Spring Boot 集成 Redis 实现数据缓存

本节首先会一步一步介绍 Spring Boot 项目如何集成 Redis，然后介绍如何操作 Redis 实现缓存数据的创建、更新以及缓存失效等常见操作，最后从实际项目的角度介绍如何将 Redis 的相关操作封装成通用的工具类。

11.2.1 Spring Boot 对 Redis 的支持

Spring Boot 提供了集成 Redis 的组件包 spring-boot-starter-data-redis，能够非常方便地集成到项目中。spring-boot-starter-data-redis 组件主要依赖 spring-data-redis 和 lettuce 库。Spring Boot 1.0 默认使用的是 Jedis 客户端，Spring Boot 2.0 版本之后改为 Lettuce 客户端。

1．Jedis 与 Lettuce 的区别

虽然 Lettuce 与 Jedis 都是连接 Redis 的客户端程序，但是两者在实现上还是有些不同的：

● Jedis 在实现上直连 Redis 服务器，在多线程环境下是非线程安全的，除非使用连接池为每个 Jedis 实例增加物理连接。

● Lettuce 基于 Netty 的连接实例（StatefulRedisConnection）可以在多个线程间并发访问，并且是线程安全的，它支持多线程环境下的并发访问，同时也是可伸缩的设计，在一个连接实例不够的情况下可以按需增加连接实例。

因此，Spring Boot 2.0 之后将之前的 Jedis 改成了 Lettuce。

2．组件的依赖关系

Spring Boot 提供的 Redis 组件 spring-boot-starter-data-redis 也是基于 Spring Data 封装的，它们之间的依赖关系如图 11-1 所示。

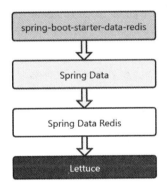

图 11-1　spring-boot-starter-data-redis 组件的依赖关系

如图 11-1 所示，spring-boot-starter-data-redis 和 Spring Data Redis 两者是包含与被包含的关系，或者说前者更好地封装了后者。

● Lettuce：可伸缩的 Redis 客户端，基于 Netty NIO 框架来有效地管理多个连接。

● Spring Data Redis：Spring Data 项目中的模块，封装了多个 Redis 客户端，让开发者对 Redis 的操作更加高效便捷。

● Spring Data：Spring 框架中的重要组成部分，它极大地简化了构建基于 Spring 框架应用的数据操作，包括非关系数据库、Map-Reduce 框架、云数据服务等，同时也支持关系数据库。

● spring-boot-starter-data-redis：Spring Boot 提供的 Redis 集成启动器（Starter），依赖于 spring-data-redis 和 lettuce 库。

11.2.2 RedisTemplate

上一小节介绍了 Spring Boot 提供的 Redis 组件 spring-boot-starter-data-redis，其中重要的是 RedisTemplate。与 JdbcTemplate 类似，RedisTemplate 是 Spring 针对 Redis 封装的一个比较强大的模板，以方便使用。只要在所需的地方注入 RedisTemplate 即可，无须其他额外配置，开箱即用。

RedisTemplate 有两个方法经常用到：opsForXXX()和 boundXXXOps()，XXX 是 value（值）的数据类型。opsForXXX 获取到一个操作（Operation），但是没有指定操作的 key（键），可以在一个连接（事务）内操作多个 key 以及对应的 value；boundXXXOps 获取到一个指定 key 的操作，在一个连接内只操作这个 key 对应的 value。

1. 操作

RedisTemplate 针对 Redis 的 String、List、Hash、Set、ZSet 五种数据类型提供了下面五个基本类来操作对应的数据类型：

- ValueOperations：针对 String 类型，实现简单的键-值操作。
- SetOperations：针对 Set 类型的数据操作。
- ZSetOperations：针对 ZSet 类型的数据操作。
- HashOperations：针对 Hash 类型的数据操作。
- ListOperations：针对 List 类型的数据操作。

它们的使用特别简单，在调用类中注入 RedisTemplate，操作哪种类型的数据就调用其对应的 Operations（操作）。调用示例如下：

```
// 操作 String 类型
redisTemplate.opsForValue().set("key","value");
// 操作 Hash 类型
redisTemplate.opsForHash().put("hash","test","hello");
// 操作 List
redisTemplate.opsForList().leftPush("list","weiz");
// 操作 Set
redisTemplate.opsForSet().add("set","weiz")
// 操作 ZSet
redisTemplate.opsForZSet().add("zset","weiz");
```

通过上面的示例，如果要操作 String 类型的数据，则调用 redisTemplate.opsForValue()方法获取 ValueOperations 实例，最后调用 set()或 get()方法即可。

当然，RedisTemplate 也提供了 DefaultValueOperations 对象操作字符串类型数据，比如 set()、get()、incr()等方法。调用这些方法可以方便地存储任意的 Java 类型，而无须进行数据的序列化和反序列化操作。

2. BoundValueOperations

RedisTemplate 提供了 API 用于对 key 执行 bound（绑定）便捷化操作，可以通过 bound 封装指定的 key，然后执行一系列的操作，而无须显式地再次指定 key，即 BoundKeyOperations 将事务操作封装，由容器控制。

- BoundValueOperations 是针对 String 类型的绑定操作。
- BoundSetOperations 是针对 Set 类型的绑定操作。
- BoundListOperations 是针对 List 类型的绑定操作。
- BoundZSetOperations 是针对 ZSet 类型的绑定操作。
- BoundHashOperations 是针对 Hash 类型的绑定操作。

例如，我们在某个类或方法中需要反复操作某个特定的 key 中的数据，则可以先定义对应的 BoundKeyOperations，然后使用此类重复操作 key 中的数据，无须再调用方法中指定的 key。示例代码如下：

```
String key = "weiz";
// 获取 Redis 对 value 的操作对象，需要先设置 key
BoundValueOperations boundTemplate = redisTemplate.boundValueOps(key);

boundTemplate.set("bound test");
// 获取 value
String value = boundTemplate.get();
```

通过上面的示例，首先定义 key 为 "weiz" 的 BoundValueOperations 实例，然后在后续的操作中直接使用定义的 boundTemplate 实例，操作这个 key 对应的数据，无须在调用方法中指定 key。

11.2.3　Spring Boot 项目中实现 Redis 数据缓存

Spring Boot 项目集成 Redis 非常简单，只需在项目中增加 spring-boot-starter-data-redis 的依赖。下面通过示例演示如何在 Spring Boot 项目中集成 Redis。

步骤 01 引入 Redis 依赖包。

在 pom.xml 中增加 spring-boot-starter-data-redis 的依赖：

```
<dependency>
    <groupId>org.springframework.boot</groupId>
    <artifactId>spring-boot-starter-data-redis</artifactId>
</dependency>
```

步骤 02 修改配置文件。

在 application.properties 配置文件增加有关 Redis 的配置：

```
# Redis 数据库（默认为 0）
spring.redis.database=0
# Redis 服务器地址
spring.redis.host=127.0.0.1
# Redis 服务器连接端口
spring.redis.port=6379
# Redis 服务器连接密码（默认为空）
spring.redis.password=
# 连接池最大连接数（使用负值表示没有限制），默认为 8
spring.redis.jedis.pool.max-active=8
# 连接池最大阻塞等待时间（使用负值表示没有限制），默认为-1
spring.redis.jedis.pool.max-wait=-1
# 连接池中的最大空闲连接，默认为 10
```

```
spring.redis.jedis.pool.max-idle=10
# 连接池中的最小空闲连接，默认为 0
spring.redis.jedis.pool.min-idle=2
# 超时时间
spring.redis.timeout=6000
```

上面的示例配置中，最主要的就是 Redis 的连接配置，其他的属性都可以使用默认值。

步骤 03 验证测试。

配置完成之后，Redis 就集成到项目中了。接下来测试 Redis 是否配置成功。首先创建单元测试类，注入 RedisTemplate，然后调用 set()方法写入缓存数据来测试 Redis 是否集成成功。

```
@SpringBootTest
public class TestRedisTemplate {

    @Autowired
    private RedisTemplate redisTemplate;


    @Test
    public void testString() {
        // 调用 set()方法创建缓存
        redisTemplate.opsForValue().set("hello:redis", "hello spring boot");
        System.out.println("hello redis: "+
redisTemplate.opsForValue().get("hello:redis"));
    }
}
```

在上面的例子中，我们使用 redisTemplate 的 set 方法缓存了字符串数据 "hello spring boot"，然后调用 get()方法获取该缓存数据，从而验证数据是否缓存成功。

缓存数据的修改也特别简单，重新调用 set()方法即可，Redis 会判断 key 是否存在，若存在则更新缓存的数据。

单击 Run Test 或在方法上右击，选择 Run 'testString'，运行单元测试方法，结果如图 11-2 所示。

图 11-2　testString 单元测试的运行结果

结果表明创建的单元测试运行成功，我们使用 RedisTemplate 成功创建并读取缓存数据。同时也说明 Spring Boot 项目成功集成 Redis。

11.2.4　Redis 缓存的常用操作

在实际项目中，对 Redis 缓存的常用操作是：创建与读取缓存数据、删除缓存数据、缓存超时等。下面通过示例演示 Redis 常用操作。

1. 创建与读取缓存数据

对于常用的缓存数据的创建与读取操作，调用 RedisTemplate 中的 set()、get()方法即可。下面通过示例演示人员信息的缓存创建与读取。

首先，创建 User 实体类，示例代码如下：

```
@public class User implements Serializable {
    private  String name;
    @JsonIgnore
    private  String password;
    private Integer age;

    @JsonFormat(pattern = "yyyy-MM-dd hh:mm:ss",locale = "zh",timezone =
"GMT+8")
    private Date birthday;
    @JsonInclude(JsonInclude.Include.NON_NULL)
    private  String desc;

    //省略 get、set
}
```

在上面的示例中，我们定义了一个普通的 User 实体类。需要注意的是，Redis 缓存整个实体类对象就需要继承 Serializable 可序列化接口。

然后，创建 TestRedisTemplate 单元测试，添加读取、创建缓存的测试方法。示例代码如下：

```
@Test
public void testObj(){
    User user=new User();
    user.setName("weiz");
    user.setPassword("123456");
    user.setAge(30);
    ValueOperations<String, User> operations=redisTemplate.opsForValue();
    // 调用 set()方法创建缓存
    operations.set("user:weiz", user);
    // 调用 get()方法获取数据
    User u=operations.get("user:weiz");
    System.out.println("name: "+u.getName()+",u.age:"+u.getAge());

}
```

在上面的例子中，调用 redisTemplate 类的 set()方法存储用户对象数据，存储成功后通过 get()方法获取该缓存数据。

最后，单击 Run Test 或在方法上右击，选择 Run 'testString'，运行单元测试方法，结果如图 11-3 所示。

图 11-3　testObj 单元测试的运行结果

结果表明创建的单元测试运行成功，我们使用 RedisTemplate 成功创建并读取缓存数据。同时也说明 Spring Boot 项目成功集成 Redis。

2．删除缓存数据

有时需要把过期或者没用的缓存数据删除，应该如何实现呢？RedisTemplate 提供了 delete()方法来删除过期的缓存 key。下面我们来测试如何删除缓存，示例代码如下：

```
@Test
public void testDelete() {
        ValueOperations<String, User> operations=redisTemplate.opsForValue();
        redisTemplate.opsForValue().set("weiz:deletekey", "need delete");
        // 删除缓存
        redisTemplate.delete("deletekey");
        // 判断 key 是否存在
        boolean exists=redisTemplate.hasKey("deletekey");
        if(exists){
            System.out.println("exists is true");
        }else{
            System.out.println("exists is false");
        }
}
```

在上面的示例中，首先创建缓存 weiz:deletekey，然后删除此 key 来判断数据是否存在。如图 11-4 所示，输出结果表明缓存的 key 和对应的 value 字符串已经被成功删除。

图 11-4　testDelete 单元测试的运行结果

3．缓存超时失效

Redis 可以对存入数据设置缓存超时时间，超过缓存时间 Redis 就会自动删除该数据。这种特性非常适合有时效限制的数据缓存及删除的场景。下面创建一个 User 对象，将 user 数据存入 Redis 并设置 10 秒后缓存失效，然后判断数据是否存在并打印结果。

```
@Test
public void testExpire() throws InterruptedException {
    User user=new User();
    user.setName("weiz expire");
    user.setAge(30);
    ValueOperations<String, User> operations=redisTemplate.opsForValue();
    // 创建缓存并设置缓存失效时间
    operations.set("weiz:expire", user,10000, TimeUnit.MILLISECONDS);
    Thread.sleep(5000);
    // 10 秒后判断缓存是否存在
    boolean exists=redisTemplate.hasKey("weiz:expire");
    if(exists){
        System.out.println("exists is true");
```

```
    }else{
        System.out.println("exists is false");
    }
    Thread.sleep(10000);
    // 10 秒后判断缓存是否存在
    exists=redisTemplate.hasKey("weiz:expire");
    if(exists){
        System.out.println("exists is true");
    }else{
        System.out.println("exists is false");
    }
}
```

单击 Run Test 或在方法上右击，选择 Run 'testExpire'，运行单元测试方法，结果如图 11-5 所示。

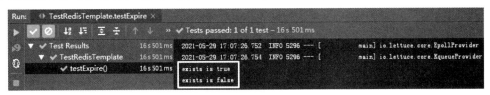

图 11-5　testString 单元测试的运行结果

结果表明 Redis 缓存中已经不存在之前插入的数据，这说明该数据已经过期并被删除。在这种
测试方法中可以使用 hasKey 方法判断 key 是否存在。

11.3　操作 Redis 数据结构

本节介绍 Spring Boot 如何使用 Redis 的 5 个常用数据结构，了解在实际项目开发中各种数据结
构的优缺点和适用场景。这是学习使用 Redis 的基础，只有了解了这些数据结构的概念和用法，才
能在实际应用场景中选择合适的 Redis 数据结构，让其发挥出最好的性能。

11.3.1　String

String（字符串）是常用的数据格式，一般在缓存数据时基本是使用 String 格式来进行存储的。

```
@Test
public void testString() {
        ValueOperations<Serializable, Object> operations =
redisTemplate.opsForHash();
        // 调用 set()方法创建缓存
        operations.set(("string","you");
        // 获取缓存数据
        String value=(String) operations.get("string");
        System.out.println("string value :"+value);
}
```

通过上面的示例可以看到，我们调用了 set()和 get()方法来创建与获取缓存数据，使用起来特别
简单方便。

Redis 除了提供 set()、get()方法之外，还提供了 decr()和 incr()方法。当 String 类型的值为整数时，Redis 可以把它当作整数一样执行自增（incr）和自减（decr）操作。由于 Redis 所有的操作都是原子性的，因此不必担心在多客户端连接时可能出现的事务处理问题。具体示例代码如下：

```
@Test
public void testStringIncr() {
    // 设置当前在线用户数
    redisTemplate.opsForValue().set("user:online", "100");
    // 当前在线用户数+1
    redisTemplate.opsForValue().increment("user:online");
    // 获取缓存数据
    Integer value=(Integer) redisTemplate.opsForValue().get("user:online");
    System.out.println("string value :"+value);
}
```

通过上面的示例可以看到，RedisTemplate 提供了 increment()和 decrement()方法实现 String 数据类型的自增（incr）、自减（decr）操作。

11.3.2 Hash

我们使用缓存时基本都是使用 String 进行存储的，但是有些场景 String 类型存储可能不太适用。因为 Redis 每存储一个 key 都会占用一个内存空间，key 太多会消耗不必要的内存，也不方便数据的管理，因此合理地使用 Hash（哈希）可以减少 key 的数量，也能节省内存。

Hash 是一个 String 类型的 field 和 value 的映射表。如果 key 不存在，就会创建新的哈希表并进行 HSET 操作；如果字段（field）已经存在于哈希表中，则旧值将被覆盖。Hash 适用于存储对象。

```
@Test
public void testHash() {
        HashOperations<String, Object, Object> hash =
redisTemplate.opsForHash();
        // 调用 put()方法创建 Hash 数据缓存
        hash.put("hash","test","hello");
        hash.put("hash","test","spring");
        hash.put("hash","test","boot");
        // 获取 Hash 数据
        String value=(String) hash.get("hash","you");
        System.out.println("hash value :"+value);
}
```

通过上面的示例可以看到，使用 Hash 存储数据时需要传入 3 个参数：第一个参数为 key，第二个参数为字段（field），第三个参数为要存储的值（value）。

Hash 删除时特别方便，比如将同类的数据聚集在一个 Hash 中，删除 key 就可以实现全部删除，清理数据比较方便。除此之外，另一种是删除 Hash 中的部分 key。

```
// 删除 Hash 中的部分 key
redisTemplate.opsForHash().delete("hash","test");
```

如上面的示例所示，如果需要删除 Hash 集合中的某个数据，传入对应的 key 和 field 参数即可。

11.3.3　List

List（列表）的应用场景非常广泛，是 Redis 重要的数据结构之一。使用 List 可以轻松地实现数据队列，List 典型的应用场景就是消息队列，通过 List 的 Push 操作将消息数据存储到 List 中，然后在"消费"线程中再用 POP 操作将消息取出并进行相应的处理。

List 的实现为一个双向链表，可以按照插入顺序排序。另外，也可以把一个元素到添加列链表的头部（左边）或者链表的尾部（右边），操作起来更加方便。

```java
@Test
public void testList() {
    ListOperations<String, String> list = redisTemplate.opsForList();
    // 把数据插入到 List 的左边
    list.leftPush("list","hello");
    list.leftPush("list","spring");
    list.leftPush("list","boot");
    // 从左边取出 List 中的数据
    String value=(String)list.leftPop("list");
    System.out.println("list value :"+value.toString());
}
```

上面的例子表示把值从左侧插入（leftPush）一个 key 为"list"的队列中，然后从该队列的最左侧取出（leftPop）一个数据。

List 还有很多其他 API 操作函数，比如从右侧插入（rightPush）队列，从右侧读取（rightPop）数据，或者调用 range()方法读取队列的一部分。接着上面的例子，我们调用 range()方法进行读取。

```java
@Test
public void testListRange() {
        ListOperations<String, String> list = redisTemplate.opsForList();
        // 从 List 的左边插入数据
        list.leftPush("list","weiz");
        list.leftPush("list","spring");
        list.leftPush("list","boot");
        // 调用 range()方法获取部分 List
        List<String> values=list.range("list",0,2);
        for (String v:values){
            System.out.println("list range :"+v);
        }
}
```

Range()方法包含 3 个参数：第一个参数是 key，第二个参数是读取的起始位置，第三个参数是读取的结束位置。输入不同的参数就可以从队列中读取对应的数据。

11.3.4　Set

Set（集合）是 String 类型的无序集合。集合成员是唯一的，所以集合中不能出现重复的数据。Set 的功能与 List 类似，不同之处在于 Set 可以自动去除重复的数据。因此，当我们需要存储一个列表数据又不希望其中出现重复的数据时，Set 类型就是一个很好的选择。示例代码如下：

```java
@Test
public void testSet() {
    String key = "set";
```

```
SetOperations<String, String> set = redisTemplate.opsForSet();
// 在 Set 中插入数据
set.add(key, "hello");
set.add(key, "spring");
set.add(key, "boot");
set.add(key, "hello");

// 调用 members()方法判断某个数据
Set<String> values = set.members(key);
for (String v : values) {
    System.out.println("set value :" + v);
}
}}
```

通过上面的例子可以发现，Set 提供了 members()方法获取集合中全部的数据。而且，当存入两个相同的数据 "hello" 时，全部读取 Set 时只剩下一个数据，说明 Set 对队列进行了自动去重操作。

Set 还为集合提供了求交集、并集、差集等操作函数，使用起来非常方便，适用于各种业务需求。示例代码如下：

```
@Test
public void testSetUnion() {
    SetOperations<String, String> set = redisTemplate.opsForSet();
    // 在 seta 中插入数据
    set.add("set:a","spring");
    set.add("set:a","weiz");
    set.add("set:a","test");
    // 在 setb 中插入数据
    set.add("set:b","spring");
    set.add("set:b","weiz");
    set.add("set:b","test");

    // 返回多个集合的并集
    redisTemplate.opsForSet().union("set:a", "set:b");
    // 返回多个集合的交集
    redisTemplate.opsForSet().intersect("set:a", "set:b");
    // 返回集合 key1 中存在但是 key2 中不存在的数据集合，即差集
    redisTemplate.opsForSet().difference("set:a", "set:b");
}
```

11.3.5　ZSet

ZSet 的使用场景与 Set 类似，区别在于 Set 是无序的，而 ZSet 可以通过一个优先级（Score）参数来为成员排序。示例代码如下：

```
@Test
public void testZset(){
    String key="zset";
    redisTemplate.delete(key);
    ZSetOperations<String, String> zset = redisTemplate.opsForZSet();
    zset.add(key,"hello",1);
    zset.add(key,"weiz",6);
```

```
zset.add(key,"boot",4);
zset.add(key,"spring",3);
// 调用 range()方法获取数据
Set<String> zsets=zset.range(key,0,3);
for (String v:zsets){
    System.out.println("zset value :"+v);
}
}
```

通过上面的例子可以发现，保存 ZSet 类型的缓存时会传入 key、value、Score 三个参数，然后通过 range 获取数据。

ZSet 还可以根据 Score 的值对集合进行排序。我们可以利用这个特性来实现具有权重的队列，比如普通消息的 Score 为 1，重要消息的 Score 为 2，然后消费线程可以选择按 Score 的倒序来获取相关数据。

```
@Test
public void testZset(){
        String key="zset";
        redisTemplate.delete(key);
        ZSetOperations<String, String> zset = redisTemplate.opsForZSet();
        zset.add(key,"it",1);
        zset.add(key,"you",6);
        zset.add(key,"know",4);
        zset.add(key,"neo",3);
        // 调用 range()方法获取数据并排序
        Set<String> zsetB=zset.rangeByScore(key,0,3);
        for (String v:zsetB){
            System.out.println("zsetB value :"+v);
        }
}
```

通过上面的示例可以发现，插入 ZSet 的数据会自动根据 Score 进行排序，还可以调用 rangeByScore()方法获取 Score 范围内排序后的数据。根据这个特性可以实现优先队列的功能。

11.4　实战：实现数据缓存框架

本节从项目实战出发介绍使用 Redis 来实现数据缓存框架，高效的数据缓存可以极大地提高系统的访问速度和并发性能，Spring Boot 关于数据缓存有很多实现方案，下面将讲解其中的部分方案。

11.4.1　数据缓存的原理

Spring Boot 提供了完善的数据缓存方案，系统会自动根据调用的方法缓存请求的数据。当再次调用该方法时，系统会首先从缓存中查找是否有相应的数据，如果命中缓存，则从缓存中读取数据并返回；如果没有命中，则请求数据库查询相应的数据并再次缓存。系统架构如图 11-6 所示。

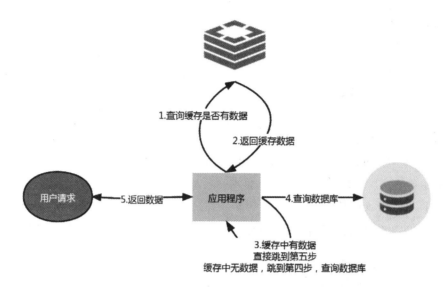

图 11-6　系统数据缓存架构图

如图 11-6 所示，每一个用户请求都会先查询缓存中的数据，如果缓存命中，则会返回缓存中的数据。这样能减少数据库查询，提高系统的响应速度。

11.4.2　使用 Redis 实现数据缓存框架

接下来，以用户信息管理模块为例演示使用 Redis 实现数据缓存框架。

1. 添加 Redis Cache 的配置类

RedisConfig 类为 Redis 设置了一些全局配置，比如配置主键的生产策略 KeyGenerator()方法，此类继承 CachingConfigurerSupport 类，并重写方法 keyGenerator()，如果不配置，就默认使用参数名作为主键。

```
@Configuration
@EnableCaching
public class RedisConfig extends CachingConfigurerSupport {

    / **
     * 采用 RedisCacheManager 作为缓存管理器
     * 为了处理高可用 Redis,可以使用 RedisSentinelConfiguration 来支持 Redis Sentinel
     */
    @Bean
    public CacheManager cacheManager(RedisConnectionFactory connectionFactory) {
        RedisCacheManager redisCacheManager =
RedisCacheManager.builder(connectionFactory).build();
        return redisCacheManager;
    }

    / **
     * 自定义生成 key 的规则
     */
```

```
    @Override
    public KeyGenerator keyGenerator() {
        return new KeyGenerator() {
            @Override
            public Object generate(Object o, Method method, Object...objects) {
                // 格式化缓存 key 字符串
                StringBuilder stringBuilder = new StringBuilder();
                // 追加类名
                stringBuilder.append(o.getClass().getName());
                // 追加方法名
                stringBuilder.append(method.getName());
                // 遍历参数并且追加
                for (Object obj :objects) {
                    stringBuilder.append(obj.toString());
                }
                System.out.println("调用 Redis 缓存 Key: " +
stringBuilder.toString());
                return stringBuilder.toString();
            }
        };
    }
}
```

在上面的示例中，主要是自定义配置 RedisKey 的生成规则，使用@EnableCaching 注解和
@Configuration 注解。

● @EnableCaching: 开启基于注解的缓存，也可以写在启动类上。
● @Configuration: 标识它是配置类的注解。

2. 添加@Cacheable 注解

在读取数据的方法上添加@Cacheable 注解，这样就会自动将该方法获取的数据结果放入缓存。

```
@Repository
public class UserRepository {

    / **
     * @Cacheable 应用到读取数据的方法上，先从缓存中读取，如果没有，再从 DB 获取数据，然后
把数据添加到缓存中
     * unless 表示条件表达式成立的话不放入缓存
     * @param username
     * @return
     */
    @Cacheable(value = "user")
    public User getUserByName(String username) {
        User user = new User();
        user.setName(username);
        user.setAge(30);
        user.setPassword("123456");
        System.out.println("user info from database");
        return user;
    }
}
```

```
    }
}
```

在上面的实例中，使用@Cacheable 注解标注该方法要使用缓存。@Cacheable 注解主要针对方法进行配置，能够根据方法的请求对参数及其结果进行缓存。

1）这里缓存 key 的规则为简单的字符串组合，如果不指定 key 参数，则自动通过 keyGenerator 生成对应的 key。

2）Spring Cache 提供了一些可以使用的 SpEL 上下文数据，通过#进行引用。

3. 测试数据缓存

创建单元测试方法调用 getUserByName()方法，测试代码如下：

```java
@Test
public void testGetUserByName() {
    User user = userRepository.getUserByName("weiz");
    System.out.println("name: "+ user.getName()+",age:"+user.getAge());

    user = userRepository.getUserByName("weiz");
    System.out.println("name: "+ user.getName()+",age:"+user.getAge());
}}
```

上面的实例分别调用了两次 getUserByName()方法，输出获取到的 User 信息。

最后，单击 Run Test 或在方法上右击，选择 Run 'testGetUserByName'，运行单元测试方法，结果如图 11-7 所示。

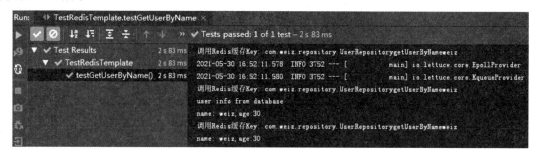

图 11-7　运行结果

通过上面的日志输出可以看到，首次调用 getPersonByName()方法请求 User 数据时，由于缓存中未保存该数据，因此从数据库中获取 User 信息并存入 Redis 缓存，再次调用会命中此缓存并直接返回。

11.4.3　常用缓存注解

1. 常用注解和参数

Spring 提供了@EnableCaching、@Cacheable、@CacheEvict、@CachePut、@CacheConfig 五个注解用来声明数据缓存规则，理解这几个常用的注解和方法就可以在项目中轻松实现数据缓存。如表 11-2 所示，这 5 个注解除了@CacheConfig 是类级别的注解之外，其余 4 个注解在类和方法上均可使用，使用在类上时表示对该类下的所有方法生效，使用在方法上时只对该方法生效，并且只能用于 public 修饰的方法，而 protected 或者 private 修饰的方法则不适用。

表11-2　Cache常用注解及方法说明

注解和属性	说　明	标注位置
@EnableCaching	开启基于注解的缓存，写在启动类上	启动类
@Cacheable	如果该方法结果存在缓存，则使用缓存，否则执行方法并将结果缓存	类或方法
cacheNames/value	缓存的名称，类似于命名空间，用于对数据进行隔离	
key	缓存的 key，可以为空，如果指定，则按照 SpEL 表达式编写，如果不指定，则默认按照方法的所有参数进行组合	
condition	缓存的条件，可以为空，使用 SpEL 编写，返回 true 或者 false，只有为 true 才进行缓存	
unless	否定缓存，当 unless 为 true 时，数据不会被缓存	
@CacheEvict	用来标注在需要清除缓存元素的方法或类上。当标记在一个类上时，表示其中所有方法的执行都会触发缓存的清除操作	类或方法
cacheNames/value	缓存的名称，类似于命名空间，用于对数据进行隔离	
key	缓存的 key，可以为空，如果指定，则按照 SpEL 表达式编写，如果不指定，则默认按照方法的所有参数进行组合	
condition	缓存的条件，可以为空，使用 SpEL 编写，返回 true 或者 false，只有为 true 才进行缓存	
allEntries	boolean 类型，表示是否需要清除缓存中的所有元素。默认为 false	
beforeInvocation	如果因为抛出异常而未能成功返回，也不会触发清除操作	
unless	否定缓存，当 unless 为 true 时，数据不会被缓存	
@CachePut	无论有没有缓存都要执行方法，并把结果缓存，如果存在缓存就更新	类或方法
cacheNames/ value	缓存的名称，类似于命名空间，用于对数据进行隔离	
key	缓存的 key，可以为空，如果指定，则按照 SpEL 表达式编写，如果不指定，则默认按照方法的所有参数进行组合	
condition	缓存的条件，可以为空，使用 SpEL 编写，返回 true 或者 false，只有为 true 才进行缓存	
unless	否定缓存，当 unless 为 true 时，数据不会被缓存	
@CacheConfig	用于抽取缓存的公共配置（类级别）	类
cacheNames/value	缓存的名称，类似于命名空间，用于对数据进行隔离	

2. keyGenerator

前面介绍了通过 key 参数生成对应缓存的 key 值，除了 key 参数之外，还有 keyGenerator 参数，用于指定 key 的生成器的主键 ID。使用 keyGenerator 能够更加灵活地生成缓存的 key 值。需要注意的是， key 和 keyGenerator 两个参数只能使用一个。下面演示 keyGenerator 如何使用。

首先，定义 keyGenerator 生成器，示例代码如下：

```
@Configuration
public class RedisConfig{

    /**
     * 自定义生成 key 的规则
     */
    @Bean("myKeyGenerator")
```

```java
public KeyGenerator keyGenerator() {
    return new KeyGenerator() {
        public Object generate(Object o, Method method, Object... objects) {
            // 格式化缓存 key 字符串
            StringBuilder stringBuilder = new StringBuilder();
            // 追加类名
            stringBuilder.append(o.getClass().getName());
            // 追加方法名
            stringBuilder.append(method.getName());
            // 遍历参数并且追加
            for (Object obj :objects) {
                stringBuilder.append(obj.toString());
            }
            System.out.println("调用 Redis 缓存 Key: " +
stringBuilder.toString());
            return stringBuilder.toString();
        }
    };
}
```

在上面的实例中，我们定义了 keyGenerator 生成器：myKeyGenerator。Key 的生成规则是：类名+方法名+参数名。

定义了 keyGenerator 生成器，接下来在缓存中指定 keyGenerator。

```java
@Cacheable(value = "user", keyGenerator="myKeyGenerator", unless = "#result eq null")
public Person getPersonByName(String username) {
    Person person = personRepo.getPersonByName(username);
    return person;
}
```

在上面的实例中，我们通过 keyGenerator 参数指定了缓存的生成器为前面定义的 myKeyGenerator。

11.5 实战：实现 Session 共享

本节从项目实战出发介绍使用 Redis 实现 Session 共享。在分布式或微服务系统中会出现这样一个问题：用户在服务器 A 上登录以后，假如后续的业务操作被负载均衡服务转发到服务器 B 上，服务器 B 上没有这个用户的 Session 状态，就会强制让用户重新登录，导致业务无法顺利完成。因此，这就需要将 Session 进行共享，保证每个系统都能获取用户的 Session 状态。

11.5.1 分布式 Session 共享解决方案

目前主流的分布式 Session 共享主要有以下几种解决方案：

● **客户端存储**：使用 Cookie 来完成，其缺点是不安全、不可靠。
● **Session 绑定**：使用 Nginx 中的 IP 绑定策略，同一个 IP 指定访问同一台机器，其缺点是容易造成单点故障。如果某一台服务器宕机，那么该台服务器上的 Session 信息将会丢失。

- Session 同步：使用 Tomcat 内置的 Session 同步，其缺点是同步可能会产生延迟。
- Session 共享：将 Session 存储在 Redis 等缓存中间件中。

以上解决方案各有优缺点，其中比较流行的是使用 Redis 等缓存中间件的 Session 共享解决方案。将所有的 Session 会话信息存入 Redis 缓存中，然后 Web 应用从 Redis 中取出 Session 信息实现所有应用的 Session 共享。具体示意图如图 11-8 所示。

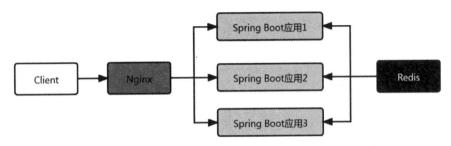

图 11-8　使用 Redis 实现 Session 共享示意图

从图 11-8 可以看出，所有的服务都将 Session 信息存储到 Redis 中，无论是对 Session 的注销、更新都会同步到 Redis 中，从而达到 Session 共享的目的。

11.5.2　使用 Redis 快速实现 Session 共享

前面介绍了使用 Redis 实现 Session 共享的解决方案。下面通过示例演示使用 Redis 实现 Session 信息存储，并实现多系统的 Session 信息共享。

1. 引入依赖

```
<dependency>
    <groupId>org.springframework.session</groupId>
    <artifactId>spring-session-data-redis</artifactId>
</dependency>
<!-- 引入 redis 依赖 -->
<dependency>
    <groupId>org.springframework.boot</groupId>
    <artifactId>spring-boot-starter-data-redis</artifactId>
</dependency>>
```

在上面的示例中，除了引入 Redis 组件外，还需要引入 spring-session-data-redis 依赖。通过此组件实现 Session 信息的管理。

2. 添加 Session 配置类

```
@Configuration
@EnableRedisHttpSession(maxInactiveIntervalInSeconds = 86400*30)
public class SessionConfig {
}
```

上面的示例配置了 Session 的缓存时间。maxInactiveIntervalInSeconds 用于设置 Session 的失效时间，使用 Redis 共享 Session 之后，原 Spring Boot 的 server.session.timeout 属性不再有效。

经过上面的配置后，Session 调用就会自动去 Redis 上存取。另外，想要达到 Session 共享的目的，只需要在其他系统上进行同样的配置即可。

3. 测试验证

首先，增加 Session 的测试方法。

```
@RequestMapping("/uid")
String uid(HttpSession session) {
    UUID uid = (UUID) session.getAttribute("uid");
    if (uid == null) {
        uid = UUID.randomUUID();
    }
    session.setAttribute("uid", uid);
    return session.getId();
}
```

然后，启动项目，运行一个程序实例，启动端口号为 8080，在浏览器中输入地址：http://localhost:8080/uid，页面返回会话的 sessionId，如图 11-9 所示。

```
7433a35d-a086-4b7d-bb64-37cf8b4e18f7
```

图 11-9　程序实例 1 返回的 sessionId

我们可以登录 Redis 客户端，查看 Session 是否已经保存到 Redis，输入“keys '*sessions*'”查看所有的 Session 信息，如图 11-10 所示。

```
127.0.0.1:6379> keys '*sessions*'
1) "spring:session:sessions:7433a35d-a086-4b7d-bb64-37cf8b4e18f7"
2) "spring:session:sessions:expires:7433a35d-a086-4b7d-bb64-37cf8b4e18f7"
127.0.0.1:6379> _
```

图 11-10　Redis 缓存中的 sessionId

从上面的输出可以看到，sessionId 是 7433a35d-a086-4b7d-bb64-37cf8b4e18f7，与页面返回的 sessionId 一致。说明 Redis 中缓存的 SessionId 和实际使用的 Session 一致，Session 已经在 Redis 中进行了有效的管理。

最后，模拟分布式系统再启动一个程序实例，启动端口号为 8081，在浏览器中输入 http://localhost:8081/uid，页面返回会话的 SessionId 如图 11-11 所示。

```
7433a35d-a086-4b7d-bb64-37cf8b4e18f7
```

图 11-11　程序实例 2 返回的 sessionId

从输出结果可以看到，程序实例 1 和程序实例 2 获取的是同一个 Session，这说明两个程序实现了 Session 共享。

11.6　本章小结

本章主要介绍了 Redis 的特点、数据结构及其应用场景,然后介绍了 Spring Boot 如何使用 Redis 缓存,使用 RedisTemplate 操作缓存数据,最后从项目实战出发介绍了使用 Redis 实现数据缓存框架和使用 Redis 实现 Session 共享的解决方案。

11.7　本章练习

创建 Spring Boot 项目并集成 Redis 和 JPA,使用 Redis 和 JPA 实现人员管理模块的数据缓存功能。

第12章

RabbitMQ 消息队列

本章主要介绍 Spring Boot 使用 RabbitMQ 实现消息队列，主要包括 RabbitMQ 的核心概念、交换机等，然后在 Spring Boot 项目中使用 RabbitMQ 实现消息的发送和接收，最后从项目实战出发介绍让消息 100%可靠性发送的解决方案。

12.1　RabbitMQ 入门

本节介绍 RabbitMQ 的核心概念和消息中间件中非常重要的协议——AMQP 协议，然后介绍 Direct、Topic、Headers、Fanout 等交换机的作用和特点。

12.1.1　RabbitMQ 简介

消息中间件在互联网公司使用的越来越多，主要用于在分布式系统中存储转发消息，在易用性、扩展性、高可用性等方面表现不俗。消息队列实现系统之间的双向解耦，生产者往消息队列中发送消息，消费者从队列中拿取消息并处理，生产者不用关心是谁来消费，消费者不用关心谁在生产消息，从而达到系统解耦的目的，也大大提高了系统的高可用性和高并发能力。

RabbitMQ 基于开源的 AMQP 协议实现，服务器端用 Erlang 语言编写，支持多种客户端，如 Python、Ruby、.NET、Java、JMS、C、PHP、ActionScript、XMPP、STOMP、AJAX 等。

RabbitMQ 的主要优势如下：

- 可靠性（Reliability）：使用了一些机制来保证可靠性，比如持久化、传输确认、发布确认。

- 灵活的路由（Flexible Routing）：在消息进入队列之前，通过 Exchange 来路由消息。对于典型的路由功能，Rabbit 已经提供了一些内置的 Exchange 来实现。针对更复杂的路由功能，既可以将多个 Exchange 绑定在一起，又可以通过插件机制实现自己的 Exchange。

- 消息集群(Clustering)：多个 RabbitMQ 服务器可以组成一个集群，形成一个逻辑 Broker。
- 高可用（Highly Available Queues）：队列可以在集群中的机器上进行镜像，使得在部分节点出现问题的情况下队列仍然可用。
- 多种协议（Multi-Protocol）：支持多种消息队列协议，如 STOMP、MQTT 等。
- 多种语言客户端（Many Clients）：几乎支持所有常用语言，比如 Java、.NET、Ruby 等。
- 管理界面（Management UI）：提供了易用的用户界面，使得用户可以监控和管理消息 Broker 的许多方面。
- 跟踪机制（Tracing）：如果消息异常，RabbitMQ 提供了消息的跟踪机制，使用者可以找出发生了什么。
- 插件机制（Plugin System）：提供了许多插件进行扩展，也可以编辑自己的插件。

RabbitMQ 作为流行的消息中间件，实现了应用程序的异步和解耦，同时也能起到消息缓冲、消息分发的作用，在易用性、扩展性、高可用性等方面表现不俗。

12.1.2　AMQP

AMQP（Advanced Message Queuing Protocol，高级消息队列协议）是应用层协议的开放标准，是为面向消息的中间件设计。基于此协议的客户端可与消息中间件传递消息，从而不受产品、开发语言等条件限制。消息中间件主要用于组件之间的解耦，消息发送者无须知道消息使用者的存在，反之亦然。

与其他消息队列协议不同的是，AMQP 中增加了 Exchange 和 Binging 角色。生产者把消息发布到 Exchange 上，消息最终到达队列并被消费者接收；而 Binding 决定 Exchange 的消息应该发送到哪个队列。

图 12-1 展示的就是消息路由传递的过程：生产者首先将消息发送到 Exchange，通过 Exchange 转发到绑定的各个消息队列上，然后消费者从队列中读取消息。

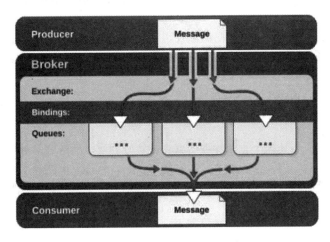

图 12-1　AMQP 消息路由的过程

12.1.3 RabbitMQ 组件功能

RabbitMQ 中有几个非常重要的组件：服务实体（Broker）、虚拟主机（Virtual Host）、交换机（Exchange）、队列（Queue）和绑定（Binging）等，如图 12-2 所示。

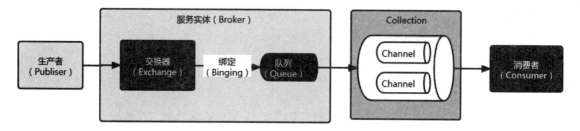

图 12-2 RabbitMQ 的功能组件

- 服务实体（Broker）：标识消息队列的服务器实体。
- 虚拟主机（Virtual Host）：一个虚拟主机只有一组交换机、队列和绑定，为什么还需要多个虚拟主机呢？很简单，在 RabbitMQ 中，用户只能在虚拟主机的粒度上进行权限控制。因此，如果需要禁用 A 组访问 B 组的交换机/队列/绑定，就必须为 A 和 B 分别创建一个虚拟主机，每个 RabbitMQ 服务器都有一个默认的虚拟主机"/"。
- 交换机（Exchange）：客户端不会直接给服务端发送消息，而是通过交换机转发。交换机用于转发消息，但是它不会进行存储，如果没有消息队列发送到交换机，它就会直接丢弃生成者（Producer）发送过来的消息。
- 队列（Queue）：用来保存消息直到发送给消费者。它是消息的容器，也是消息的终点。一个消息可投入一个或多个队列。消息一直在队列中，等待消费者连接到这个队列将其取走。
- 绑定（Binging）：也就是交换机需要与队列相互绑定，如图 12-2 所示就是多对多的关系。

通常我们谈到消息队列服务时有 3 个基本概念：消息发送者、消息队列和消息接收者。RabbitMQ 在这些基本概念之上多做了一层抽象，在消息发送者和消息队列之间加入了交换机，这样消息发送者与队列之间就没有直接联系，变成消息发送者将消息发送给交换机，再由交换机根据调度策略把消息发送到各个队列。

12.1.4 交换机

交换机（Exchange）的功能主要是接收消息并且转发到绑定的队列，交换机不存储消息，只是把消息分发给各自的队列。但是我们给交换机发送消息，它怎么知道给哪个消息队列发送呢？这里就要用到 RoutingKey 和 BindingKey。

- BindingKey 是交换机和消息队列绑定的规则描述。
- RoutingKey 是消息发送时携带的消息路由信息描述。

当消息发送到交换机（Exchange）时，通过消息携带的 RoutingKey 与当前交换机所有绑定的

BindingKey 进行匹配，如果满足匹配规则，则往 BindingKey 所绑定的消息队列发送消息，这样就解决了向 RabbitMQ 发送一次消息，可以分发到不同的消息队列，实现消息路由分发的功能。

交换机有 Direct、Topic、Headers 和 Fanout 四种消息分发类型。不同的类型在处理绑定到队列方面的行为时会有所不同。

1）Direct：其类型的行为是"先匹配，再发送"，即在绑定时设置一个 BindingKey，当消息的 RoutingKey 匹配队列绑定的 BindingKey 时，才会被交换机发送到绑定的队列中。

2）Topic：按规则转发消息（最灵活）。支持用"*"或"#"的模式进行绑定。"*"表示匹配一个单词，"#"表示匹配 0 个或者多个单词。比如，某消息队列绑定的 BindingKey 为"*.user.#"时，能够匹配到 RoutingKey 为 usd.user 和 eur.user.db 的消息，但是不匹配 user.hello。

3）Headers：设置 header attribute 参数类型的交换机。根据应用程序消息的特定属性进行匹配，这些消息可能在绑定 key 中标记为可选或者必选。

4）Fanout：转发消息到所有绑定队列（广播）。将消息广播到所有绑定到它的队列中，而不考虑队列绑定的 BindingKey 的值。

1. Direct 模式

Direct 是 RabbitMQ 默认的交换机模式，也是简单的模式，根据 key 全字匹配去寻找队列，如图 12-3 所示。当消息的 RoutingKey 为 orange 时，匹配 Q1 队列，所以消息被发送到 Q1。

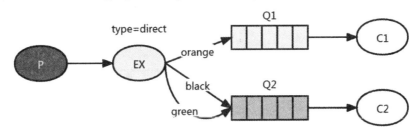

图 12-3　Direct 消息转发模式

2. Topic 模式

Topic 是 RabbitMQ 中使用最多的交换机模式（见图 12-4），RoutingKey 必须是一串字符，用符号"."隔开，比如 user.msg 或者 user.order.msg 等。

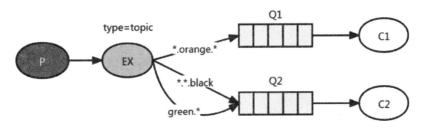

图 12-4　Topic 消息转发模式

Topic 与 Direct 类似，只是路由匹配上支持通配符，可以使用以下两个通配符：

● *：表示匹配一个词。

- #: 表示匹配 0 个或多个词。

当消息的 RoutingKey 为 color.orange.msg 时，匹配 Q1 队列，所以消息被发送到 Q1。

3. Headers 模式

Headers 也是根据规则匹配的，相较于 Direct 和 Topic 固定地使用 RoutingKey 与 BindingKey 的匹配规则来路由消息，Headers 是根据发送的消息内容中的 headers 属性进行匹配的。

消息队列绑定的 header 数据中有一个特殊的键 x-match，有 all 和 any 两个值：

- all：表示传送消息的 header 中的"键-值对"（Key-Value Pair）和交换机的 header 中的"键-值对"全部匹配，才可以路由到对应的交换机。
- any：表示传送消息的 header 中的"键-值对"和交换机的 header 中的"键-值对"中的任意一个匹配，就可以路由到对应的交换机。

如图 12-5 所示，在绑定队列与交换机时指定一组"键-值对"，当消息发送到交换机时，RabbitMQ 会取到该消息的 Headers，然后对比其中的"键-值对"是否匹配队列与 Exchange 绑定时指定的"键-值对"；如果匹配则消息会路由到该队列，否则不会路由到该队列。

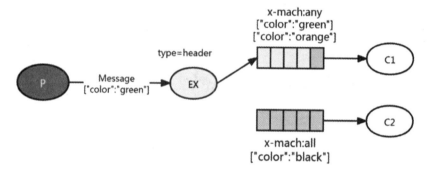

图 12-5　Header 消息转发模式

4. Fanout 模式

Fanout 是消息广播模式，交换机不处理 RoutingKey，发送到交换机的消息都会分发到所有绑定的队列上。Fanout 模式不需要 RoutingKey，只需要提前将交换机与队列进行绑定即可。

如图 12-6 所示，每个发送到交换机的消息都会被转发到与该交换机绑定的所有队列上。很像子网广播，每台子网内的主机都获得了一份复制的消息。Fanout 模式转发消息是最快的。

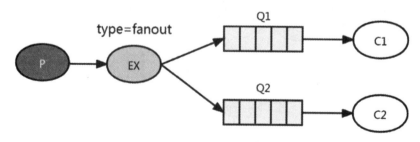

图 12-6　Fanout 消息转发模式

12.2　Spring Boot 集成 RabbitMQ

本节介绍 Spring Boot 对 RabbitMQ 的支持。Spring Boot 提供了 spring-bootstarter-amqp 组件对消息队列进行支持，使用非常简单，仅需要非常少的配置即可实现完整的消息队列服务。

12.2.1　发送和接收消息

Spring Boot 提供了 spring-boot-starter-amqp 组件，只需要简单地配置即可与 Spring Boot 无缝集成。下面通过示例演示集成 RabbitMQ 实现消息的接收和发送。

步骤01 配置 pom 包。

创建 Spring Boot 项目并在 pom.xml 文件中添加 spring-bootstarter-amqp 等相关组件依赖：

```
<dependency>
    <groupId>org.springframework.boot</groupId>
    <artifactId>spring-boot-starter-amqp</artifactId>
</dependency>
```

在上面的示例中，引入 Spring Boot 自带的 amqp 组件 spring-bootstarter-amqp。

步骤02 修改配置文件。

修改 application.properties 配置文件，配置 rabbitmq 的 host 地址、端口以及账户信息。

```
spring.rabbitmq.host=10.2.1.231
spring.rabbitmq.port=5672
spring.rabbitmq.username=zhangweizhong
spring.rabbitmq.password=weizhong1988
spring.rabbitmq.virtualHost=order
```

在上面的示例中，主要配置 RabbitMQ 服务的地址。RabbitMQ 配置由 spring.rabbitmq.*配置属性控制。virtual-host 配置项指定 RabbitMQ 服务创建的虚拟主机，不过这个配置项不是必需的。

步骤03 创建消费者。

消费者可以消费生产者发送的消息。接下来创建消费者类 Consumer，并使用@RabbitListener 注解来指定消息的处理方法。示例代码如下：

```
@Component
public class Consumer {

    @RabbitHandler
    @RabbitListener(queuesToDeclare = @Queue("rabbitmq_queue"))
    public void process(String message) {
        System.out.println("消费者消费消息111=====" + message);
    }

}
```

在上面的示例中，Consumer 消费者通过@RabbitListener 注解创建侦听器端点，绑定

rabbitmq_queue 队列。

1）@RabbitListener 注解提供了@QueueBinding、@Queue、@Exchange 等对象，通过这个组合注解配置交换机、绑定路由并且配置监听功能等。

2）@RabbitHandler 注解为具体接收的方法。

步骤 04 创建生产者。

生产者用来产生消息并进行发送，需要用到 RabbitTemplate 类。与之前的 RedisTemplate 类似，RabbitTemplate 是实现发送消息的关键类。示例代码如下：

```
@Component
public class Producer {

    @Autowired
    private RabbitTemplate rabbitTemplate;
    public void produce() {
        String message = new Date() + "Beijing";
        System.out.println("生产者产生消息=====" + message);
        rabbitTemplate.convertAndSend("rabbitmq_queue", message);
    }
}
```

如上面的示例所示，RabbitTemplate 提供了 convertAndSend 方法发送消息。convertAndSend 方法有 routingKey 和 message 两个参数：

1）routingKey 为要发送的路由地址。

2）message 为具体的消息内容。发送者和接收者的 queuename 必须一致，不然无法接收。

步骤 05 运行测试。

创建对应的测试类 ApplicationTests，验证消息发送和接收是否成功。

```
@RunWith(SpringRunner.class)
@SpringBootTest
public class ApplicationTests {
    @Autowired
    Producer producer;
    @Test
    public void contextLoads() throws InterruptedException {
        producer.produce();
        Thread.sleep(1*1000);
    }
}
```

在上面的示例中，首先注入生产者对象，然后调用 produce()方法来发送消息。

最后，单击 Run Test 或在方法上右击，选择 Run 'contextLoads()'，运行单元测试程序，查看后台输出情况，结果如图 12-7 所示。

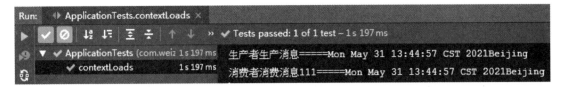

图 12-7　消息发送、接收单元测试的运行结果

通过上面的程序输出日志可以看到，消费者已经收到了生产者发送的消息并进行了处理。这是常用的简单使用示例。

12.2.2　发送和接收实体对象

Spring Boot 支持对象的发送和接收，且不需要额外的配置。下面通过一个例子来演示 RabbitMQ 发送和接收实体对象。

1. 定义实体类

首先，定义发送与接收的对象实体 User 类，代码如下：

```
public class User implements Serializable {
    public String name;
    public String password;
// 省略 get 和 set 方法
}
```

在上面的示例中，定义了普通的 User 实体对象。需要注意的是，实体类对象必须继承 Serializable 序列化接口，否则会报数据无法序列化的错误。

2. 定义消费者

修改 Consumer 类，将参数换成 User 对象。示例代码如下：

```
@Component
public class Consumer {

    @RabbitHandler
    @RabbitListener(queuesToDeclare = @Queue("rabbitmq_queue_object"))
    public void process(User user) {
        System.out.println("消费者消费消息 111user=====name: " +
user.getName()+",password:"+user.getPassword());
    }
}
```

其实，消费者类和消息处理方法和之前的类似，只不过将参数换成了实体对象，监听 rabbitmq_queue_object 队列。

3. 定义生产者

修改 Producer 类，定义 User 实体对象，并通过 convertAndSend 方法发送对象消息。示例代码如下：

```
@Component
```

```java
public class Producer {
    @Autowired
    private RabbitTemplate rabbitTemplate;

    public void produce() {
        User user=new User();
        user.setName("weiz");
        user.setPassword("123456");
        System.out.println("生产者生产消息111=====" + user);
        rabbitTemplate.convertAndSend("rabbitmq_queue_object", user);
    }
}
```

在上面的示例中，还是调用 convertAndSend()方法发送实体对象。convertAndSend()方法支持 String、Integer、Object 等基础的数据类型。

4. 验证测试

创建单元测试类，注入生产者对象，然后调用 produceObj()方法发送实体对象消息，从而验证消息能否被成功接收。

```java
@RunWith(SpringRunner.class)
@SpringBootTest
public class ApplicationTests {

    @Autowired
    Producer producer;

    @Test
    public void testProduceObj() throws InterruptedException {
        producer.produceObj();
        Thread.sleep(1*1000);
    }
}
```

最后，单击 Run Test 或在方法上右击，选择 Run 'contextLoads()'，运行单元测试程序，查看后台输出情况，运行结果如图 12-8 所示。

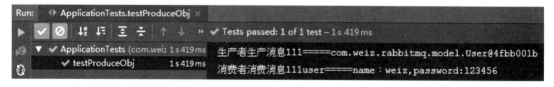

图 12-8 消息发送、接收实体单元测试的运行结果

通过上面的示例成功实现了 RabbitMQ 发送和接收实体对象，使得消息的数据结构更加清晰，也更加贴合面向对象的编程思想。

12.3　消息发送模式

上一节介绍了 Spring Boot 集成 RabbitMQ 实现消息的发送和接收。但是，如果有一个发送者和 N 个接收者或者 N 个发送者和 N 个接收者，会出现什么情况呢？这就需要明白实际应用中有哪些消息发送模式。接下来逐一演示简单队列、工作队列、发布订阅、路由、广播等消息发送模式。

12.3.1　简单队列模式

简单队列是 RabbitMQ 中最简单的工作队列模式，也叫点对点模式，即一个消息的生产者对应一个消费者，它包含一个生产者、一个消费者和一个队列。生产者向队列中发送消息，消费者从队列中获取消息并消费。

如图 12-9 所示，简单队列有 3 个角色：一个生产者、一个队列和一个消费者，这样理解起来比较简单。下面根据示例来演示简单队列的工作模式。

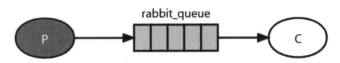

图 12-9　简单队列模式

步骤01 创建生产者。

生产者示例代码如下：

```
@Component
public class Producer {
    @Autowired
    private RabbitTemplate rabbitTemplate;
    public void produce() {
        String message = new Date() + "Beijing";
        System.out.println("生产者生产消息=====" + message);
        rabbitTemplate.convertAndSend("rabbitmq_queue", message);
    }
}
```

步骤02 创建消费者。

消费者示例代码如下：

```
@Component
public class Consumer {
    @RabbitHandler
    @RabbitListener(queuesToDeclare = @Queue("rabbitmq_queue"))
    public void process(String message) {
        Thread.sleep(1000)
        System.out.println("消费者消费消息 111=====" + message);
    }
}
```

上面的生产者、消费者的示例代码和前面的示例是一样的。

步骤 **03** 验证测试。

下面设计一个发送者和一个接收者，连续发送 10 条消息，验证消息发送与接收效果。

```
@RunWith(SpringRunner.class)
@SpringBootTest
public class ApplicationTests {
    @Autowired
    Producer producer;
    @Test
    public void contextLoads() throws InterruptedException {
        producer.produce();
        Thread.sleep(1*1000);
    }
}
```

单击 Run Test 或在方法上右击，选择 Run 'contextLoads()'，运行单元测试程序，查看后台输出情况，运行结果如图 12-10 所示。

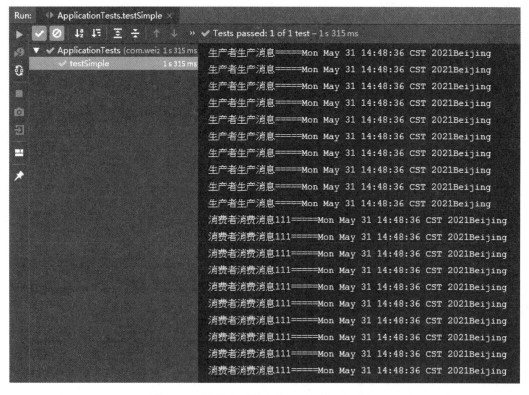

图 12-10　简单队列模式单元测试的运行结果

通过上面的程序输出日志可以看到，消费者已经收到了生产者发送的消息并进行处理。由于是一对一的工作模式，它的缺点很明显，在实际的应用中，业务处理比较耗费时间，简单队列模式很难在并发环境下支撑并发处理的业务量。

12.3.2　工作队列模式

除了一对一的简单队列模式，还有一个生产者对多个消费者的工作队列模式，该模式下可以是一个生产者将消息发送到一个队列，该队列对应多个消费者，此时每条消息只会被消费一次，多个消费者循环处理，如图 12-11 所示。

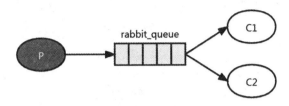

图 12-11　工作队列模式

对上面的代码进行改造，设计一个发送者发送 100 条消息、两个接收者处理消息，观察两个接收端的执行效果。

步骤 01 创建生产者。

在下面的示例中，修改之前的代码，设计一个发送者连续发送 100 条消息：

```
public void produce() {
    for (int i=0;i<100;i++){
        String message = new Date() + "Beijing";
        System.out.println("生产者生产消息=====" + message);
        rabbitTemplate.convertAndSend("rabbitmq_queue", message);
    }
}
```

步骤 02 创建两个消费者。

在下面的示例中，创建两个消费者来监听 rabbitmq_queue 队列，其中消费者 2 和消费者 1 的代码基本一致。

```
@Component
public class Consumer {
    @RabbitHandler
    @RabbitListener(queuesToDeclare = @Queue("rabbitmq_queue"))
    public void process(String message) {
        Thread.sleep(1000)
        System.out.println("消费者消费消息 222=====" + message);
    }
}
```

步骤 03 验证测试。

创建单元测试程序，启动发送者实例和两个接收者实例，循环发送 100 条消息，查看两个接收者的消息处理效果：

```
@Test
public void testWork() throws InterruptedException {
    producer.produce();
}
```

单击 Run Test 或在方法上右击，选择 Run 'testWork'，运行单元测试程序，查看后台输出情况，运行结果如图 12-12 所示。

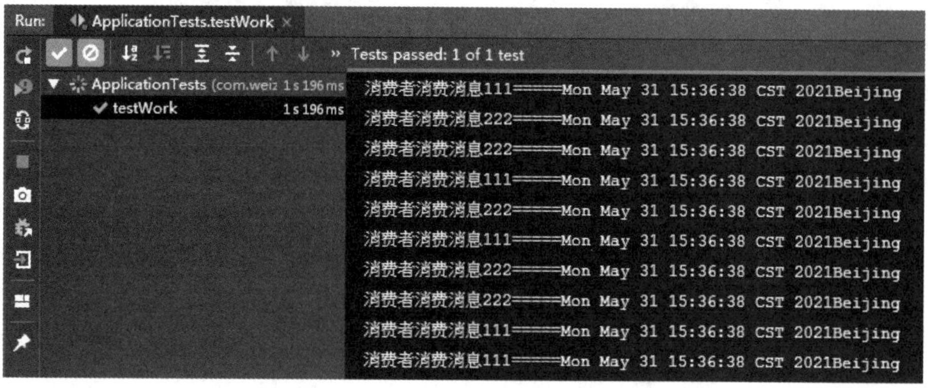

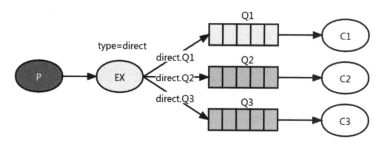

图 12-12　工作队列模式单元测试的运行结果

通过日志输出看到，一个发送者与 N 个接收者经过测试，接收端均匀接收到消息，每个消费者将获得相同数量的消息，也说明接收端自动均衡了负载，我们可以利用这个特性进行流量分发。

12.3.3　路由模式

之前介绍了 Direct 路由转发模式是"先匹配，再发送"，即在绑定时设置一个 BindingKey，当消息的 RoutingKey 匹配队列绑定的 BindingKey 时，才会被交换机发送到绑定的队列中，如图 12-13 所示。

图 12-13　Direct 模式消息转发机制

在 Direct 模型下，队列与交换机不能任意绑定，而是要指定一个 Bindingkey，消息的发送方在向 Exchange 发送消息时，也必须指定消息的 Routingkey。消息的 Routingkey 与队列绑定的 BindingKey 必须完全匹配才进行发送。下面通过示例演示 Direct Exchange 相关配置。

1. 配置 Direct 规则

创建 Direct 规则配置类 DirectRabbitConfig，创建对应的 Exchange、Queue，并将队列绑定到交换机上。示例代码如下：

```
@Configuration
public class DirectExchangeConfig {
    / **
     * 队列一
```

```java
     * @return
     */
    @Bean
    public Queue directQueueQ1() {
        return new Queue("direct.Q1");
    }

    /**
     * 队列二
     * @return
     */
    @Bean
    public Queue directQueueQ2() {
        return new Queue("direct.Q2");
    }

    / **
     * 队列三
     * @return
     */
    @Bean
    public Queue directQueueQ3() {
        return new Queue("direct.Q3");
    }

    / **
     * 定义交换机 Direct 类型
     * @return
     */
    @Bean
    public DirectExchange myDirectExchange() {
        return new DirectExchange("directExchange");
    }

    / **
     * 队列绑定到交换机，再指定一个路由键
     * directQueueOne() 会找到上方定义的队列 Bean
     * @return
     */
    @Bean
    public Binding DirectExchangeQ1() {
        return
BindingBuilder.bind(directQueueQ1()).to(myDirectExchange()).with("direct.Q1");
    }
    /**
     * 队列绑定到交换机，再指定一个路由键
     * @return
     */
    @Bean
    public Binding DirectExchangeQ2() {
        return
BindingBuilder.bind(directQueueQ2()).to(myDirectExchange()).with("direct.Q2");
    }
    /**
     * 队列绑定到交换机，再指定一个路由键
```

```
     * @return
     */
    @Bean
    public Binding DirectExchangeQ3() {
        return
BindingBuilder.bind(directQueueQ2()).to(myDirectExchange()).with("direct.Q3");
    }
}
```

在上面的示例中,首先定义了交换机 directExchange,然后分别定义了 Q1、Q2、Q3 三个队列,
最后通过 bind(directQueueQ2()).to(myDirectExchange()).with("direct.Q3")方法将 3 个队列绑定到 Direct
交换机上。

2. 生产者

创建生产者发送消息,示例代码如下:

```
@Component
public class Producer {

    @Autowired
    private RabbitTemplate rabbitTemplate;

    public void produce(String routingKey) {
        String context = "direct msg weiz";
        System.out.println("Direct Sender,routingKey: " +
routingKey+",context:"+context);
        this.rabbitTemplate.convertAndSend("directExchange",routingKey,
context);
    }
}
```

在上面的示例中,通过 convertAndSend()方法发送消息,传入 directExchange、routingKey、context
三个参数。

1)directExchange 为交换机名称。

2)routingKey 为消息的路由键。

3)context 为消息的内容。

我们看到使用 direct 路由模式时,传入了具体的 routingKey 参数。这样 RabbitMQ 将消息发送
到对应的交换机,交换机再通过消息的 routingKey 匹配队列绑定的 bindingKey,从而实现消息路由
传递的功能。

3. 消费者

创建 3 个消费者处理程序,分别监听 Q1、Q2、Q3,示例代码如下:

```
@Component
public class Consumer {
    @RabbitHandler
    @RabbitListener(queuesToDeclare = @Queue("direct.Q1"))
    public void processQ1(String message) {
        System.out.println("direct Receiver Q1: " + message);
```

```
    }

    @RabbitHandler
    @RabbitListener(queuesToDeclare = @Queue("direct.Q2"))
    public void processQ2(String message) {
        System.out.println("direct Receiver Q2: " + message);
    }

    @RabbitHandler
    @RabbitListener(queuesToDeclare = @Queue("direct.Q3"))
    public void processQ3(String message) {
        System.out.println("direct Receiver Q3: " + message);
    }
}
```

在上面的示例中，定义了消息接收者，通过@RabbitListener 注解接收 direct.Q1 等 3 个队列的消息。

4. 运行测试

编写测试用例，调用 send() 进行测试：

```
@RunWith(SpringRunner.class)
@SpringBootTest
public class ApplicationTests {

    @Autowired
    Producer producer;

    @Test
    public void testDirect() throws InterruptedException {
        producer.produce("direct.Q1");
        producer.produce("direct.Q3");
        Thread.sleep(1000);
    }
}
```

单击 Run Test 或在方法上右击，选择 Run 'testDirect'，运行单元测试程序，查看后台输出情况，运行结果如图 12-14 所示。通过 routingKey 参数分别往 direct.Q1 和 direct.Q3 队列发送消息，交换机上的队列 Q1、Q3 收到消息，而 Q2 未收到。这说明路由模式通过 routingKey 完全匹配再发送。

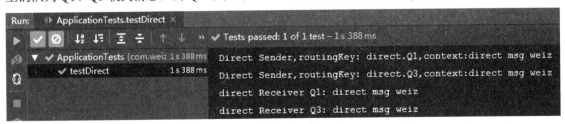

图 12-14　路由模式单元测试的运行结果

12.3.4　广播模式

Fanout 就是熟悉的广播模式或者订阅模式，每个发送到 Fanout 类型交换机的消息都会分到所有绑定的队列上。Fanout 交换机不处理路由键，只是简单地将队列绑定到交换机上，每个发送到交换机的消息都会被转发到与该交换机绑定的所有队列上。

如图 12-15 所示，Fanout 模式很像子网广播，每台子网内的主机都获得了一份复制的消息。Fanout 类型转发消息是最快的。

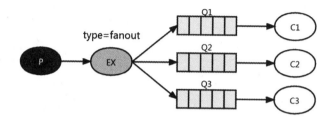

图 12-15 Fanout 消息转发模式

1. 配置 Fanout 规则

先创建 Fanout 规则配置类 FanoutRabbitConfig，再创建对应的 Exchange、Queue，并将队列绑定到交换机上。示例代码如下：

```java
@Configuration
public class FanoutRabbitConfig {
    // 定义队列
    @Bean
    public Queue Q1Message() {
        return new Queue("fanout.Q1");
    }
    @Bean
    public Queue Q2Message() {
        return new Queue("fanout.Q2");
    }
    @Bean
    public Queue Q3Message() {
        return new Queue("fanout.Q3");
    }
    // 定义交换机
    @Bean
    FanoutExchange fanoutExchange() {
        return new FanoutExchange("fanoutExchange");
    }

    // 分别进行绑定
    @Bean
    Binding bindingExchangeQ1(Queue Q1Message, FanoutExchange fanoutExchange) {
        return BindingBuilder.bind(Q1Message).to(fanoutExchange);
    }
    @Bean
    Binding bindingExchangeQ2(Queue Q2Message, FanoutExchange fanoutExchange) {
        return BindingBuilder.bind(Q2Message).to(fanoutExchange);
    }
    @Bean
    Binding bindingExchangeQ3(Queue Q3Message, FanoutExchange fanoutExchange) {
        return BindingBuilder.bind(Q3Message).to(fanoutExchange);
    }
}
```

在上面的示例中，首先定义了交换机 fanoutExchange，然后分别定义了 Q1、Q2、Q3 三个队列，最后将三个队列绑定到 Fanout 交换机上。

2. 发送者

创建发送者，示例代码如下：

```
@Component
public class Producer {

    @Autowired
    private RabbitTemplate rabbitTemplate;

    public void produce() {
        String context = "fanout msg weiz";
        System.out.println("Fanout Sender : " + context);
        this.rabbitTemplate.convertAndSend("fanoutExchange","", context);
    }
}
```

在上面的示例中，通过 convertAndSend() 方法发送消息。使用 Fanout 广播模式无须指定 routingKey，默认往交换机上的所有队列广播此消息。

3. 接收者

创建 3 个接收者分别监听 Q1、Q2、Q3 队列。示例代码如下：

```
@Component
public class Consumer {

    @RabbitHandler
    @RabbitListener(queues = "fanout.Q1")
    public void processA(String message) {
        System.out.println("fanout Receiver Q1: " + message);
    }

    @RabbitHandler
    @RabbitListener(queues = "fanout.Q2")
    public void processB(String message) {
        System.out.println("fanout Receiver Q2: " + message);
    }

    @RabbitHandler
    @RabbitListener(queues = "fanout.Q3")
    public void processC(String message) {
        System.out.println("fanout Receiver Q3: " + message);
    }
}
```

在上面的示例中，定义消息接收者，通过 @RabbitListener 注解接收 fanout.Q1 等 3 个队列的消息。

4. 运行测试

创建单元测试类 ApplicationTests，编写测试用例发送消息进行测试，示例代码如下：

```
@RunWith(SpringRunner.class)
@SpringBootTest
public class ApplicationTests {
    @Autowired
    Producer producer;

    @Test
    public void testFanout() throws InterruptedException {
        producer.produce();
        Thread.sleep(1000);
    }
}
```

单击 Run Test 或在方法上右击，选择 Run 'testFanout'，运行单元测试程序，查看后台输出情况，运行结果如图 12-16 所示。

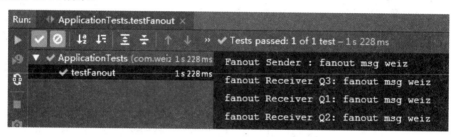

图 12-16 广播模式单元测试的运行结果

结果表明绑定到 Fanout 交换机上的队列 Q1、Q2、Q3 都收到了消息。

12.3.5 发布订阅模式

Topic 是 RabbitMQ 中灵活的一种方式，可以根据路由键绑定不同的队列。Topic 类型的 Exchange 与 Direct 相比，都可以根据路由键将消息路由到不同的队列。只不过 Topic 类型的 Exchange 可以让队列在绑定路由键时使用通配符。有关通配符的规则为：

● #: 匹配一个或多个词。
● *: 只匹配一个词。

如图 12-17 所示，如果消息的 Routingkey 为 green.msg，则会匹配 Q2 队列。下面通过示例演示 Topic 规则配置。

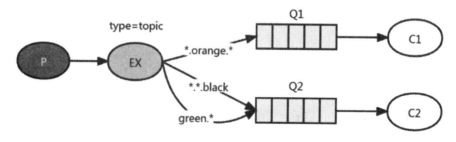

图 12-17 Topic 消息转发模式

1. 配置 Topic 规则

先创建 Topic 配置规则类 TopicRabbitConfig，再创建对应的 Exchange、Queue，并将队列绑定到交换机上。示例代码如下：

```
@Configuration
public class TopicRabbitConfig {
    final static String message = "topic.color";
    final static String message2 = "topic.color.red";
    final static String message3 = "topic.msg.feedback";
    // 定义队列
    @Bean
    public Queue queueMessage() {
        return new Queue(TopicRabbitConfig.message);
    }
    @Bean
    public Queue queueMessage2() {
        return new Queue(TopicRabbitConfig.message2);
    }
    @Bean
    public Queue queueMessage3() {
        return new Queue(TopicRabbitConfig.message3);
    }

    // 交换机
    @Bean
    TopicExchange exchange() {
        return new TopicExchange("topicExchange");
    }
    // 将队列和交换机绑定
    @Bean
    Binding bindingExchangeMessage(Queue queueMessage, TopicExchange exchange) {
        return
BindingBuilder.bind(queueMessage).to(exchange).with("topic.color.*");
    }

    @Bean
    Binding bindingExchangeMessage2(Queue queueMessage2, TopicExchange
exchange) {
        return
BindingBuilder.bind(queueMessage2).to(exchange).with("topic.color.red");
    }

    @Bean
    Binding bindingExchangeMessage3(Queue queueMessage3, TopicExchange
exchange) {
        return
BindingBuilder.bind(queueMessage3).to(exchange).with("topic.msg.*");
    }
}
```

上面的代码定义了 TopicExchange 交换机，并定义了 3 个队列，然后通过.bind(queueMessage2).to(exchange).with("topic.#")绑定 3 个队列，queueMessage 绑定 topic.color.*，queueMessage2 绑定 topic.color.red，queueMessage3 绑定 topic.msg.*。

2. 生产者

创建生产者，通过 routingKey 往绑定的队列发送消息，示例代码如下：

```
@Component
public class Producer {
    @Autowired
    private RabbitTemplate rabbitTemplate;

    public void produce(String routingKey) {
        String context = "topic msg weiz";
        System.out.println("topic Sender,routingKey: " +
routingKey+",context:"+context);
        this.rabbitTemplate.convertAndSend("topicExchange",routingKey,
context);
    }
}
```

3. 消费者

首先，创建消费者类，然后使用@RabbitListener 监听 3 个队列，示例代码如下：

```
@Component
public class Consumer {

    @RabbitHandler
    @RabbitListener(queues = "topic.color")
    public void processA(String message) {
        System.out.println("topic.color Receiver: " + message);
    }

    @RabbitHandler
    @RabbitListener(queues = "topic.color.red")
    public void processB(String message) {
        System.out.println("topic.color.red Receiver: " + message);
    }

    @RabbitHandler
    @RabbitListener(queues = "topic.msg.feedback")
    public void processC(String message) {
        System.out.println("topic.msg.feedback Receiver: " + message);
    }
}
```

上面的示例定义了 3 个消息处理方法，分别监听上面定义的 topic.color、topic.color.red 和 topic.msg.feedback 三个队列。

4. 验证测试

创建单元测试类，并实现 3 个单元测试方法，分别往 3 个队列发送消息。示例代码如下：

```
@RunWith(SpringRunner.class)
@SpringBootTest
public class ApplicationTests {

    @Autowired
    Producer producer;

    @Test
```

```
public void testTopic() throws InterruptedException {
    producer.produce("topic.color.green");
    Thread.sleep(1000);
}

@Test
public void testTopic1() throws InterruptedException {
    producer.produce("topic.color.red");
    Thread.sleep(1000);
}

@Test
public void testTopic2() throws InterruptedException {
    producer.produce("topic.msg.feedback");
    Thread.sleep(1000);
}

}
```

首先，单击 Run Test 或在方法上右击，选择 Run 'testTopic'，发送 routingKey 为 topic.color.green 的消息，查看后台输出情况，运行结果如图 12-18 所示。

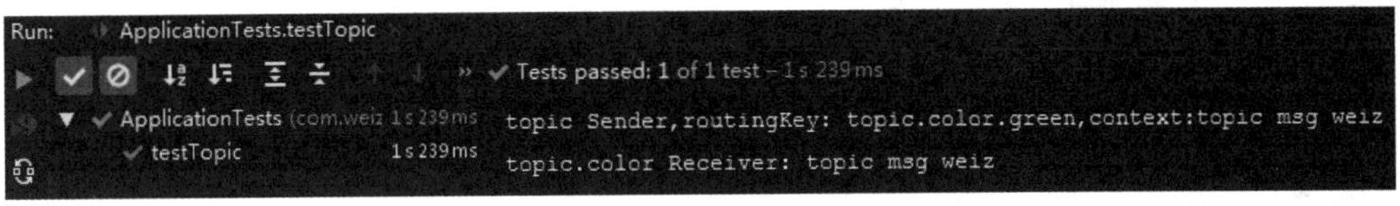

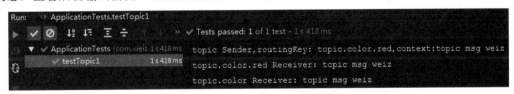

图 12-18　Topic 单元测试的运行结果

通过上面的输出结果可以看到，消息的 routingKey 为 topic.color.green，交换机匹配到了 topic.color.* 的 bindingKey 的队列，所以只有 topic.color 队列接收到该消息。

接下来，单击 Run Test 或在方法上右击，选择 Run 'testTopic1'，发送 routingKey 为 topic.color.red 的消息，查看后台输出情况，运行结果如图 12-19 所示。

图 12-19　Topic 单元测试的运行结果

从上面的输出结果可以看到，消息的 routingKey 为 topic.color.red，交换机匹配到了 topic.color.* 和 topic.color.red 两个 bindingKey 的队列，所以 topic.color 和 topic.color.red 两个队列接收到消息。

最后，单击 Run Test 或在方法上右击，选择 Run 'testTopic2'，发送 routingKey 为 topic.msg.feedback 的消息，查看后台输出情况，运行结果如图 12-20 所示。

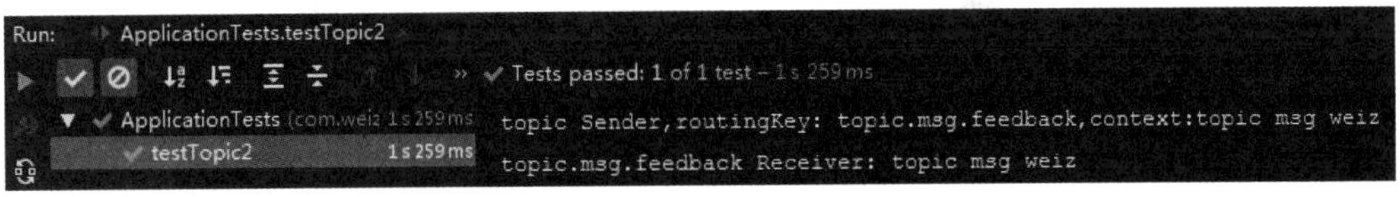

图 12-20　Topic 单元测试的运行结果

从上面的输出结果可以看到，消息的 routingKey 为 topic.msg.feedback，交换机匹配到了 bindingKey 为 topic.msg.feedback 的队列，所以 topic.msg.feedback 队列接收到消息。

12.4　消息确认机制

虽然使用 RabbitMQ 可以降低系统的耦合度，提高整个系统的高并发能力，但是也使得业务变得复杂，可能造成消息丢失，导致业务中断的情况。本节将介绍 RabbitMQ 的消息确认机制。

12.4.1　消息确认的场景

使用 RabbitMQ 很可能造成消息丢失，导致业务中断的情况，例如：

● 生产者发送消息到 RabbitMQ 服务器失败。
● RabbitMQ 服务器自身故障导致消息丢失。
● 消费者处理消息失败。

针对上面的情况，RabbitMQ 提供了多种消息确认机制，确保消息的正常处理，主要有生产者消息确认机制、Return 消息机制、消费端 ACK 和 Nack 机制 3 种消息确认模式。

12.4.2　生产者消息确认机制

生产者消息的确认是指生产者发送消息后，如果 Broker 收到消息，则会给生产者一个应答。生产者接收应答，用来确定这条消息是否正常地发送到 Broker，这种方式也是消息可靠性发送的核心保障。

如图 12-21 所示，当生产者发送消息到 MQ Broker 时，Broker 会发送一个确认（Confirm），通知发送端已经收到此消息。

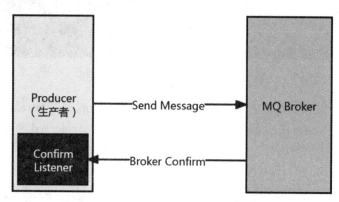

图 12-21　生产者消息确认机制流程图

下面通过示例来演示生产者消息确认机制。

1. 修改配置文件

修改 application.properties 配置文件，增加消息确认机制的相关配置，示例如下：

```
# 开启确认机制
spring.rabbitmq.publisher-confirms=true
# 设置 acknowledge-mode 为 manual 手动模式
spring.rabbitmq.listener.simple.acknowledge-mode=manual
```

在上面的示例中，修改 application.properties 配置文件开启确认机制，设置 acknowledge-mode 为 manual（手动模式）。

2. 配置队列绑定规则

先创建 Topic 配置规则类 ConfirmRabbitConfig，再创建对应的 Exchange、Queue，并将队列绑定到交换机上。示例代码如下：

```
@Configuration
public class ConfirmRabbitConfig {
    @Bean
    public Queue confirmQueue() {
        return new Queue("rabbit_confirm_queue");
    }
    @Bean
    public DirectExchange confirmExchange() {
        return new DirectExchange("confirm_direct_exchange");
    }
    @Bean
    public Binding confirmFanoutExchangeBing() {
        return
BindingBuilder.bind(confirmQueue()).to(confirmExchange()).with("rabbit_confirm_
queue");
    }
}
```

在上面的代码中，定义了 FanoutExchange 交换机，并定义了 rabbit_confirm_queue 队列，然后通过.bind(confirmQueue()).to(confirmExchange())方法将队列绑定到交换机。

3. 生产者

创建生产者，配置确认（Confirm）机制，示例代码如下：

```
@@Component
public class Producer {

    @Autowired
    private RabbitTemplate rabbitTemplate;
    /**
     * 配置消息确认机制
     */
    private final RabbitTemplate.ConfirmCallback confirmCallback = new
RabbitTemplate.ConfirmCallback() {
        /**
         *
         * @param correlationData 消息相关的数据，一般用于获取唯一标识 ID
```

```
         * @param b 是否发送成功
         * @param error 失败原因
         */
        @Override
        public void confirm(CorrelationData correlationData, boolean b, String
error) {
            if (b) {
                System.out.println("confirm 消息发送确认成功...消息 ID 为: " +
correlationData.getId());
            } else {
                System.out.println("confirm 消息发送确认失败...消息 ID 为: " +
correlationData.getId() + " 失败原因: " + error);
            }
        }
    };


    /**
     * 发送消息, 参数有交换机、空路由键、消息, 并设置一个唯一的消息 ID
     */
    public void sendConfirm(String routingKey) {
        rabbitTemplate.convertAndSend("confirm_direct_exchange",
                routingKey,
                "这是一个带 confirm 的消息",
                new CorrelationData("" + System.currentTimeMillis()));
        //使用上方配置的发送回调方法
        rabbitTemplate.setConfirmCallback(confirmCallback);
    }
}
```

在上面的示例中，首先定义了 ConfirmCallback 消息确认回调方法，然后使用 convertAndSend()
发送消息。我们看到convertAndSend()方法多了一个correlationData参数。此参数为消息相关的数据，
一般用于获取唯一标识 ID。最后使用 setConfirmCallback 配置回调方法。

4. 消费者

首先创建消费者类，然后使用@RabbitListener 监听 3 个队列，消息处理成功后发送 ACK 应答。
示例代码如下：

```
@Component
public class Consumer {
    @RabbitListener(queues = "rabbit_confirm_queue")
    public void aa(Message message, Channel channel) throws IOException,
InterruptedException {
        try {
            System.out.println("正常收到消息: " + new String(message.getBody()));
            channel.basicAck(message.getMessageProperties().getDeliveryTag(),
false);
        } catch (Exception e) {
            // 两个布尔值, 若第二个设为 false, 则丢弃该消息; 若设为 true, 则返回给队列
            channel.basicNack(message.getMessageProperties().getDeliveryTag(),
false, true);
            System.out.println("消费失败 我此次将返回给队列");
        }
    }
}
```

在上面的示例中，与之前的消费者基本一致，只是新增加了 channel.basicAck 方法发送 ACK 确认。

5. 验证测试

创建单元测试类，发送带 Confirm 确认的消息。示例代码如下：

```
@RunWith(SpringRunner.class)
@SpringBootTest
public class ApplicationTests {

    @Autowired
    Producer producer;

    @Test
    public void testConfirm() throws InterruptedException {
        producer.sendConfirm("rabbit_confirm_queue");
        Thread.sleep(1000);
    }
}
```

首先，单击 Run Test 或在方法上右击，选择 Run 'testConfirm'，查看后台输出情况，运行结果如图 12-22 所示。

图 12-22　生产者消息确认机制的运行结果

通过上面的输出结果可以看到，消息发送成功，并收到 Broker 返回的 ACK 确认。这说明 RabbitMQ 的生产者消息确认机制配置成功。

如果消息端处理失败，应该如何处理呢？下面再模拟一个消费处理失败的场景。将消费者的代码修改如下：

```
@Component
public class Consumer {
    @RabbitListener(queues = "rabbit_confirm_queue")
    public void aa(Message message, Channel channel) throws IOException,
InterruptedException {
        try {
            System.out.println("正常收到消息: " + new String(message.getBody()));
            int a = 1/0;
            channel.basicAck(message.getMessageProperties().getDeliveryTag(),
false);
        } catch (Exception e) {
            // 两个布尔值，若第二个设为 false，则丢弃该消息；若设为 true，则返回给队列
            channel.basicNack(message.getMessageProperties().getDeliveryTag(),
false, true);
            System.out.println("消费失败 我此次将返回给队列");
        }
    }
}
```

在上面的示例中，我们增加了 int a = 1/0，即除 0 异常，模拟消息处理失败的情况。

再次单击 Run Test 或在方法上右击，选择 Run 'testConfirm'，查看后台输出情况，运行结果如图 12-23 所示。

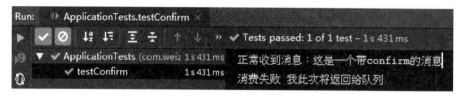

图 12-23　生产者消息确认机制的消息处理异常

通过上面的输出结果可以看到，消息处理异常，消息被退回到队列，在 RabbitMQ 管理后台可以看到此消息。修复该异常之后，再次使用生产者发送消息，查看是否会消费两次（之前有一条消息未被消费，正常来说，若该消息没有被丢弃，则下次会继续发送）。

12.4.3　Return 机制

我们知道，消息生产者通过指定一个 Exchange 和 routingKey 将消息送达某一个队列中，然后消费者监听队列进行消费处理操作。在某些情况下，如果在发送消息的时候，当前的 Exchange 不存在或者指定的 routingKey 路由不到，这个时候如果需要监听这种不可达的消息，可以使用 RabbitMQ 提供的 Return 机制处理一些不可路由的消息，如图 12-24 所示。

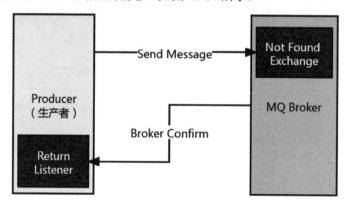

图 12-24　Return 机制

通过配置项 Mandatory 处理此类消息，如果为 true，则监听器会接收到路由不可达的消息，然后进行后续处理；如果为 false，则 Broker 服务器会自动删除该消息。

下面通过示例来演示生产者消息确认机制。

1. 修改配置文件

修改 application.properties 配置文件，增加消息确认机制的相关配置，示例如下：

```
# 开启 Return 确认机制
spring.rabbitmq.publisher-returns=true
# 设置为 true 后，消费者在消息没有被路由到合适队列的情况下会被 Return 监听，而不会自动删除
spring.rabbitmq.template.mandatory=true
```

在上面的示例中，修改 application.properties 配置文件，设置 mandatory 属性为 true，当设置为 true 的时候，路由不到队列的消息不会被自动删除，从而才可以被 Return 消息模式监听到。

2. 修改生产者

修改生产者，配置 Return 消息确认机制，示例代码如下：

```java
@Component
public class Producer {

    @Autowired
    private RabbitTemplate rabbitTemplate;
    /**
     * 配置消息确认机制
     */
    private final RabbitTemplate.ConfirmCallback confirmCallback = new
RabbitTemplate.ConfirmCallback() {
        /**
         *
         * @param correlationData 消息相关的数据，一般用于获取唯一标识 ID
         * @param b 是否发送成功
         * @param error 失败原因
         */
        @Override
        public void confirm(CorrelationData correlationData, boolean b, String
error) {
            if (b) {
                System.out.println("confirm 消息发送确认成功...消息 ID 为: " +
correlationData.getId());
            } else {
                System.out.println("confirm 消息发送确认失败...消息 ID 为: " +
correlationData.getId() + " 失败原因: " + error);
            }
        }
    };


    private final RabbitTemplate.ReturnCallback returnCallback = new
RabbitTemplate.ReturnCallback() {

        @Override
        public void returnedMessage(Message message, int replyCode, String
replyText, String exchange, String routingKey) {
            System.out.println("return exchange: "+exchange + ", routingKey: "
                    + routingKey + ", replyCode: " + replyCode + ", replyText: "
+ replyText);
        }
    };

    /**
     * 发送消息的参数有交换机、空路由键、消息，并设置一个唯一消息 ID
     */
    public void sendConfirm(String routingKey) {
        rabbitTemplate.convertAndSend("confirm_direct_exchange",
                routingKey,
                "这是一个带 confirm 的消息",
                new CorrelationData("" + System.currentTimeMillis()));
        // 使用上方配置的发送回调方法
        rabbitTemplate.setConfirmCallback(confirmCallback);
```

```
        rabbitTemplate.setReturnCallback(returnCallback);
    }
}
```

在上面的示例中，与之前的生产者示例代码基本相同，只是新增了 ReturnCallback 回调方法，并在发送消息时通过 setReturnCallback()方法绑定 ReturnCallback。

3. 验证测试

创建单元测试类，发送带 Confirm 确认的消息。示例代码如下：

```
@Test
public void testConfirm2() throws InterruptedException {
    producer.sendConfirm("rabbit_return1111");
    Thread.sleep(1000);
}
```

首先，单击 Run Test 或在方法上右击，选择 Run 'testConfirm2'，查看后台输出情况，运行结果如图 12-25 所示。

图 12-25　Return 机制的运行结果

通过上面的输出结果可以看到，消息发送后，由于未找到 routingKey，导致消息不可达，Broker 服务器自动退回该消息。

12.4.4　消费端 ACK 和 NACK 机制

消费者在处理消息时，由于业务异常，我们可以进行日志的记录，然后进行补偿。但是，如果由于服务器宕机等严重问题无法记录日志，如何确保消息被正确处理呢？

这就需要消费端 ACK 和 NACK 机制，手工进行 ACK 确认，保障消费者成功处理消息，把未成功处理的消息再次发送，直到消息处理成功。

RabbitMQ 消费端的确认机制分为 3 种：none、manual、auto（默认）。

- none：表示没有任何应答会被发送。
- manual：表示监听者必须通过调用 channel.basicAck()来告知消息被处理。

  ① channel.basicAck(long,boolean)：确认收到消息，消息将从队列中被移除，为 false 时只确认当前一个消费者收到的消息，为 true 时确认所有消费者收到的消息。

  ② channel.basicNack(long,boolean,boolean)：确认没有收到消息，第一个 boolean 表示是一个消费者还是所有的消费者，第二个 boolean 表示消息是否重新回到队列，为 true 时表示重新入队。

  ③ channel.basicReject(long,boolean)：拒绝消息，requeue=false 表示消息不再重新入队，如果配置了死信队列，则消息进入死信队列。

消息重回队列时，该消息不会回到队列尾部，仍在队列头部，这时消费者又会接收到这条消息，如果想让消息进入队列尾部，需确认消息后再次发送消息。

- auto：表示自动应答，除非 MessageListener 抛出异常，这是默认配置方式。

    ① 如果消息成功处理，则自动确认。

    ② 当发生异常抛出 AmqpRejectAndDontRequeueException 时，则消息会被拒绝且不重新进入队列。

    ③ 当发生异常抛出 ImmediateAcknowledgeAmqpException 时，则消费者会被确认。

    ④ 当抛出其他的异常时，则消息会被拒绝，且 requeue=true 时会发生死循环，可以通过 setDefaultRequeueRejected（默认是 true）设置抛弃消息。

下面通过示例来演示消费端 ACK 和 NACK 机制。

1. 修改配置文件

修改 application.properties 配置文件，改为 ACK 手动确认模式，示例如下：

```
spring.rabbitmq.template.mandatory=true

# ACK 手动确认
spring.rabbitmq.listener.simple.acknowledge-mode=manual
```

在上面的示例中，设置 ACK 模式为 manual，即手动确认模式。

2. 修改消费者

修改消费者 Consumer 的消息处理机制，配置手动 ACK 机制，示例代码如下：

```
@Component
public class Consumer {
    @RabbitListener(queues = "rabbit_confirm_queue")
    public void process(Message message, Channel channel) throws IOException,
InterruptedException {
        try {
            System.out.println("正常收到消息: " + new String(message.getBody()));
            int i=1/0;
            channel.basicAck(message.getMessageProperties().getDeliveryTag(), false);
        } catch (Exception e) {
            if (message.getMessageProperties().getRedelivered()) {
                System.out.println("消息已重复处理失败,拒绝再次接收");
                // 拒绝消息, requeue=false 表示不再重新入队, 如果配置了死信队列, 则进入死
信队列
                channel.basicReject(message.getMessageProperties()
.getDeliveryTag(), false);
            } else {
                System.out.println("消息即将再次返回队列处理");
                // requeue 为 true 时重新入队
                channel.basicNack(message.getMessageProperties().
getDeliveryTag(), false, true);
            }
        }
    }
```

```
    }
}
```

上面的示例与之前的消费者示例代码基本相同。只是在 Consumer 中增加了在消息处理成功时，会调用 channel.basicAck()发送消息 ACK 确认，以及在消息处理失败时，会调用 channel.basicNack()通知 Exchange 消息处理失败，重新发送消息。当再次处理失败时，则调用 channel.basicReject()拒绝这条消息。

3. 验证测试

```
@Test
public void testACK() throws InterruptedException {
    producer.sendConfirm("rabbit_confirm_queue");
    Thread.sleep(1000);
}
```

单击 Run Test 或在方法上右击，选择 Run 'testACK'，查看后台输出情况，运行结果如图 12-26 所示。

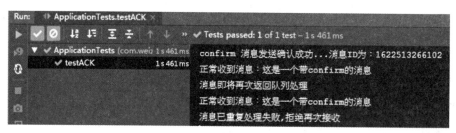

图 12-26　消费端消息确认机制的运行结果

通过上面的输出结果可以看到，消息处理失败，重回队列。再次发送失败时，则拒绝该消息。

12.5　实战：消息的 100%可靠性发送

上一节介绍了 RabbitMQ 如何接收消息并且转发到绑定的队列，并逐个介绍了 4 种类型的交换机。我们知道生产者和消费者是相互独立的，消息都是通过交换机发送和分发的。那么如何保证消息已经发送成功了呢？接下来实现消息 100%可靠性发送的解决方案。

12.5.1　应用场景

在使用消息队列时，因为生产者和消费者不直接交互，所以面临下面几个问题：

1）要把消息添加到队列中，怎么保证消息成功添加？

2）如何保证消息发送出去时一定会被消费者正常消费？

3）消费者正常消费了，生产者或者队列如何知道消费者已经成功消费了消息？

要解决前面这些问题，就要保证消息的可靠性发送。

实现消息的 100%可靠性发送，其实就是消费消息成功之后，发送 ACK 确认消息处理成功，否则自动延时将消息重新发送。当达到一定的重试次数后，将消息发送到失败消息队列，等待人工介入处理。一般生产者和消费者是彼此隔离的，需要通过交换机转发消息到订阅队列，所以生产者无须关注消息是否被处理成功。然而有些应用场景比较特殊，需要确保消息被成功处理，否则需要重新发送，保证消息的 100% 可靠性发送。

12.5.2　技术方案

RabbitMQ 为我们提供了解决方案，下面以常见的创建订单业务为例进行介绍，假设订单创建成功后需要发送短信通知用户。实现消息的 100% 可靠性发送需要以下条件：

1）完成订单业务数据的存储，生产者发布消息并记录这条操作日志（发送中）。

2）生产者发送一条消息到交换机（异步）。

3）消费者成功消费后给 Confirm Listener 发送应答。

4）收到 ACK 消息确认成功后，对消息日志表进行操作，修改之前的日志状态（发送成功）。

5）在消费端返回应答的过程中，可能发生网络异常，导致生产者未收到应答消息，因此需要一个定时任务去提取其状态为"发送中"并已经超时的消息集合。

6）对提取到的日志对应的消息进行重发。

7）使用定时任务判断为消息事先设置的最大重发次数，大于最大重发次数就判断消息发送失败，更新日志记录状态为发送失败。

具体流程如图 12-27 所示。

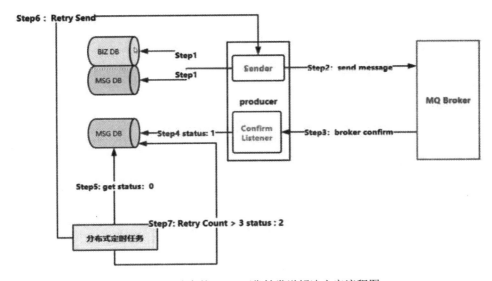

图 12-27　消息的 100% 可靠性发送解决方案流程图

此方案主要用于配置生产者消息重发的机制，各组件功能说明如下：

- Sender+ConfirmListener：组成消息的生产者。
- MQ Broker：消息的消费者，包含具体的 MQ 服务。
- BIZ DB：业务数据数据库。

● MSG DB: 消息日志记录数据库（0: 发送中，1: 发送成功，2: 发送失败）。

12.5.3　实现消息的 100%可靠性发送

前面介绍了实现消息的 100%可靠性发送的解决方案，接下来从项目实战出发演示如何实现消息的可靠性发送。

1. 创建生产者

首先把核心生产者的代码编写好，生产者由基本的消息发送和监听组成：

```java
@Component
public class RabbitOrderSender {
    private static Logger logger =
LoggerFactory.getLogger(RabbitOrderSender.class);

    @Autowired
    private RabbitTemplate rabbitTemplate;

    @Autowired
    private BrokerMessageLogMapper brokerMessageLogMapper;

    /**
     * Broker 应答后，会调用该方法获取应答结果
     */
    final RabbitTemplate.ConfirmCallback confirmCallback = new
RabbitTemplate.ConfirmCallback() {
        @Override
        public void confirm(CorrelationData correlationData, boolean ack, String
cause) {
            logger.info("correlationData: "+correlationData);
            String messageId = correlationData.getId();
            logger.info("消息确认返回值: "+ack);
            if (ack){
                // 如果返回成功，则进行更新
                brokerMessageLogMapper.changeBrokerMessageLogStatus(messageId,
Constans.ORDER_SEND_SUCCESS,new Date());
            }else {
                // 失败操作: 根据具体失败原因选择重发或补偿等手段
                logger.error("异常处理,返回结果: "+cause);
            }
        }
    };

    /**
     * 发送消息方法的调用: 构建自定义对象消息
     * @param order
     * @throws Exception
     */
    public synchronized void sendOrder(Order order) throws Exception {
        // 通过实现 ConfirmCallback 接口，消息发送到 Broker 后触发回调，确认消息是否到达
Broker 服务器，也就是只确认是否正确到达 Exchange 中
        rabbitTemplate.setConfirmCallback(confirmCallback);
        // 消息唯一 ID
```

```
        CorrelationData correlationData = new
CorrelationData(order.getMessageId());
        rabbitTemplate.convertAndSend("order.exchange", "order.message", order,
correlationData);
    }
}
```

上面的消息发送示例代码和之前的没什么区别，只是增加了 confirmCallback 应答结果回调。通过实现 ConfirmCallback 接口，消息发送到 Broker 后触发回调，确认消息是否到达 Broker 服务器。因此，ConfirmCallback 只能确认消息是否正确到达交换机中。

2. 消息重发任务

实现消息重发的定时任务，示例代码如下：

```
@Component
public class RetryMessageTasker {
    private static Logger logger =
LoggerFactory.getLogger(RetryMessageTasker.class);
    @Autowired
    private RabbitOrderSender rabbitOrderSender;

    @Autowired
    private BrokerMessageLogMapper brokerMessageLogMapper;

    /**
     * 定时任务
     */
    @Scheduled(initialDelay = 5000, fixedDelay = 10000)
    public void reSend(){
        logger.info("-----------定时任务开始-----------");
        // 提取消息状态为 0 且已经超时的消息集合
        List<BrokerMessageLog> list =
brokerMessageLogMapper.query4StatusAndTimeoutMessage();
        list.forEach(messageLog -> {
            // 发送 3 次以上的消息
            if(messageLog.getTryCount() >= 3){
                // 更新失败的消息
brokerMessageLogMapper.changeBrokerMessageLogStatus(messageLog.getMessageId(),
Constans.ORDER_SEND_FAILURE, new Date());
            } else {
                // 重发消息，将重发次数递增
                brokerMessageLogMapper.update4ReSend(messageLog.getMessageId(),
new Date());
                Order reSendOrder =
FastJsonConvertUtil.convertJSONToObject(messageLog.getMessage(), Order.class);
                try {
                    rabbitOrderSender.sendOrder(reSendOrder);
                } catch (Exception e) {
                    e.printStackTrace();
                    logger.error("-----------异常处理-----------");
                }
            }
```

```
        });
    }
}
```

在上面的定时任务程序中，每 10 秒钟提取状态为 0 且已经超时的消息，重发这些消息，如果发送次数已经在 3 次以上，则认定为发送失败。

3. 创建消费者

创建消费者程序负责接收处理消息，处理成功后发送消息确认。示例代码如下：

```
@Component
public class OrderReceiver {
    /**
     * @RabbitListener 消息监听，可配置交换机、队列、路由键
     * 该注解会创建队列和交换机并建立绑定关系
     * @RabbitHandler 标识此方法如果有消息过来，消费者要调用这个方法
     * @Payload 消息体
     * @Headers 消息头
     * @param order
     */
    @RabbitListener(bindings = @QueueBinding(
            value = @Queue(value = "order.queue",declare = "true"),
            exchange = @Exchange(name = "order.exchange",declare = "true",type
= "topic"),
            key = "order.message"
    ))
    @RabbitHandler
    public void onOrderMessage(@Payload Order order, @Headers Map<String,Object>
headers,
                              Channel channel) throws Exception{
        // 消费者操作
        try {
            System.out.println("------收到消息，开始消费------");
            System.out.println("订单 ID: "+order.getId());

            Long deliveryTag = (Long)headers.get(AmqpHeaders.DELIVERY_TAG);
            // 现在手动确认消息 ACK
            channel.basicAck(deliveryTag,false);
        } finally {
            channel.close();
        }
    }
}
```

消息处理程序和一般的接收者类似，都是通过@RabbitListener 注解监听消息队列。不同的是，发送程序处理成功后，通过 channel.basicAck(deliveryTag,false)发送消息确认 ACK。

4. 运行测试

创建单元测试程序。创建一个生成订单的测试方法，测试代码如下：

```
/**
 * 测试订单创建
 */
@Test
```

```
public void createOrder(){
    Order order = new Order();
    order.setId("201901234");
    order.setName("测试订单4");
    order.setMessageId(System.currentTimeMillis() + "$" +
UUID.randomUUID().toString());
    try {
       orderService.createOrder(order);
    } catch (Exception e) {
       e.printStackTrace();
    }
}
```

启动消费者程序，启动成功之后，运行 createOrder 创建订单测试方法。结果表明发送成功并且入库正确，业务表和消息记录表均有数据且 status 状态=1，表示成功。

如果消费者程序处理失败或者超时，未返回 ack 确认；则生产者的定时程序会重新投递消息。直到三次投递均失败。

12.6　本章小结

本章主要介绍了 RabbitMQ 消息队列的相关知识，包括 AMQP 协议、RabbitMQ 的相关核心概念和交换机的作用，介绍了 Spring Boot 集成 RabbitMQ 实现消息的发送和接收，Topic 和 Fanout 等交换机实现消息订阅和分发，最后从实战开发的角度实现消息的 100%可靠性发送。RabbitMQ 是一个非常高效的消息队列组件，使用 RabbitMQ 可以方便地解耦项目之间的依赖，同时利用 RabbitMQ 的特性可以实现很多解决方案。RabbitMQ 的使用非常灵活，可以使用各种策略将不同的发送者和接收者绑定在一起，这些特性在实际项目的使用中非常高效便利。

通过本章的学习，读者应该获得了 Spring Boot 项目中集成 RabbitMQ 消息队列实现消息订阅和发送的能力，能够根据实际的业务需求选择合适的交换机。

12.7　本章练习

创建 Spring Boot 项目并集成 RabbitMQ，使用发布订阅模式实现消息推送模块。

第13章

Elasticsearch 搜索引擎

全文搜索属于应用系统中最常见的功能，Elasticsearch 是目前全文搜索引擎的首选，它是开源的分布式全文搜索引擎，可以快速地存储、搜索和分析海量数据。Spring Boot 对 Elasticsearch 做了完善的支持，能够非常便捷地实现数据检索功能。本章主要介绍 Elasticsearch 搜索引擎，Spring Boot 集成 Elasticsearch 实现文档的查询、更新与删除等操作，还会介绍 Elasticsearch 的分页查询、模糊匹配查询、聚合查询等复杂查询功能。

13.1　Elasticsearch 简介

本节首先介绍什么是搜索引擎以及 Elasticsearch 的特点和优势，然后介绍 Elasticsearch 中的索引、文档与映射等基本概念，使读者对 Elasticsearch 有全局、直观的了解。

13.1.1　认识 Elasticsearch

Elasticsearch 是一个分式的基于 RESTful 接口的搜索和分析引擎，它建立在一个全文搜索引擎库 Apache Lucene 的基础之上。Elasticsearch 可以说是目前最先进、高性能、全功能的搜索引擎，是目前全文搜索引擎的首选。

Elasticsearch 使用 Java 编写，它的目的是使全文检索变得简单，通过使用 Lucene 进行索引与搜索，同时，又隐藏了 Lucene 的复杂性，为开发者提供了一套简单易用的 RESTful API。

Elasticsearch 不仅仅是全文搜索引擎，它更是一个分布式的实时文档存储服务，能够轻松实现上百个服务节点的扩展，支持 PB 级别的结构化或者非结构化数据。

Elasticsearch 作为分布式实时分析搜索引擎，非常契合目前云计算的发展趋势，能够达到实时搜索，并且稳定、可靠、快速，安装使用方便。Elasticsearch 已经被各大互联网公司验证了其强大的数据检索能力。

Elasticsearch 适合非常多的使用场景，常见的使用场景如下：

- 搜索领域：如百度、谷歌等搜索企业。
- 门户网站：访问统计、文章点赞、留言评论等。
- 广告推广：记录用户行为数据、消费趋势、特定群体进行定制推广等。

● 信息采集：记录应用的埋点数据、访问日志数据等，方便大数据进行分析。

13.1.2　Elasticsearch 数据结构

数据存储与检索是 Elasticsearch 的核心，下面通过一个例子介绍 Elasticsearch 是如何存储数据的。以员工数据为例，一个文档代表一个员工数据，存储数据到 Elasticsearch 的行为叫作索引，但在索引一个文档之前，需要确定将文档存储在哪里，如图 13-1 所示。

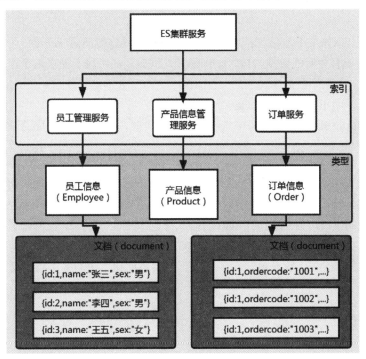

图 13-1　Elasticsearch 数据存储结构

如图 13-1 所示，一个 Elasticsearch 集群可以包含多个索引，每个索引又可以包含多个类型。这些不同的类型中存储着多个文档，每个文档又有多个属性字段。听起来很绕，其实与数据库的关系比较类似，结合数据库的结构理解起来就会比较清楚：

1）索引（Index）=>数据库（Database）。

2）类型（Type）=>表（Table）。

3）文档（Document）=>表中的一行记录（Row）。

4）属性（Field）=>字段列（Column）。

Elasticsearch 集群可以包含多个索引，每个索引可以包含多个类型，每个类型可以包含多个文档，然后每个文档又可以包含多个字段。这与数据库的结构类似，在 DB 中可以有多个数据库，每个库中可以有多张表，每个表中又包含多行，每行包含多列。

1. 索引

索引是含义相同的属性文档的集合，是 Elasticsearch 的一个逻辑存储，可以理解为关系型数据库中的数据库。Elasticsearch 可以把索引数据存放到一台服务器上，也可以分片后存到多台服务器上，每个索引有一个或多个分片，每个分片可以有多个副本。

索引也可以定义一个或多个类型，文档必须属于一个类型。在 Elasticsearch 中，一个索引对象可以存储多个不同用途的对象，通过索引类型可以区分单个索引中的不同对象，可以理解为关系型数据库中的表。每个索引类型可以有不同的结构，但是不同的索引类型不能为相同的属性设置不同的类型。

2. 类型

文档可以分组，比如员工信息。这种分组就叫类型，它是虚拟的逻辑分组，用来过滤文档数据。

不同的类型应该有相似的数据结构（schema），例如，id 字段不能在这个组是字符串，在另一个组是数值，这是与关系型数据库的表的一个区别。结构完全不同的数据（比如 products 和 orders）应该存成两个索引，而不是一个索引的两个类型。

根据规划，Elastic 6.x 版只允许每个索引包含一个类型，7.x 版将会彻底移除类型。

3. 文档

文档是可以被索引的基本数据单位，存储在 Elasticsearch 中的主要实体叫文档，可以理解为关系型数据库中表的一行记录。每个文档由多个字段构成，Elasticsearch 是一个非结构化的数据库，每个文档可以有不同的字段，并且有一个唯一的标识符。

文档使用 JSON 作为数据的序列化格式，JSON 序列化为大多数编程语言所支持，并且已经成为 NoSQL 领域的标准格式。它简单、简洁、易于阅读。下面这个 JSON 文档代表了一个 user 对象：

```
{
  "id": 1,
  "name": "张三",
  "age": 20
}
```

同一个索引中的文档不要求有相同的结构（scheme），但是最好保持相同，这样有利于提高搜索效率。

Elasticsearch 的映射（Mapping）类似于静态语言中的数据类型：声明一个变量为 int 类型的变量，以后该变量只能存储 int 类型的数据。同样，一个 number 类型的 mapping 字段只能存储 number 类型的数据。与静态语言的数据类型相比，mapping 还有一些其他的含义：mapping 不仅告诉 Elasticsearch 一个 Field 中是什么类型的值，它还告诉 Elasticsearch 如何索引数据以及数据是否能被搜索到。

Elasticsearch 默认是动态创建索引和索引类型的 mapping 的。Elasticsearch 无须指定各个字段的索引规则就可以索引文件，使用起来很方便。

13.1.3　Elasticsearch 客户端

Elasticsearch 支持 HTTP 和 Native Elasticsearch Binary 两种协议，HTTP 协议主要提供完善的 RESTful 接口，通过发送 HTTP 请求的形式查询数据；而 Native Elasticsearch Binary 协议其实就是 Elasticsearch 官方提供的 Transport 客户端。

Spring Boot 对以上两种协议都做了很好的支持，使我们能够轻松将 Elasticsearch 集成到 Spring Boot 项目中。总结起来，常用的方式有以下 3 种：

- Java API：这种方式基于 TCP 与 ES 通信，官方已经明确表示在 ES 7.0 版本中将弃用 TransportClient 客户端，而且在 8.0 版本中完全移除它，所以不提倡使用。
- REST Client：官方给出了基于 HTTP 的客户端 REST Client（推荐使用），包括 Java Low Level REST Client 与 Java Hight Level REST Client 两个，前者兼容所有版本的 ES，后者是基于前者开发出来的，只披露了部分 API，还有待完善。
- Spring Data Elasticsearch：Spring 提供了基于 Spring Data 实现的一套方案，它是 Spring Data 项目下的一个子模块。如果了解过 JPA 技术的话，会发现其操作语法与 JPA 非常类似，可以像操作数据库一样操作 Elasticsearch 中的缓存数据。

推荐使用 Spring 提供的 Spring Data Elasticsearch 组件的方式，这种方式使用简单，容易上手。与使用 JPA 操作数据库类似。

13.2　Spring Boot 集成 Elasticsearch 搜索引擎

上一节介绍了 Elasticsearch 的特点和优势，接下来在 Spring Boot 项目中使用 Elasticsearch 一步一步地实现搜索引擎的功能。

13.2.1　Spring Boot 对 Elasticsearch 的支持

在没有 Spring Boot 之前使用 Elasticsearch 非常痛苦，需要对 Elasticsearch 客户端进行一系列的封装等操作，使用复杂，配置烦琐。所幸，Spring Boot 提供了对 Spring Data Elasticsearch 的封装组件 spring-boot-starter-data-elasticsearch，它让 Spring Boot 项目可以非常方便地去操作 Elasticsearch 中的数据。

值得注意的是，Elasticsearch 的 5.x、6.x、7.x 版本之间的差别还是很大的。Spring Data Elasticsearch、Spring Boot 与 Elasticsearch 之间有版本对应关系，不同的版本之间不兼容，Spring Boot 2.1 对应的是 Spring Data Elasticsearch 3.1.2 版本。对应关系如表 13-1 所示。

表 13-1　Spring Data Elasticsearch、Spring Boot 与 Elasticsearch 的对应关系

Spring Data Elasticsearch	Spring Boot	Elasticsearch
3.2.x	2.2.x	6.8.4
3.1.x	2.1.x	6.2.2
3.0.x	2.0.x	5.5.0
2.1.x	1.5.x	2.4.0

这是官方提供的版本对应关系，建议按照官方的版本对应关系进行选择，以避免不必要的麻烦。

13.2.2　Spring Boot 操作 Elasticsearch 的方式

由于 Elasticsearch 和 Spring 之间存在版本兼容的问题，导致在 Spring Boot 项目中操作

Elasticsearch 的方式有很多种，如 Repositories、JestClient、Rest API 等。因此有必要梳理一下主流的 Spring Boot 操作 Elasticsearch 的方式。目前，Spring 推荐使用 Elasticsearch 的方式，如图 13-2 所示。

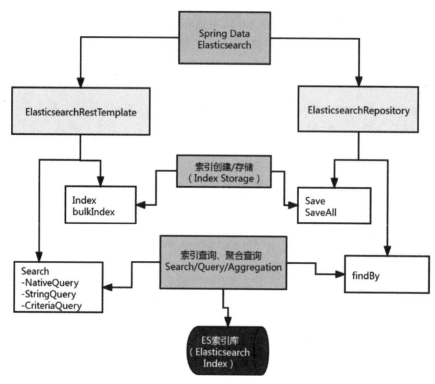

图 13-2　Spring Boot 操作 Elasticsearch 的方式

- Repositories：继承自 Spring Data 中的 Repository 接口，所以支持以数据库的方式对数据进行增删改查的操作，而且支持已命名查询等数据查询。
- ElasticsearchRestTemplate：spring-data-elasticsearch 项目中的一个类，和其他 Spring 项目中的 Template 类似。ElasticsearchRestTemplate 是 Spring 对 ES 的 Rest API 进行的封装，支持复杂的数据查询、统计功能。

13.2.3　在 Spring Boot 项目中集成 Elasticsearch

Spring Boot 提供的 spring-boot-starter-data-elasticsearch 组件为我们提供了非常便捷的数据检索功能。下面就来演示 Spring Boot 项目如何集成 Elasticsearch。

1. 添加 Elasticsearch 依赖

首先在 pom.xml 中添加 spring-boot-starter-data-elasticsearch 组件依赖，代码如下：

```
<dependency>
    <groupId>org.springframework.boot</groupId>
    <artifactId>spring-boot-starter-data-elasticsearch</artifactId>
</dependency>
```

2. 配置 Elasticsearch

在 application.properties 项目配置文件中添加 Elasticsearch 服务器的地址，代码如下：

```
spring.elasticsearch.rest.uris=http://10.2.1.231:9200
```

主要用来配置 Elasticsearch 服务地址，多个地址用逗号分隔。需要注意的是，Spring Data Elasticsearch 各版本的配置属性可能不一样。本示例中使用的是 7.6.2 版本。

3. 创建文档对象

创建实体对象类 Book，然后使用@Document 注解定义文档对象，示例代码如下：

```java
@Document( indexName = "book" , replicas = 0)
public class Book {
    @Id
    private Long id;
    @Field(analyzer = "ik_max_word",type = FieldType.Text)
    private String bookName;
    @Field(type = FieldType.Keyword)
    private String author;
    private float price;
    private int page;
    @Field(type = FieldType.Keyword, fielddata = true)
    private String category;

    // 省略 get、set 方法

    public Book(){

    }
    public Book(Long id,String bookName, String author,float price,int
page,String category) {
        this.id = id;
        this.bookName = bookName;
        this.author = author;
        this.price = price;
        this.page = page;
        this.category = category;
    }

    @Override
    public String toString() {
        final StringBuilder sb = new StringBuilder( "{\"Book\":{" );
        sb.append( "\"id\":" )
            .append( id );
        sb.append( ",\"bookName\":\"" )
            .append( bookName ).append( '\"' );
        sb.append( ",\"page\":\"" )
            .append( page ).append( '\"' );
        sb.append( ",\"price\":\"" )
            .append( price ).append( '\"' );
        sb.append( ",\"category\":\"" )
            .append( category ).append( '\"' );
        sb.append( ",\"author\":\"" )
            .append( author ).append( '\"' );
        sb.append( "}}" );
        return sb.toString();
    }
}
```

如上面的示例所示，通过@Document 注解将数据实体对象与 Elasticsearch 中的文档和属性一一对应。

1）@Document 注解会对实体中的所有属性建立索引：

- indexName = "customer"：表示创建一个名为 customer 的索引。
- type="customer"：表示在索引中创建一个名为 customer 的类别，而在 Elasticsearch 7.x 版本中取消了类别的概念。
- shards = 1：表示只使用一个分片，默认为 5。
- replicas = 0：表示副本数量，默认为 1，0 表示不使用副本。
- refreshInterval = " - 1"：表示禁止索引刷新。

2）@Id 作用在成员变量，标记一个字段作为 id 主键。

3）@Field 作用在成员变量，标记为文档的字段，并指定字段映射属性：

- type：字段类型，取值是枚举：FieldType。
- index：是否索引，布尔类型，默认是 true。
- store：是否存储，布尔类型，默认是 false。
- analyzer：分词器名称是 ik_max_word。

4. 创建操作的 Repository

创建 CustomerRepository 接口并继承 ElasticsearchRepository，新增两个简单的自定义查询方法。示例代码如下：

```
public interface BookRepository extends ElasticsearchRepository<Book,
Integer>{
    List<Book> findByBookNameLike(String bookName);
}
```

通过上面的示例代码，我们发现其使用方式和 JPA 的语法是一样的。

5. 验证测试

首先创建 BookRepositoryTest 单元测试类，在类中注入 BookRepository，最后添加一个数据插入测试方法。

```
@Test
public void testSave() {
    Book book = new Book();
    book.setId(1);
    book.setBookName("西游记");
    book.setAuthor("吴承恩");
    repository.save(book);
    Book newbook=repository.findById(1).orElse(null);
    System.out.println(newbook);
}
```

单击 Run Test 或在方法上右击，选择 Run 'testSave'，运行单元测试方法，查看索引数据是否插入成功，运行结果如图 13-3 所示。

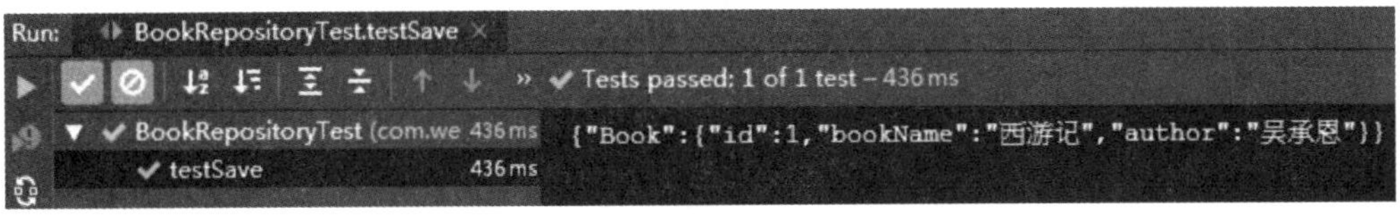

Run: BookRepositoryTest.testSave
Tests passed: 1 of 1 test – 436 ms
BookRepositoryTest (com.we 436 ms
testSave 436 ms
{"Book":{"id":1,"bookName":"西游记","author":"吴承恩"}}

图 13-3　数据保存的运行结果

结果表明索引数据保存成功，并且通过 id 能查询到保存的索引数据信息，说明在 Spring Boot 中成功集成 Elasticsearch。

13.3　使用 ElasticsearchRepository 操作 ES

Elasticsearch 作为 Spring Data 中非常重要的组件，自然也是按照 JPA 的规范。下面通过示例逐个演示文档的增加、删除、修改与查询等功能。

13.3.1　ElasticsearchRepository 简介

Spring Boot 提供了 spring-boot-starter-data-elasticsearch 组件来集成 Elasticsearch 服务，通过名字就可以看出，它也是 Spring Data 中的成员。因此，ElasticsearchRepository 与之前的 JpaRepository 使用方法类似，只需要简单继承 ElasticsearchRepository 就可以实现对 Elasticsearch 数据的操作。

我们在 IDEA 中查看 ElasticsearchRepository 的类图，可以看到 ElasticsearchRepository 类继承于 PagingAndSortingRepository 类，最后 PagingAndSortingRepository 继承于 CrudRepository，如图 13-4 所示。

Indexed
Repository
NoRepositoryBean
CrudRepository
PagingAndSortingRepository
ElasticsearchRepository

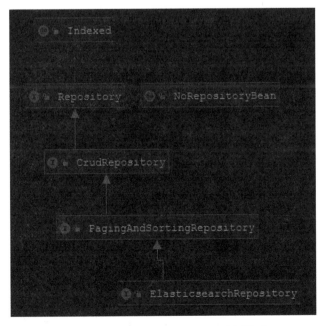

图 13-4　ElasticsearchRepository 类图关系

通过查看源码可以发现，Spring Data 项目中的成员在最上层有着统一的接口标准，ElasticsearchRepository 的结构关系与 JPA 是一样的。只是在最终的实现层对不同的数据库进行了差异化封装。

13.3.2　创建文档

创建文档就是插入一条数据到 Elasticsearch，JPA 已经默认实现了很多方法，调用 save()方法保存数据，测试代码如下：

```
@Test
public void testSave() {
    Book book = new Book();
    book.setId(1);
    book.setBookName("西游记");
    book.setAuthor("吴承恩");
    repository.save(book);
    Book newbook=repository.findById(1).orElse(null);
    System.out.println(newbook);
}
```

在上面的示例中，使用 save()方法保存整个文档对象，这是 Repository 通用的数据保存方法。

13.3.3　查询文档

文档查询比较简单，使用 JPA 的默认查询方法或者自定义简单查询方法等都可以实现。下面我们对之前插入的数据做一个查询。

```
@Test
public void testFindAll() {
    for (Book book : repository.findAll()) {
        System.out.println(book);
    }
}
```

上面的示例程序通过 findAll()方法查询全部的文档数据。同样，我们可以使用 find、By、And、Not 等进行数据查询，示例代码如下：

```
@Test
public void testFindByName() {
    for (Book book : repository.findByBookName("西")) {
        System.out.println(book);
    }
}
```

在上面的示例中，在 BookRepository 中增加了 findByBookName()方法。

单击 Run Test 或在方法上右击，选择 Run 'testFindByName'，运行单元测试方法，验证索引数据查询，运行结果如图 13-5 所示。通过输出可以发现，Elasticsearch 默认进行的就是模糊查询。

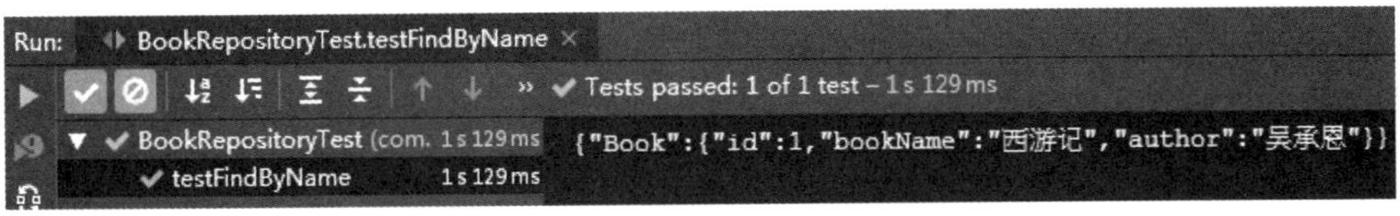

图 13-5　数据保存的运行结果

13.3.4　更新文档

更新文档也是调用 save() 方法对属性进行修改，测试代码如下：

```
@Test
public void testUpdate() {
    Book book= repository.findById(1).orElse(null);
    System.out.println(book);
    book.setAuthor("明朝-吴承恩");
    repository.save(book);
    Book newbook=repository.findById(1).orElse(null);
    System.out.println(newbook);
}
```

单击 Run Test 或在方法上右击，选择 Run 'testUpdate'，运行测试程序，验证文档数据是否被修改，如图 13-6 所示。

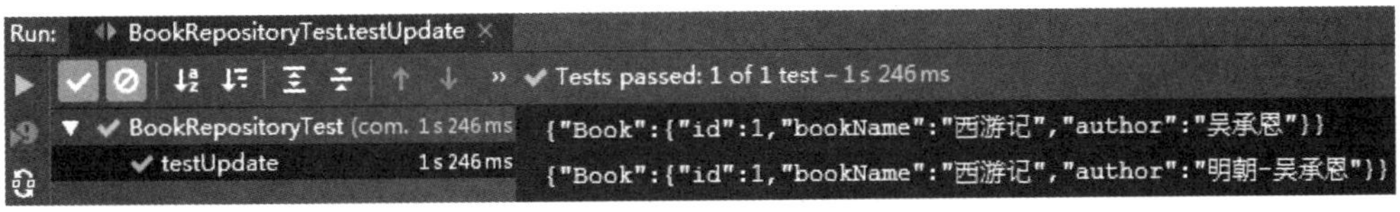

图 13-6　数据保存的运行结果

通过输出结果发现，该文档数据的书名信息已经被变更。Author 被修改为"明朝-吴承恩"，说明文档数据更新成功。

13.3.5　删除文档

```
@Test
public void testDeleteAll() {
    repository.deleteAll();
    Book newbook=repository.findById(1).orElse(null);
    System.out.println(newbook);
}
```

上面的示例是通过自带的 deleteAll 删除全部数据，也可以根据属性条件来删除某个文档。

```
@Test
public void testDeleteById() {
    repository.deleteByBookName("西");
}
```

参考上面的示例，可以使用 delete、By、And、Not 等关键字进行条件删除。

通过以上示例发现，使用 Spring Boot 操作 Elasticsearch 非常简单，通过少量代码即可实现日常大部分业务的需求。这正是 Spring Data 的强大之处,不用写任何语句,自动根据方法名或类的信息进行增删改查(CRUD)操作。只要定义一个接口,然后继承 Repository,就能具备各种基本的增删改查功能。

13.4 Elasticsearch 复杂查询

前面演示了在 Spring Boot 项目中对 Elasticsearch 进行增加、删除、修改、查询操作,通过前面的操作可以发现,操作 Elasticsearch 的语法与 Spring Data JPA 的语法非常类似。下面介绍 Elasticsearch 的分页查询、模糊查询、多条件查询以及 Elasticsearch 查询中最重要的类:QueryBuilder。

13.4.1 分页查询

分页查询有两种实现方式:一种是使用 Spring Data 自带的分页方案,另一种是 QueryBuilder 自行组织查询条件,再封装进行查询。

1. Pageable 分页

我们首先来看 Spring Data 自带的分页方案:Pageable 分页,测试代码如下:

```
@Test
public void fetchPageCustomers() {
    Sort sort = new Sort(Sort.Direction.DESC, "address.keyword");
    Pageable pageable = PageRequest.of(0, 10, sort);
    Page<Customer> customers=repository.findByAddress("北京", pageable);
    System.out.println("Page customers "+customers.getContent().toString());
}
```

上面的示例分页查询地址包含"北京"的客户信息,并且按照地址进行排序,每页显示 10 条。需要注意的是,排序时使用的关键字是 address.keyword,而不是 address,属性后带".keyword"代表精确匹配。

2. QueryBuilder 分页

除了 Spring Data 自带的 Pageable 分页之外,我们也可以使用 QueryBuilder 来构建分页查询。示例代码如下:

```
@@Test
public void fetchPage2Customers() {
    QueryBuilder customerQuery = QueryBuilders.boolQuery()
            .must(QueryBuilders.matchQuery("address", "北京"));
    Page<Customer> page = repository.search(customerQuery, PageRequest.of(0,
10));
    System.out.println("Page customers "+page.getContent().toString());
}
```

使用 QueryBuilder 可以构建多条件查询,再结合 PageRequest,最后调用 search( )方法完成分页查询。

QueryBuilders 包含的一些方法与 AND、OR、NOT 一一对应：

● Must（QueryBuilders）对应 AND。
● mustNot（QueryBuilders）对应 NOT。
● should 对应 OR。

13.4.2　使用 QueryBuilder 构建查询条件

上一小节我们使用 QueryBuilder 来构建分页查询，其实 QueryBuilder 是一个功能强大的多条件查询构建工具，可以构建出各种各样的查询条件。

通过构建 QueryBuilder 可以实现各种查询功能，比如精确查询、模糊查询、范围查询等。下面通过示例演示这几种查询的实现。

1. 精确查询

精确查询指的是查询关键字（或者关键字分词后）必须与目标分词结果完全匹配。

（1）单条件匹配

```
// 不分词查询，参数 1：字段名，参数 2：字段查询值，因为不分词，所以只能查询一个汉字，而英文
可以查询一个单词
QueryBuilder termQuery=QueryBuilders.termQuery("bookName", "三");
// 分词查询，采用默认的分词器
QueryBuilder matchQuery = QueryBuilders.matchQuery("author", "明朝");
```

在上面的示例中，使用 termQuery 为不分词查询，而 matchQuery 为分词模糊查询，并采用默认的分词器。

（2）多条件匹配

```
// 不分词查询，参数 1：字段名，参数 2：多个字段查询值，因为不分词，所以只能查询一个汉字，而
英文可以查询一个单词
QueryBuilder termsQuery=QueryBuilders.termsQuery("bookName", "明","三");
// 分词查询，采用默认的分词器
QueryBuilder multiMatchQuery = QueryBuilders.multiMatchQuery("明朝",
"author","bookName");
```

在上面的示例中，termsQuery 和 termQuery 的功能类似，支持传入多个参数。multiMatchQuery 多个匹配其实就是传入多个值进行匹配查询。

2. 模糊查询

模糊查询是指查询关键字与目标关键字进行模糊匹配。

1）左右模糊，使用 queryStringQuery 实现左右模糊查询。

```
// 左右模糊
QueryBuilder queryStringQuery = QueryBuilders.queryStringQuery("明
").field("bookName");
```

2）前缀查询，如果字段没分词，就匹配整个字段前缀。

```
QueryBuilders.prefixQuery("bookName","明");
```

3）分词模糊查询，通过增加 fuzziness 模糊属性进行查询，如能够匹配 hotelName 为 tel 前或后加一个字母的文档，fuzziness 的含义是检索的 term 前后增加或减少 n 个单词的匹配查询。

```
// fuzzy query:分词模糊查询，通过增加 fuzziness 模糊属性来查询，如能够匹配 bookName 为
"明"前或后加一个字母的文档，fuzziness 的含义是检索的 term 前后增加或减少 n 个单词的匹配查询
QueryBuilder fuzzyQuery = QueryBuilders.fuzzyQuery("bookName","明
").fuzziness(Fuzziness.ONE);
```

4）通配符查询，使用 wildcardQuery 进行通配符查询，"*"表示任意字符串，"?"表示任意一个字符。

```
// wildcard Query:通配符查询，支持"*"表示任意字符串，"?"表示任意一个字符
QueryBuilder fuzzyQuery = QueryBuilders.wildcardQuery("bookName","明*");
// 前面是 fieldname，后面是带匹配字符的字符串
QueryBuilder fuzzyQuery = QueryBuilders.wildcardQuery("bookName","三?");
```

需要注意的是，在分词的情况下，fuzzyQuery、prefixQuery、wildcardQuery 不支持分词查询，即使有这种文档数据，也不一定能查询出来。

3. 范围查询

QueryBuilders 通过 rangeQuery 方法实现价格、年龄等字段的范围查询，示例代码如下：

```
// 价格范围查询，默认闭区间查询
QueryBuilder queryBuilder0 =
QueryBuilders.rangeQuery("price").from("50").to("50");
// 价格范围查询，开区间查询
QueryBuilder queryBuilder1 =
QueryBuilders.rangeQuery("price").from("40").to("60").includeUpper(false).inclu
deLower(false);// 默认是 true，也就是包含
// 价格范围查询，大于 60
QueryBuilder queryBuilder2 = QueryBuilders.rangeQuery("price").gt("60");
// 价格范围查询，大于等于 60
QueryBuilder queryBuilder3 = QueryBuilders.rangeQuery("price").gte("60");
// 价格范围查询，小于 60
QueryBuilder queryBuilder4 = QueryBuilders.rangeQuery("price").lt("60");
// 价格范围查询，小于等于 60
QueryBuilder queryBuilder5 = QueryBuilders.rangeQuery("price").lte("60");
```

从上面的示例可以看到，QueryBuilders 提供了 from、to、gt、lt 等方法实现范围查询和数据比较等功能。from、to 用于实现范围查询；gt、gte、lt、lte 用于数字比较，实现数字、时间等类型字段的范围查询；includeUpper 包含大于和小于，默认为 true，也就是包含。

4. 多个关键字的组合查询

QueryBuilders 通过 BoolQuery 实现多个关键字的组合查询，BoolQuery 提供了如下方法实现条件的组合：

- must()：必须完全匹配条件，相当于 and。
- mustNot()：关键字不匹配条件，相当于 not。
- should()：至少满足一个条件，这个文档就符合 should，相当于 or。

```
@Test
public void testBoolQuery() {
    NativeSearchQuery nativeSearchQuery = new NativeSearchQueryBuilder()
            .withQuery(QueryBuilders.boolQuery()
                    .should(QueryBuilders.termQuery("bookName", "史"))
                    .should(QueryBuilders.termQuery("author", "明"))

            )
            .withSort(SortBuilders.fieldSort("id").order(SortOrder.DESC))
            .withPageable(PageRequest.of(0, 50))
            .build();
    Iterable<Book> books = repository.search(nativeSearchQuery);
    for (Book b : books){
        System.out.println(b);
    }
}
```

在上面的示例中，通过 QueryBuilders 构建多个关键字组合查询，查询 bookName 包含关键字"史"或者 author 包含关键字"明"。

13.5　使用 ElasticsearchRestTemplate 操作 ES

上一节介绍了使用 ElasticsearchRepository 实现 Elasticsearch 数据的增删改查等功能。但是，如果涉及一些位置、高亮、聚合等复杂查询，可能 ElasticsearchRepository 就不太合适了。所以 Spring Data 提供了 ElasticsearchRestTemplate 来解决这个问题。下面介绍如何使用 ElasticsearchRestTemplate 来操作 Elasticsearch。

13.5.1　ElasticsearchRestTemplate 简介

ElasticsearchRestTemplate 是 Spring Data Elasticsearch 提供的 Elasticsearch 数据操作类，基于 Elasticsearch 的 HTTP 协议，用来取代之前的 TransportClient 客户端。相信大家对 RedisTemplates 已经很熟悉，同样的 ElasticsearchRestTemplate 的目的是让我们用更简单的方式实现复杂的 Elasticsearch 数据查询操作。

ElasticsearchRestTemplate 继承 ElasticsearchOperations 接口，提供了如下的查询类来构建数据查询请求：

- SearchQuery：普通数据查询类。
- BoolQueryBuilder：条件查询，可在后面加上 must、mustNot、should 等。
- MatchQueryBuilder：匹配查询。
- TermQueryBuilder：倒排索引查询。
- HighlightBuilder：高亮查询，用于设置要高亮的字段。
- SearchHit：查询结果。

需要注意的是，之前的版本使用的是 ElasticsearchTemplate，但是 ElasticsearchTemplate 在 7.6.2

版本已经被废除了，取而代之的是 ElasticsearchRestTemplate。

13.5.2 创建文档

ElasticsearchRestTemplate 提供了 index()创建单个文档，同时提供了 bulkIndex()批量创建文档。示例代码如下：

```java
private static final String Book_INDEX = "book";
@Autowired
private ElasticsearchRestTemplate elasticsearchRestTemplate;

@Test
public void testIndex() {
    Book book = new Book();
    book.setId(9L);
    book.setBookName("雪中悍刀行");
    book.setAuthor("烽火戏诸侯");
    book.setCategory("网络小说");
    book.setPrice(300);
    book.setPage(5000);

    IndexQuery indexQuery = new IndexQueryBuilder()
            .withId(book.getId().toString())
            .withObject(book).build();

    String documentId = elasticsearchRestTemplate
            .index(indexQuery, IndexCoordinates.of(Book_INDEX));

    System.out.println(documentId);
}
```

在上面的示例中，首先构建 IndexQuery 对象，然后调用 index()保存文档数据。其实最终是由 ElasticsearchRestTemplate 调用 Elasticsearch 的 HTTP 接口完成数据的保存。

接下来，调用 bulkIndex()批量保存文档。

```java
@Test
public void testBulkIndex() {
    Book book = new Book();
    book.setId(10L);
    book.setBookName("盗墓笔记");
    book.setAuthor("南派三叔");
    book.setCategory("网络小说");
    book.setPrice(200);
    book.setPage(4000);

    List<Book> books = new ArrayList<>();
    books.add(book);

    List<IndexQuery> queries = books.stream()
            .map(book1->
                    new IndexQueryBuilder()
                            .withId(book1.getId().toString())
                            .withObject(book1).build())
            .collect(Collectors.toList());;

    List<String> documentIds =
```

```
elasticsearchRestTemplate.bulkIndex(queries,IndexCoordinates.of(Book_INDEX));
        for (String documentId : documentIds) {
            System.out.println(documentId);
        }
    }
```

从上面的示例可以看到，bulkIndex 与 index 调用方法类似，只是需要构建 List<IndexQuery>参数，最后返回的也是文档的 documentId。

13.5.3　更新文档

使用 ElasticsearchRestTemplate 更新文档也是一样的流程，首先构建 UpdateQuery，然后调用 update()更新文档，示例代码如下：

```
@Test
public void testUpdate() {
    Book book = new Book();
    book.setId(10L);
    book.setBookName("盗墓笔记");
    book.setAuthor("南派三叔");
    book.setCategory("网络小说");
    book.setPrice(300);
    book.setPage(4000);

    // 构造 updateQuery
    UpdateQuery updateQuery = UpdateQuery.builder("10")
            // 如果不存在就新增，默认为 false
            .withDocAsUpsert(true)
            .withDocument(Document.parse(JSON.toJSONString(book)))
            .build();
    UpdateResponse response = elasticsearchRestTemplate.update(updateQuery,
IndexCoordinates.of(Book_INDEX));

    System.out.println(JSON.toJSONString(response));
}
```

需要注意的是，update()方法返回的是 UpdateResponse 对象。

13.5.4　删除文档

根据 documentId 删除文档：

```
@Test
public void testDeleteById() {
    String result = elasticsearchRestTemplate.delete("5",
IndexCoordinates.of(Book_INDEX));
    System.out.println(result);
}
```

下面来看自定义删除条件，例如根据 bookName 删除，示例代码如下：

```
@Test
public void testDeleteByBookName() {
    NativeSearchQuery nativeSearchQuery = new NativeSearchQueryBuilder()
            .withQuery(QueryBuilders.termQuery("bookName", "三"))
            .build();
```

```
elasticsearchRestTemplate.delete(nativeSearchQuery,Book.class,
IndexCoordinates.of("book"));
    }
```

13.5.5 查询文档

ElasticsearchRestTemplate 通过 search()方法实现非常完善的文档查询功能。它的使用方式与 ElasticsearchRepository 的 query() 类似。首先构建 QueryBuilder 对象，然后将查询对象传入 search() 方法执行查询。

ElasticsearchRestTemplate 提供了 NativeQuery、StringQuery 和 CriteriaQuery，通过这 3 个 Query 构造各种文档查询方式。

- NativeQuery: 可以灵活地构建各种复查查询（如聚合、筛选和排序）。
- StringQuery: 使用 JSON 字符串来构建查询条件，和 Repository 中的@Query 注解中的 JSON 字符串类似。
- CriteriaQuery: 通过简单地连接和组合所要搜索的文档必须满足指定的条件来生成查询，而无须了解 Elasticsearch 查询的语法或基础知识。

下面通过示例演示这 3 个查询的使用。

1. NativeQuery

通过 QueryBuilder 构建 category 字段包含"历史"关键字的查询条件，然后使用 NativeSearchQueryBuilder 构建 NativeQuery，最后执行 search()方法。示例代码如下：

```
@Test
public void testNativeSearchQuery() {
    QueryBuilder queryBuilder = QueryBuilders.matchQuery("category", "历史");

    Query searchQuery = new NativeSearchQueryBuilder()
            .withQuery(queryBuilder)
            .build();

    SearchHits<Book> bookSearchHits = elasticsearchRestTemplate.search
(searchQuery,Book.class,IndexCoordinates.of(Book_INDEX));
    bookSearchHits.getSearchHits().forEach(System.out::println);
}
```

单击 Run Test 或在方法上右击，选择 Run 'testNativeSearchQuery'，运行单元测试方法，验证 NativeQuery 查询的效果，运行结果如图 13-7 所示。

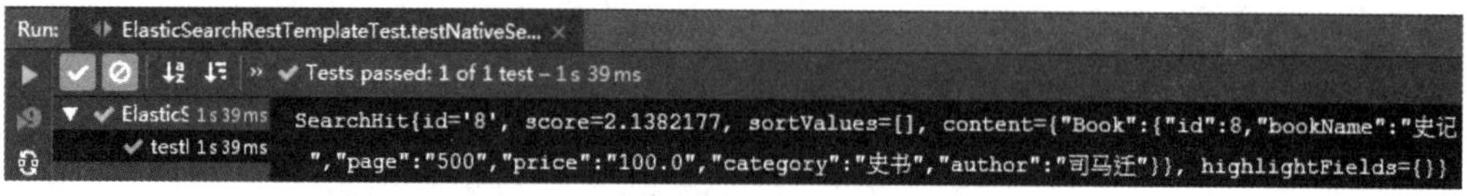

图 13-7 NativeQuery 的运行结果

2. StringQuery

使用 StringQuery 就是传入 JSON 查询条件，查询 bookName 为"史记"的数据。示例代码如下：

```
@Test
public void testStringQuery() {
    Query searchQuery = new StringQuery("{\n" +
        "    \"match\": { \n" +
        "        \"bookName\": { \"query\": \"史记\" } \n" +
        "    } \n" +
        " }");
    SearchHits<Book> bookSearchHits = elasticsearchRestTemplate.search
(searchQuery,Book.class,IndexCoordinates.of(Book_INDEX));
    bookSearchHits.getSearchHits().forEach(System.out::println);
}
```

单击 Run Test 或在方法上右击，选择 Run 'testStringQuery'，运行单元测试方法，验证 StringQuery 查询的效果，运行结果如图 13-8 所示。

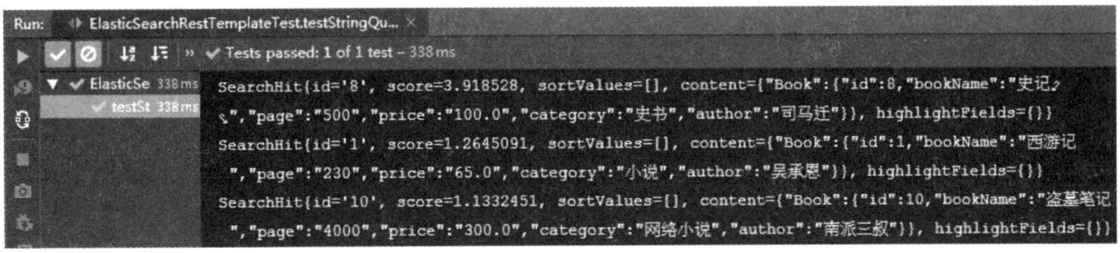

图 13-8　StringQuery 的运行结果

3. CriteriaQuery

CriteriaQuery 通过 where、is、contains、and、or 等简单地连接和组合所要搜索的文档必须满足指定的条件来生成查询，而无须了解 Elasticsearch 查询的语法或基础知识。示例代码如下：

```
@Test
public void testCriteriaQuery() {
    // 构造条件
    Criteria criteria = Criteria.where(new SimpleField("bookName"))
        .contains("明")
        .or(new SimpleField("author"))
        .contains("明");
    CriteriaQuery criteriaQuery = new CriteriaQuery(criteria);
    SearchHits<Book> blogSearchHits = elasticsearchRestTemplate.search
(criteriaQuery, Book.class);
    blogSearchHits.getSearchHits().forEach(System.out::println);
}
```

单击 Run Test 或在方法上右击，选择 Run 'testCriteriaQuery'，运行单元测试方法，验证 StringQuery 查询的效果，运行结果如图 13-9 所示。

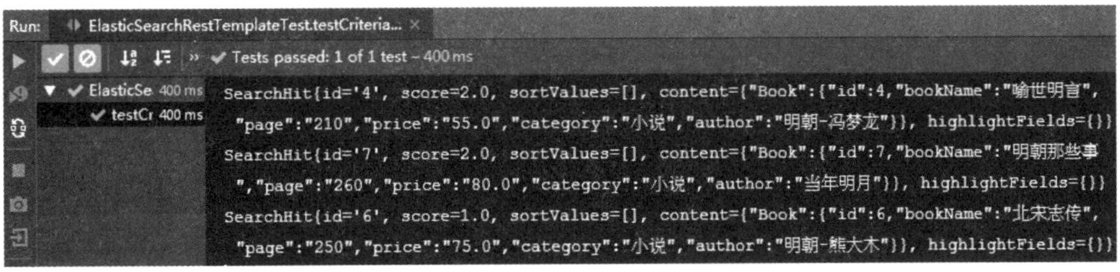

图 13-9　CriteriaQuery 的运行结果

13.5.6 高亮显示

ElasticsearchRestTemplate 提供 HighlightBuilder 实现查询结果的关键字高亮显示，支持设置某些关键字高亮，可以设置 n 个高亮的关键字，最后的查询结果按照符合高亮条件的个数来排序，即优先展示高亮字段多的。

HighlightBuilder 通过 preTags()和 postTags()设置关键字高亮显示的效果，Field()设置高亮显示的字段。具体示例代码如下：

```java
@Test
public void testHighlightQuery() {
    QueryBuilder queryBuilder = QueryBuilders.matchQuery("category", "历史");

    // 设置高亮效果
    String preTag = "<font color='#dd4b39'>";//Google 的色值
    String postTag = "</font>";

    Query searchQuery = new NativeSearchQueryBuilder()
            .withQuery(queryBuilder)
            .withHighlightFields(new HighlightBuilder.Field("category")
.preTags(preTag).postTags(postTag)).build();
    SearchHits<Book> bookSearchHits = elasticsearchRestTemplate.search
(searchQuery,Book.class,IndexCoordinates.of(Book_INDEX));
    bookSearchHits.getSearchHits().forEach(System.out::println);
}
```

单击 Run Test 或在方法上右击，选择 Run 'testStringQuery'，运行单元测试方法，验证数据高亮查询的效果，运行结果如图 13-10 所示。

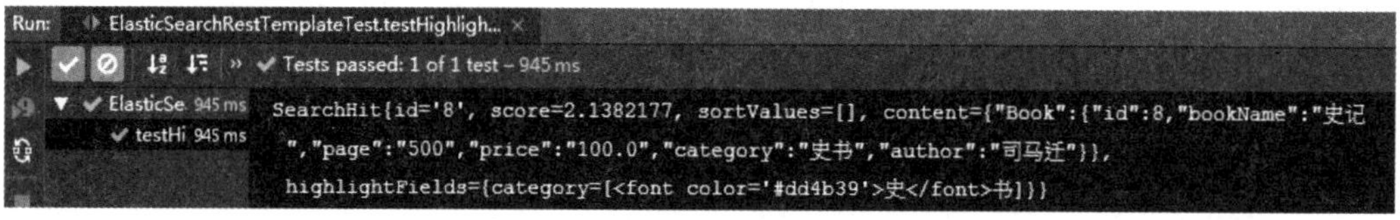

图 13-10　HighlightQuery 的运行结果

通过输出发现，category 字段匹配的关键字被加上高亮的样式。我们可以通过 getHighlightField 获取并处理高亮显示的字段。

13.6　聚合查询

本节介绍 Elasticsearch 中重要的功能：聚合查询和分组查询。前面介绍的都是 Elasticsearch 的基础功能，在实际项目中，Elasticsearch 用得多的还是聚合查询、分组查询以及结果高亮显示。

13.6.1 什么是聚合

聚合（Aggregation）是 Elasticsearch 非常重要的功能，它允许用户在数据上生成复杂的分析统计。它很像 SQL 中的 GROUP BY，但是比 GROUP BY 的功能更强大。在解释什么是聚合之前，首先需要了解两个重要概念：

1）Buckets（桶）：满足某个条件的文档集合。我们可以将文档数据按照一个或多个条件进行划分，比如按小时、按年龄区间、按地理位置等。当然，还有更加复杂的聚合，比如先将文档按天进行分桶，再将每天的桶按小时分桶。

2）Metrics（指标）：对某个桶中的文档计算得到的统计信息，比如使用 min、mean、max、sum 等计算得到的统计信息。

概括起来，聚合就是由一个或者多个桶、一个或者多个指标组合而成的数据查询统计功能。一个聚合查询可以只有一个桶或者一个指标，或者每样一个。在桶中甚至可以有多个嵌套的桶。比如，我们可以将文档按照其所属国家/地区进行分桶，再按照年龄分桶，最后对每个桶计算其平均薪资（一个指标）。

13.6.2　实现统计查询

Elasticsearch 提供了 AggregationBuilders 类用于统计信息，比如最小值（min）、最大值（max）、总和（sum）、数量（count）、平均值（vag）等。具体使用流程如下：

1）使用 QueryBuilders 创建数据查询条件。
2）使用 AggregationBuilders 创建统计指标。
3）构建 NativeSearchQuery，合并数据查询条件和统计指标。
4）执行 search 并输出统计结果。

下面通过示例演示 AggregationBuilders 的数据统计功能。

```
@Test
public void testAggregationQuery() {
    QueryBuilder queryBuilder= QueryBuilders.boolQuery()
            .must(QueryBuilders.rangeQuery("price").gte(50));

    // 1. 数量
    ValueCountAggregationBuilder countAggregationBuilder=
AggregationBuilders.count("count_id").field("id");
    // 2. 求和
    SumAggregationBuilder sumAggregationBuilder=
AggregationBuilders.sum("sum_price").field("price");
    // 3. 求最小值
    MinAggregationBuilder
minAggregationBuilder=AggregationBuilders.min("min_price").field("price");
    // 4. 求最大值
    MaxAggregationBuilder
maxAggregationBuilder=AggregationBuilders.max("max_price").field("price");
    // 5. 求平均值
    AvgAggregationBuilder
avgAggregationBuilder=AggregationBuilders.avg("avg_price").field("price");
    // 全部统计指标
    StatsAggregationBuilder
statsAggregationBuilder=AggregationBuilders.stats("stats_price").field("price")
;
```

```
NativeSearchQuery nativeSearchQuery=new NativeSearchQueryBuilder()
        .withQuery(queryBuilder)
        .addAggregation(countAggregationBuilder)
        .addAggregation(sumAggregationBuilder)
        .addAggregation(minAggregationBuilder)
        .addAggregation(maxAggregationBuilder)
        .addAggregation(avgAggregationBuilder)
        .addAggregation(statsAggregationBuilder).build();

    SearchHits<Book>
bookSearchHits=elasticsearchRestTemplate.search(nativeSearchQuery,Book.class,In
dexCoordinates.of(Book_INDEX));
        Map<String, Aggregation> aggregationMap =
bookSearchHits.getAggregations().getAsMap();
        ValueCount count = (ValueCount)aggregationMap.get("count_id");
        Avg avg = (Avg)aggregationMap.get("avg_price");
        Sum sum=(Sum) aggregationMap.get("sum_price");
        Min min=(Min) aggregationMap.get("min_price");
        Max max=(Max) aggregationMap.get("max_price");
        Stats stats=(Stats) aggregationMap.get("stats_price");

        System.out.println("count: "+count.getValue());
        System.out.println("sum: "+sum.getValue());
        System.out.println("min: "+min.getValue());
        System.out.println("max: "+max.getValue());
        System.out.println("avg: "+avg.getValue());
        System.out.println("sum: "+stats.getSumAsString()+" "+
            "min: "+stats.getMinAsString()+" "+
            "max: "+stats.getMaxAsString()+" "+
            "avg: "+stats.getAvgAsString()+" "+
            "count: "+stats.getCount());

    };
```

单击 Run Test 或在方法上右击，选择 Run 'testAggregationQuery'，运行单元测试方法，验证 StringQuery 查询的效果，运行结果如图 13-11 所示。

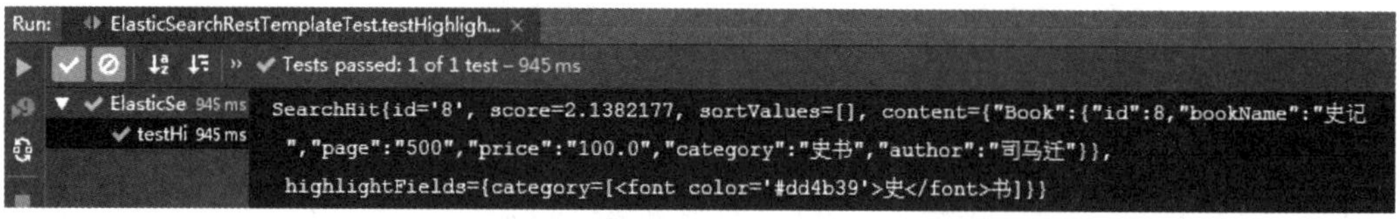

图 13-11　Aggregation 统计查询的运行结果

通过输出发现，category 字段匹配的关键字被加上高亮的样式。我们可以通过 getHighlightField 获取并处理高亮显示的字段。

13.6.3　实现聚合查询

聚合是一些桶和指标的组合。一个聚合可以只有一个桶或者一个指标，或者每样一个。在桶中甚至可以有多个嵌套的桶。例如，我们可以按照类别（Category）对所有的书进行分桶，然后对每个桶计算其平均价格（一个指标）。

下面通过示例验证 AggregationBuilders 的分组聚合统计功能。

```
@Test
public void testAggregationQuery2() {
    Query query = new NativeSearchQueryBuilder()
            .addAggregation(AggregationBuilders.terms("category").field("cate
gory.keyword"))
            .build();

    SearchHits<Book> searchHits = elasticsearchRestTemplate.search(query,
Book.class);
    searchHits.getAggregations().asList().forEach(aggregation -> {
        ((Terms) aggregation).getBuckets()
            .forEach(bucket -> System.out.println("分组:
"+bucket.getKeyAsString()+":"+ bucket.getDocCount()));
    });
};
```

单击 Run Test 或在方法上右击，选择 Run 'testAggregationQuery2'，运行单元测试方法，验证分组查询功能，运行结果如图 13-12 所示。

图 13-12　Aggregation 聚合查询的运行结果

通过输出发现，查询结果按照 category 字段分组聚合，然后统计每一组的数量。其实与数据库的分组比较类似，都是通过某个字段分组，然后进行统计。

上面是简单计算每个分组的数量，我们也可以先聚合，再计算每个 Buckets 的最大值、最小值等统计数据。对上面的示例做一些修改：

```
@Test
public void testAggregationQuery3() {
    QueryBuilder queryBuilder= QueryBuilders.boolQuery()
            .must(QueryBuilders.rangeQuery("price").gte(5));

    TermsAggregationBuilder
aggregationBuilder=AggregationBuilders.terms("category").field("category.keywor
d");

    AggregationBuilder
minAggregation=AggregationBuilders.min("min_price").field("price");
    AggregationBuilder
maxAggregation=AggregationBuilders.max("max_price").field("price");
    AggregationBuilder
avgAggregation=AggregationBuilders.avg("avg_price").field("price");

    aggregationBuilder.subAggregation(minAggregation)
            .subAggregation(maxAggregation)
            .subAggregation(avgAggregation);
    NativeSearchQuery nativeSearchQuery=new
NativeSearchQueryBuilder().withQuery(queryBuilder)
```

```
        .addAggregation(aggregationBuilder).build();

    SearchHits<Book> searchHits =
elasticsearchRestTemplate.search(nativeSearchQuery, Book.class);
    Map<String, Aggregation> aggregationMap =
searchHits.getAggregations().getAsMap();
    Aggregation categorys = aggregationMap.get("category");
    for (Terms.Bucket bucket: ((Terms) categorys).getBuckets()){
        Aggregations aggregations=bucket.getAggregations();
        System.out.print("bucket: "+bucket.getKeyAsString()+" ");

        Min min= aggregations.get("min_price");
        Max max= aggregations.get("max_price");
        Avg avg= aggregations.get("avg_price");
        System.out.println("min: "+min.getValue()+" "+"max: "+max.getValue()+" 
"+"avg: "+avg.getValue());
    }
};
```

在上面的示例中，通过 AggregationBuilders 的 mix、max、avg 等方法构建聚合查询的数据统计
信息。

单击 Run Test 或在方法上右击，选择 Run 'testAggregationQuery3'，运行单元测试方法，验证聚
合统计的功能，运行结果如图 13-13 所示。

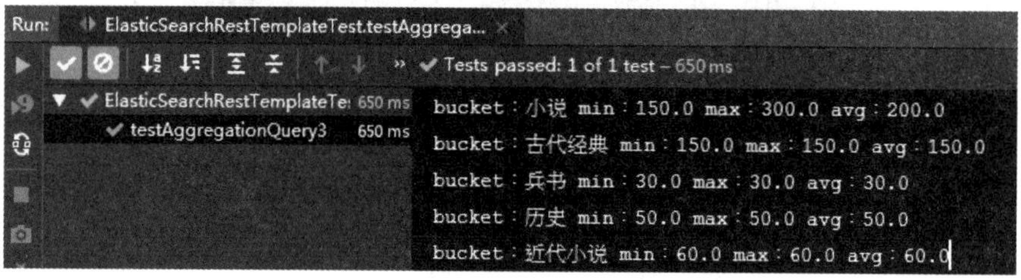

图 13-13　Aggregation 聚合统计查询的运行结果

通过输出发现，查询结果按照 category 字段分组聚合，然后统计每个分组价格的最大值、最小
值和平均值。

13.7　本章小结

本章首先介绍了 Elasticsearch 搜索引擎的使用，包括 Elasticsearch 的基础概念，集成 Spring Data
Elasticsearch 实现索引的增删改查操作；然后介绍了 Elasticsearch 实现分页、排序，使用 QueryBuilder
实现各种查询功能；最后介绍了 Elasticsearch 的聚合查询等功能。

13.8　本章练习

创建 Spring Boot 项目并集成 Elasticsearch，实现产品信息模块文档数据的增、删、改、查功能。

第 14 章

Security 安全控制

本章介绍使用 Security 实现应用认证和权限管理，Security 是支持高度自定义的认证和访问控制框架，功能完善，扩展性强，完全满足企业安全控制需求。本章首先介绍什么是 Security，Spring Boot 项目如何集成使用 Security，然后介绍 Security 是如何实现角色权限控制的，最后从实战角度介绍如何实现基于数据库的权限控制和用户角色管理。

14.1　Security 入门

本节首先介绍什么是 Security 以及 Security 的核心组件，然后在 Spring Boot 中集成 Security 实现权限验证。

14.1.1　Security 简介

安全对于企业来说至关重要，必要的安全认证为企业阻挡了外部非正常的访问，保证了企业内部数据的安全。

当前，数据安全问题越来越受到行业内公司的重视。数据泄漏很大一部分原因是非正常权限访问导致的，于是使用合适的安全框架保护企业服务的安全变得非常紧迫。在 Java 领域，Spring Security 无疑是最佳选择之一。

Spring Security 是 Spring 家族中的一个安全管理框架，能够基于 Spring 的企业应用系统提供声明式的安全访问控制解决方案。它提供了一组可以在 Spring 应用系统中灵活配置的组件，充分利用了 Spring 的 IoC、DI 和 AOP 等特性，为应用系统提供声明式的安全访问控制功能，减少了为企业系统安全控制编写大量重复代码的工作。

虽然，在 Spring Boot 出现之前，Spring Security 已经发展多年，但是使用并不广泛。安全管理这个领域一直是 Shiro 的天下，因为相对于 Shiro，在项目中集成 Spring Security 还是一件麻烦的事情，所以 Spring Security 虽然比 Shiro 强大，但是却没有 Shiro 受欢迎。

随着 Spring Boot 的出现，Spring Boot 对 Spring Security 提供了自动化配置方案，可以零配置使用 Spring Security。这使得 Spring Security 重新焕发新的活力。

Spring Boot 提供了集成 Spring Security 的组件包 spring-boot-starter-security，方便我们在 Spring Boot 项目中使用 Spring Security 进行权限控制。

14.1.2 Security 的核心组件

Spring Security 最核心的功能是认证和授权，主要依赖一系列的组件和过滤器相互配合来完成。Spring Security 的核心组件包括 SecurityContextHolder、Authentication、AuthenticationManager、UserDetailsService、UserDetails 等。

（1）SecurityContextHolder

SecurityContextHolder 用于存储应用程序安全上下文（Spring Context）的详细信息，如当前操作的用户对象信息、认证状态、角色权限信息等。

默认情况下，SecurityContextHolder 使用 ThreadLocal 来存储这些信息，意味着上下文始终可用在同一执行线程中的方法。例如，获取有关当前用户的信息的方法：

```
Object principal = SecurityContextHolder.getContext().getAuthentication()
.getPrincipal();
if (principal instanceof UserDetails) {
    String username = ((UserDetails)principal).getUsername();
} else {
    String username = principal.toString();
}
```

因为身份信息与线程是绑定的，所以可以在程序的任何地方使用静态方法获取用户信息。例如，获取当前经过身份验证的用户的名称，其中 getAuthentication()返回认证信息，getPrincipal()返回身份信息，UserDetails 是对用户信息的封装类。

（2）Authentication

Authentication 是认证信息接口，集成了 Principal 类。该接口定义了如表 14-1 所示的方法。

表14-1 Authentication接口定义的方法说明

接口方法	功能说明
getAuthorities()	获取权限信息列表，默认是 GrantedAuthority 接口的一些实现类，通常是代表权限信息的一系列字符串
getCredentials()	获取用户提交的密码凭证，用户输入的密码字符串在认证过后通常会被移除，用于保障安全
getDetails()	获取用户详细信息，用于记录 ip、sessionid、证书序列号等值
getPrincipal()	获取用户身份信息，大部分情况下返回的是 UserDetails 接口的实现类，是框架中常用的接口之一

Authentication 定义了 getAuthorities()、getCredentials()、getDetails()和 getPrincipal()等接口实现认证功能。

（3）AuthenticationManager

AuthenticationManager 认证管理器负责验证。认证成功后，AuthenticationManager 返回填充了用户认证信息（包括权限信息、身份信息、详细信息等，但密码通常会被移除）的 Authentication 实例，然后将 Authentication 设置到 SecurityContextHolder 容器中。

AuthenticationManager 接口是认证相关的核心接口，也是发起认证的入口。但它一般不直接认证，其常用实现类 ProviderManager 内部会维护一个 List<AuthenticationProvider> 列表，其中存放了多种认证方式，默认情况下，只需要通过一个 AuthenticationProvider 的认证就可以被认为登录成功。

（4）UserDetails

UserDetails 用户信息接口定义最详细的用户信息。该接口中的方法如表 14-2 所示。

表14-2　UserDetails接口定义的方法说明

接口方法	功能说明
getAuthorities()	获取授予用户的权限
getPassword()	获取用户正确的密码，这个密码在验证时会和 Authentication 中的 getCredentials()进行比对
getUsername()	获取用于验证的用户名
isAccountNonExpired()	指示用户的账户是否已过期，无法验证过期的用户
isAccountNonLocked()	指示用户的账户是否被锁定，无法验证被锁定的用户
isCredentialsNonExpired()	指示用户的凭证（密码）是否已过期，无法验证凭证过期的用户

（5）UserDetailsService

UserDetailsService 负责从特定的地方加载用户信息，通常通过 JdbcDaoImpl 从数据库加载具体实现，也可以通过内存映射 InMemoryDaoImpl 具体实现。

14.1.3　Security 验证流程

Security 看起来很复杂，其实一句话就能概述：一组过滤器链组成的权限认证流程。Security 采用的是责任链的设计模式，它有一条很长的过滤器链，整个过滤器链的执行流程如图 14-1 所示。

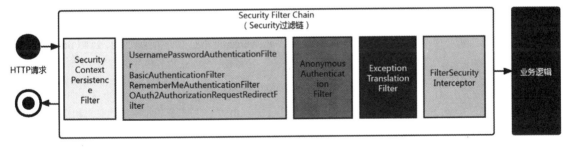

图 14-1　过滤器链的执行流程

Security 本质就是通过一组过滤器来过滤 HTTP 请求，将 HTTP 请求转发到不同的处理模块，最后经过业务逻辑处理返回 Response 的过程。

Security 默认的过滤器的入口在 HttpSecurity 对象中，那么 HttpSecurity 是如何加载的呢？

HttpSecurity 对象实际提供的是各个过滤器对应的配置类，通过配置类来控制对应过滤器属性的配置，最后将过滤器加载到 HttpSecurity 的过滤链中。HttpSecurity 提供的默认过滤器及其配置类如表 14-3 所示。

表14-3　Security提供的过滤器

配 置 类	过 滤 器	功能说明
OpenIDLoginConfigurer	OpenIDAuthenticationFilter	处理 OpenID 授权请求
HeaderWriterFilter	HeadersConfigurer	在返回报文头中添加 Security 相关信息
CorsConfigurer	CorsFilter	提供跨域访问配置支持的 Filter
SessionManagementConfigurer	SessionManagementFilter	会话管理 Filter
PortMapperConfigurer	无	用于在 HTTP 及 HTTPS 请求之间重定向时的端口判定
JeeConfigurer	J2eePreAuthenticatedProcessingFilter	添加 J2EE 预授权处理机制支持
X509Configurer	X509AuthenticationFilter	添加 X509 预授权处理机制支持
RememberMeConfigurer	RememberMeAuthenticationFilter	记住用户名及密码功能支持
ExpressionUrlAuthorizationConfigurer	FilterSecurityInterceptor	Security 的主要 Filter，通过调用权限管理器等进行 HTTP 访问的权限判断
RequestCacheConfigurer	RequestCacheAwareFilter	缓存请求，在必要的时候使用缓存的请求
ExceptionHandlingConfigurer	ExceptionTranslationFilter	处理 AccessDeniedException 及 AuthenticationException 异常
SecurityContextConfigurer	SecurityContextPersistenceFilter	SecurityContext 对象持久化 Filter，用于在请求开始阶段初始化并持久化该对象，在后续的 Filter 中可以使用该对象来获取信息
ServletApiConfigurer	SecurityContextHolderAwareRequestFilter	在原始请求基础上包装一些方法供后续调用
CsrfConfigurer	CsrfFilter	跨站请求伪造保护 Filter
LogoutConfigurer	LogoutFilter	退出登录请求处理 Filter
AnonymousConfigurer	AnonymousAuthenticationFilter	匿名请求控制 Filter
FormLoginConfigurer	UsernamePasswordAuthenticationFilter	表单登录请求处理 Filter
OAuth2LoginConfigurer	OAuth2AuthorizationRequestRedirectFilter	OAuth2 请求权限控制处理 Filter，为其他网站提供本网站 OAuth2 方式登录，即其他网站通过本网站的账户和密码进行登录授权
ChannelSecurityConfigurer	ChannelProcessingFilter	通道选择 Filter，确保请求是通过正确的通道过来的，如 HTTP 或者 HTTPS
HttpBasicConfigurer	BasicAuthenticationFilter	Security 基础登录授权 Filter，将其结果保存在 SecurityContextHolder 中

表 14-3 提供的默认过滤器并不是在 HttpSecurity 对象初始化的时候就全部加载的，而是根据用户定制情况进行加载，具体加载情况见后文。

同时，Security 提供了多种登录认证的方式，由多种过滤器共同实现，不同的过滤器被加载到应用中，我们可以根据不同的需求自定义登录认证配置。

14.2　Security 认证

本节介绍 Security 实现用户登录认证，通过示例介绍 Security 如何配置登录验证。Security 自带登录验证等页面，同时也支持自定义登录页面，因此还将介绍 Security 如何自定义登录页面。

14.2.1　Spring Boot 集成 Security

在 Spring Boot 项目中集成 Spring Boot Security 非常简单，只需在项目中增加 Spring Boot Security 的依赖即可。下面通过示例演示 Spring Boot 中基础 Security 的登录验证。

1. 添加依赖

Spring Boot 提供了集成 Spring Security 的组件包 spring-boot-starter-security，方便我们在 Spring Boot 项目中使用 Spring Security。

```
<dependency>
    <groupId>org.springframework.boot</groupId>
    <artifactId>spring-boot-starter-web</artifactId>
</dependency>
<dependency>
    <groupId>org.springframework.boot</groupId>
    <artifactId>spring-boot-starter-thymeleaf</artifactId>
</dependency>
<dependency>
    <groupId>org.springframework.boot</groupId>
    <artifactId>spring-boot-starter-security</artifactId>
</dependency>
```

上面除了引入 Security 组件外，因为我们要做 Web 系统的权限验证，所以还添加了 Web 和 Thymeleaf 组件。

2. 配置登录用户名和密码

用户名和密码在 application.properties 中进行配置。

```
# security
spring.security.user.name=admin
spring.security.user.password=admin
```

在 application.properties 配置文件中增加了管理员的用户名和密码。

3. 添加 Controller

创建 SecurityController 类，在类中添加访问页面的入口。

```
@Controller
public class SecurityController {
    @RequestMapping("/")
    public String index() {
        return "index";
    }
}
```

4. 创建前端页面

在 resources/templates 目录下创建页面 index.html，这个页面就是具体的需要增加权限控制的页面，只有登录了才能进入此页。

```
<!DOCTYPE html>
<html xmlns="http://www.w3.org/1999/xhtml"
xmlns:th="http://www.thymeleaf.org">
<body>
<h1>Hello</h1>
<p>我是登录后才可以看的页面</p>
</body>
</html>
```

5. 测试验证

添加完重启项目，访问地址：http://localhost:8080/，页面会自动弹出一个登录框，如图 14-2 所示。

系统自动跳转到 Spring Security 默认的登录页面，输入之前配置的用户名和密码就可以登录系统，登录后的页面如图 14-3 所示。

图 14-2　Spring Security 登录验证

图 14-3　Spring Security 登录后的页面

通过上面的示例，我们看到 Spring Security 自动给所有访问请求做了登录保护，实现了页面权限控制。

14.2.2　登录认证

前面演示了在 Spring Boot 项目中集成 Spring Security 实现简单的登录验证功能，在实际项目使用过程中，可能有的功能页面不需要进行登录验证，而有的功能页面只有进行登录验证才能访问。下面通过完整的示例程序演示如何实现 Security 的登录认证。

可以自定义登录页面，当用户未登录时跳转到自定义登录页面。

1. 创建页面 content.html

先创建页面 content.html，此页面只有登录用户才可查看，否则会跳转到登录页面，登录成功后才能访问。示例代码如下：

```
<!DOCTYPE html>
<html xmlns="http://www.w3.org/1999/xhtml"
xmlns:th="http://www.thymeleaf.org">
<body>
<h1>content</h1>
<p>我是登录后才可以看的页面</p>
<form method="post" action="/logout">
    <button type="submit">退出</button>
</form>
</body>
</html>
```

在上面的示例中，我们看到退出使用 post 请求，因为 Security 退出请求默认只支持 post 。

2. 修改 index.html 页面

修改之前的 index.html 页面，增加登录按钮。

```
<p>点击 <a th:href="@{/content}">这里</a>进入管理页面</p>
```

在上面的示例中，index 页面属于公共页面，无权限验证，从 index 页面进入 content 页面时需要登录验证。

3. 修改 Controller 控制器

修改之前的 SecurityController 控制器，增加 content 页面路由地址，示例代码如下：

```
@RequestMapping("/")
public String index() {
    return "index";
}

@RequestMapping("/content")
public String content() {
    return "content";
}
```

4. 创建 SecurityConfig 类

创建 Security 的配置文件 SecurityConfig 类，它继承于 WebSecurityConfigurerAdapter，现自定义权限验证配置。示例代码如下：

```
@Configuration
@EnableWebSecurity
public class SecurityConfig extends WebSecurityConfigurerAdapter {
    @Override
    protected void configure(HttpSecurity http) throws Exception {
        http.authorizeRequests()
            .antMatchers("/", "/home").permitAll()
            .anyRequest().authenticated()
            .and()
            .formLogin()
            .permitAll()
```

```
                    .and()
                    .logout()
                    .permitAll()
                    .and()
                    .csrf()
                    .ignoringAntMatchers("/logout");
        }
    }
```

在上面的示例程序中，SecurityConfig 类中配置 index.html 可以直接访问，但 content.html 需要登录后才可以查看，没有登录自动跳转到登录页面。

- @EnableWebSecurity: 开启 Spring Security 权限控制和认证功能。
- antMatchers("/", "/home").permitAll(): 配置不用登录可以访问的请求。
- anyRequest().authenticated(): 表示其他的请求都必须有权限认证。
- formLogin(): 定制登录信息。
- loginPage("/login"): 自定义登录地址，若注释掉，则使用默认登录页面。
- logout(): 退出功能，Spring Security 自动监控了/logout。
- ignoringAntMatchers("/logout"): Spring Security 默认启用了同源请求控制，在这里选择忽略退出请求的同源限制。

5. 测试验证

修改完成之后重启项目，访问地址 http://localhost:8080/可以看到 index 页面的内容，单击链接跳转到 content 页面时会自动跳转到登录页面（见图 14-4），登录成功后才会自动跳转到 http://localhost:8080/content，在 content 页面单击"退出"按钮，会退出登录状态，跳转到登录页面并提示已经退出。

图 14-4　登录页面

登录、退出、请求受限页面退出后跳转到登录页面是常用的安全控制案例，也是账户系统基本的安全保障。

14.2.3　自定义登录页面

我们知道 Spring Security 自带了登录页面，但是系统默认的登录页面并不友好，也和整个 Web 前端页面风格不符，所以 Sprig Security 支持自定义登录页面，这样就可以根据自己的实际需求进行设置。

1. 自定义登录页面

在 resources/templates 目录下创建页面 login.html，示例代码如下：

```
<!DOCTYPE html>
<html xmlns="http://www.w3.org/1999/xhtml"
xmlns:th="http://www.thymeleaf.org"
xmlns:sec="http://www.thymeleaf.org/thymeleaf-extras-springsecurity3">
<head>
<title>login</title>
</head>
<body>
<div th:if="${param.error}">
用户名或密码错误
</div>
<div th:if="${param.logout}">
您已注销成功
</div>
<form th:action="@{/login}" method="post">
<div><label> 用户名 : <input type="text" name="username"/> </label></div>
<div><label> 密 码 : <input type="password" name="password"/> </label></div>
<div><input type="submit" value="登录"/></div>
</form>
</body>
</html>
```

从上面的代码可知，param.error 和 param.logout 为 Security 返回的验证结果。如果登录认证失败，Security 会返回对应的验证结果。

2. 修改 Controller 控制器

修改之前的 SecurityController 控制器，增加登录页面的地址/login，示例代码如下：

```
@RequestMapping("/content")
public String content() {
    return "content";
}
@RequestMapping(value = "/login", method = RequestMethod.GET)
    public String login() {
    return "login";
}
```

3. 修改 SecurityConfig 类

修改之前的 SecurityConfig 配置类，增加登录页面的配置，示例代码如下：

```
@Configuration
@EnableWebSecurity
public class SecurityConfig extends WebSecurityConfigurerAdapter {
    @Override
    protected void configure(HttpSecurity http) throws Exception {
        http.authorizeRequests()
            .antMatchers("/", "/home").permitAll()
            .anyRequest().authenticated()
            .and()
            .formLogin()
```

```
                .loginPage("/login")
                .permitAll()
                .and()
                .logout()
                .permitAll()
                .and()
                .csrf()
                .ignoringAntMatchers("/logout");
    }
}
```

上面的示例代码和之前的基本一致，只是增加了一行.loginPage("/login")，自定义登录地址，若注释掉，则使用默认登录页面。

4. 运行验证

修改完成之后重启项目，访问地址 http://localhost:8080/，看看是否变成了我们自定义的登录页面，如图 14-5 所示。

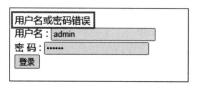

图 14-5　我们自定义的登录页面

Security 默认的登录页面已经变成了自定义的登录页面,输入错误的密码 Security 会返回用户名或密码错误的结果。

14.3　Security 授权

上一节介绍了用户认证验证，实现了拥有登录权限才被允许进入系统，阻挡了外部非正常的访问，保证了企业内部数据安全。但是，如果不同的人拥有的不一样操作权限，Security 该怎么实现呢？接下来介绍 Security 的用户授权，实现应用系统角色权限控制。

14.3.1　角色权限

我们知道，应用系统中不同的角色，具有的操作权限是不一样的。通过系统授权，实现角色权限控制。接下来介绍 Security 的授权，实现角色权限控制。

其实 Spring Boot Security 实现角色权限控制非常简单，首先配置用户的登录名和密码，然后定义角色和权限，最后关联用户和权限即可。下面通过示例演示 Security 角色权限控制。

1. 修改 SecurityConfig 类

在前面创建的 SecurityConfig 类中添加 configureGlobal()方法，配置对应的用户、角色和权限，示例代码如下：

```
@Autowired
public void configureGlobal(AuthenticationManagerBuilder auth) throws
Exception {
    auth.inMemoryAuthentication()
        .passwordEncoder(new BCryptPasswordEncoder())
        .withUser("user")
        .password(new BCryptPasswordEncoder()
        .encode("123456")).roles("USER")
        .and()
        .withUser("admin")
        .password(new BCryptPasswordEncoder()
        .encode("admin")).roles("ADMIN", "USER");
}
```

在上面的示例代码中，withUser("user")定义用户，roles("USER") 指明了用户角色。这里为了演示不同角色拥有不同权限，添加 admin 和 user 两个用户以及对应的 USER 角色和 ADMIN 角色。

2. 添加管理员页面

前面我们定义了 admin 用户拥有 USER 和 ADMIN 角色，user 用户拥有 USER 角色，接下来添加 admin.html 页面。

```
<!DOCTYPE html>
<html xmlns="http://www.w3.org/1999/xhtml"
xmlns:th="http://www.thymeleaf.org"
    xmlns:sec="http://www.thymeleaf.org/thymeleaf-extras-springsecurity3">
<head>
    <title>admin</title>
</head>
<body>
    <h1>admin</h1>
    <p>管理员页面</p>
    <p>点击 <a th:href="@{/}">这里</a> 返回首页</p>
</body>
</html>
```

3. 修改 Controller

在 SecurityController 控制器中增加 admin 页面的后端访问路由，示例代码如下：

```
@RequestMapping("/admin")
public String admin() {
    return "admin";
}
```

4. 修改 Security 拦截过滤

我们将上述的 SecurityConfig 类中的 configure()方法修改如下，设置只有 ADMIN 角色的用户才可以访问 admin.html 页面。示例代码如下：

```
@Override
protected void configure(HttpSecurity http) throws Exception {
    http.authorizeRequests()
        .antMatchers("/resources/**", "/").permitAll()
        .antMatchers("/admin/**").hasRole("ADMIN")
```

```
            .antMatchers("/content/**").access("hasRole('ADMIN') or
hasRole('USER')")
            .anyRequest().authenticated()
            .and()
            .formLogin()
            // .loginPage("/login")
            .permitAll()
            .and()
            .logout()
            .permitAll()
            .and()
            .csrf()
            .ignoringAntMatchers("/logout");
    }
```

在上面的示例中，通过 antMatchers 方法增加了/admin 和/content 地址的拦截过滤。设置/admin
的地址只有 ADMIN 角色的用户才能访问，/content 地址是 ADMIN 和 USER 角色的用户均可访问。
示例中的代码说明如下：

● antMatchers("/resources/**", "/").permitAll()：地址"/resources/ **" 和 "/" 所有用户都可
   访问， permitAll 表示该请求任何人都可以访问。

● antMatchers("/admin/**").hasRole("ADMIN")：地址"/admin/**" 开头的请求地址，只有
   拥有 ADMIN 角色的用户才可以访问。

● antMatchers("/content/**").access("hasRole('ADMIN') or hasRole('USER')")：地 址
   "/content/**" 开头的请求地址，可以供角色为 ADMIN 或者 USER 的用户使用。

值得注意的是，hasRole()和 access()虽然都可以给角色赋予权限，但有所区别，比如 hasRole()
修饰的角色"/admin/**"，拥有 ADMIN 权限的用户访问地址 xxx/admin 和 xxx/admin/*均可，如果使
用 access()修饰的角色，访问地址 xxx/admin 权限受限，请求 xxx/admin/可以通过。

除了 permitAll、access 这些方法外，Security 还提供了更多的权限控制方式，其他方法及说明
如表 14-4 所示。

表14-4　Security权限过滤设置方法

方 法 名	解 释
access(String)	Spring EL 表达式结果为 true 时可访问
anonymous()	匿名可访问
denyAll()	用户不可以访问
fullyAuthenticated()	用户完全认证可访问（非 remember me 下自动登录）
hasAnyAuthority(String...)	参数中任意权限的用户可访问
hasAnyRole(String...)	参数中任意角色的用户可访问
hasAuthority(String)	某一权限的用户可访问
hasRole(String)	某一角色的用户可访问
permitAll()	所有用户可访问
rememberMe()	允许通过 remember me 登录的用户访问
authenticated()	用户登录后可访问
hasIpAddress(String)	用户来自参数中的 IP 时可访问

5. 运行验证

配置完成后重新启动项目，使用 admin 用户登录系统，所有页面都可以访问，使用 user 用户登录系统，只可以访问不受限地址和以"/content/**"开头的请求，说明权限配置成功。

如图 14-6 和图 14-7 所示，使用普通用户 user 的账号访问后台管理页面，返回 403 无权限。使用管理员 admin 的账号登录，则可以正常访问后台管理页面。说明 Security 可以通过角色控制页面的访问权限。

图 14-6　启动后的首页 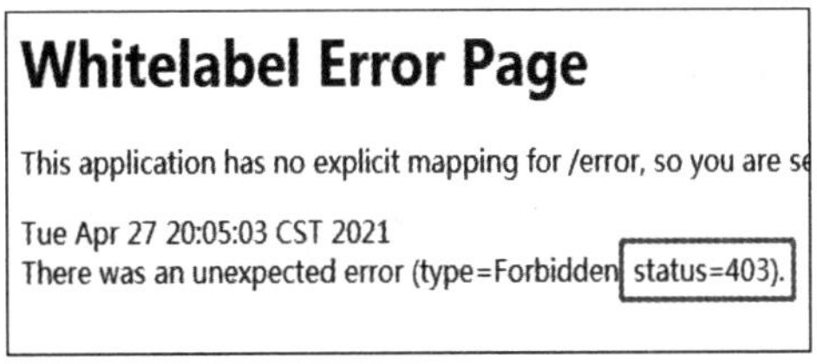　　　　　　　　图 14-7　无权限访问页面

14.3.2　方法级别的权限控制

在实际项目中，经常会出现一些重要的功能需要控制到按钮级别。通过路径页面来控制就无法实现了，那该怎么办呢？

对于 Security 来说特别简单，Spring Security 支持基于 URL 的请求授权、方法访问授权以及对象访问授权。我们在方法上添加注解即可实现限制某些特定功能模块的控制访问权限。如此项目中便可根据角色来控制用户拥有不同的权限。

1. @PreAuthorize/@PostAuthorize

Spring Boot 提供了@PreAuthorize/@PostAuthorize 注解，更适合方法级的权限控制，也支持 Spring EL 表达式语法，提供了基于表达式的访问控制。

● @PreAuthorize 注解：适合进入方法前的权限验证，@PreAuthorize 可以将登录用户的角色/权限参数传到方法中。

● @PostAuthorize 注解：使用并不多，在方法执行后再进行权限验证。

```
@PreAuthorize("hasAuthority('ADMIN')")
@RequestMapping("/admin")
public String admin() {
    return "admin";
}
```

这样只有拥有角色 ADMIN 的用户才可以访问此方法。

2. @Secured

此注释用来定义业务方法的安全配置属性的列表，可以在需要安全角色/权限等的方法上指定@Secured，并且只有拥有那些角色/权限的用户才可以调用该方法。如果有人不具备要求的角色/权限，但试图调用此方法，将会抛出 AccessDenied 异常。

```
public interface UserService {
```

```
    List<User> findAllUsers();

    @Secured("ADMIN")
    void updateUser(User user);

    @Secured({ "USER", "ADMIN" })
    void deleteUser();
}
```

为了方便演示，内容中所有用户和角色信息均写死在代码中，在实际项目中使用时，会将用户、角色、权限控制等信息存储到数据库中，以更加方便灵活的方式去配置整个项目的权限。

14.4　实战：基于数据库的权限控制

上一节介绍了 Spring Security 实现登录的用户与角色权限控制，基本上实现了角色权限控制。但是在实际的项目中，一般都是利用数据库进行用户权限认证的，这样也有利于用户权限的动态更改。接下来通过示例演示 Spring Security 基于数据库实现权限控制。

14.4.1　数据库结构设计

1. 用户、角色、权限关系

一般项目中都是基于用户、角色、权限实现用户权限控制的，这样的设计结构简单、易于扩展。图 14-8 所示是用户、角色、权限三者的关系。

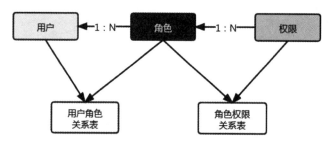

图 14-8　用户、角色、权限三者的关系

如图 14-8 所示，通用的用户权限模型都是基于角色的权限控制。一般情况下会有 5 张表，分别是用户表、角色表、权限表、用户角色关系表和角色权限对应表。每一项操作就是一个权限，只有将权限赋予某个角色，该角色下的用户才具备执行此项操作的权限。

2. 创建数据库

了解权限控制功能的关联关系，接下来开始设计数据库，数据库脚本如下：

```
/*
Navicat MySQL Data Transfer

Source Server        : localhost_root
```

```
Source Server Version : 50620
Source Host          : localhost:3306
Source Database      : security_test

Target Server Type   : MYSQL
Target Server Version : 50620
File Encoding        : 65001


Date: 2021-06-02 18:25:27
*/

SET FOREIGN_KEY_CHECKS=0;

-- ----------------------------
-- Table structure for `hibernate_sequence`
-- ----------------------------
DROP TABLE IF EXISTS `hibernate_sequence`;
CREATE TABLE `hibernate_sequence` (
  `next_val` bigint(20) DEFAULT NULL
) ENGINE=MyISAM DEFAULT CHARSET=utf8;


-- ----------------------------
-- Records of hibernate_sequence
-- ----------------------------
INSERT INTO `hibernate_sequence` VALUES ('1');

-- ----------------------------
-- Table structure for `sys_permission`
-- ----------------------------
DROP TABLE IF EXISTS `sys_permission`;
CREATE TABLE `sys_permission` (
  `id` bigint(20) NOT NULL,
  `description` varchar(255) DEFAULT NULL,
  `name` varchar(255) DEFAULT NULL,
  `pid` bigint(20) DEFAULT NULL,
  `url` varchar(255) DEFAULT NULL,
  PRIMARY KEY (`id`)
) ENGINE=MyISAM DEFAULT CHARSET=utf8;


-- ----------------------------
-- Records of sys_permission
-- ----------------------------
INSERT INTO `sys_permission` VALUES ('2', 'hello url', 'hello', null, '/hello');
INSERT INTO `sys_permission` VALUES ('1', 'admin url', 'admin', null, '/admin');

-- ----------------------------
-- Table structure for `sys_role`
-- ----------------------------
DROP TABLE IF EXISTS `sys_role`;
CREATE TABLE `sys_role` (
  `id` bigint(20) NOT NULL,
  `name` varchar(255) DEFAULT NULL,
  PRIMARY KEY (`id`)
) ENGINE=MyISAM DEFAULT CHARSET=utf8;
```

```
-- ----------------------------
-- Records of sys_role
-- ----------------------------
INSERT INTO `sys_role` VALUES ('1', 'admin');
INSERT INTO `sys_role` VALUES ('2', 'guest');


-- ----------------------------
-- Table structure for `sys_role_permission`
-- ----------------------------
DROP TABLE IF EXISTS `sys_role_permission`;
CREATE TABLE `sys_role_permission` (
  `sys_role_id` bigint(20) NOT NULL,
  `sys_permission_id` bigint(20) NOT NULL,
  KEY `FKmnbc71b4040rgprkv4aeu0h5p` (`sys_permission_id`),
  KEY `FK31whauev046d3rg8ecubxa664` (`sys_role_id`)
) ENGINE=MyISAM DEFAULT CHARSET=utf8;


-- ----------------------------
-- Records of sys_role_permission
-- ----------------------------
INSERT INTO `sys_role_permission` VALUES ('1', '2');
INSERT INTO `sys_role_permission` VALUES ('2', '2');
INSERT INTO `sys_role_permission` VALUES ('1', '1');


-- ----------------------------
-- Table structure for `sys_user`
-- ----------------------------
DROP TABLE IF EXISTS `sys_user`;
CREATE TABLE `sys_user` (
  `id` bigint(20) NOT NULL,
  `password` varchar(255) DEFAULT NULL,
  `username` varchar(255) DEFAULT NULL,
  PRIMARY KEY (`id`),
  UNIQUE KEY `UK_51bvuyvihefoh4kp5syh2jpi4` (`username`)
) ENGINE=MyISAM DEFAULT CHARSET=utf8;


-- ----------------------------
-- Records of sys_user
-- ----------------------------
INSERT INTO `sys_user` VALUES ('1', 'E10ADC3949BA59ABBE56E057F20F883E',
'admin');
INSERT INTO `sys_user` VALUES ('2', 'E10ADC3949BA59ABBE56E057F20F883E',
'weiz');


-- ----------------------------
-- Table structure for `sys_user_role`
-- ----------------------------
DROP TABLE IF EXISTS `sys_user_role`;
CREATE TABLE `sys_user_role` (
  `sys_user_id` bigint(20) NOT NULL,
  `sys_role_id` bigint(20) NOT NULL,
  KEY `FK1ef5794xnbirtsnudta6p32on` (`sys_role_id`),
  KEY `FKsbjvgfdwwy5rfbiag1bwh9x2b` (`sys_user_id`)
) ENGINE=MyISAM DEFAULT CHARSET=utf8;
```

```
-- ---------------------------
-- Records of sys_user_role
-- ---------------------------
INSERT INTO `sys_user_role` VALUES ('1', '1');
INSERT INTO `sys_user_role` VALUES ('2', '2');
```

上面的示例创建了数据库及创建表的脚本。首先创建了 security_test 库,然后执行上面的建表语句。

14.4.2 实现角色权限控制

将数据库创建成功后,接下来演示如何在 Spring Security 中基于 MySQL 数据库实现权限控制。

1. 添加依赖

首先,创建新的 Spring Boot 项目,并添加 Security 等相关依赖:

```xml
<!-- base dependency -->
<dependency>
    <groupId>org.springframework.boot</groupId>
    <artifactId>spring-boot-starter-web</artifactId>
</dependency>

<!-- security -->
<dependency>
    <groupId>org.springframework.boot</groupId>
    <artifactId>spring-boot-starter-security</artifactId>
</dependency>

<!-- thymeleaf -->
<dependency>
    <groupId>org.springframework.boot</groupId>
    <artifactId>spring-boot-starter-thymeleaf</artifactId>
</dependency>

<!-- mysql -->
<dependency>
    <groupId>mysql</groupId>
    <artifactId>mysql-connector-java</artifactId>
</dependency>

<!-- jpa -->
<dependency>
    <groupId>org.springframework.boot</groupId>
    <artifactId>spring-boot-starter-data-jpa</artifactId>
</dependency>
```

在上面的配置中,除了添加 Security 组件,数据库操作使用 JdbcTemplate,还添加了 JDBC 组件。

2. 配置数据库

修改项目中的 application.properties 配置文件,增加数据库连接配置,具体配置如下:

```
s server.port=8888
```

```
# dataSource
spring.datasource.driver-class-name=com.mysql.cj.jdbc.Driver
spring.datasource.url=jdbc:mysql://localhost:3306/security_test?serverTimez
one=UTC&useUnicode=true&characterEncoding=utf-8&useSSL=true
spring.datasource.username=root
spring.datasource.password=root
# jpa
spring.jpa.hibernate.ddl-auto=update
spring.jpa.show-sql=true
spring.jpa.database=mysql
# thymeleaf
spring.thymeleaf.prefix=classpath:/templates/
spring.thymeleaf.cache=false
spring.thymeleaf.suffix=.html
```

上面的示例使用了 JPA 和 Thymeleaf，所以 application.properties 配置文件中需要增加相关配置。

3. 实现数据库操作

这里统一实现数据库相关操作，主要是创建 Model、Repository 等角色权限相关的数据库实现。示例代码如下：

1）创建 SysUser、SysRole、SysPermission、SysRolePermisson 等实体类，定义如下：

```java
// 用户实体类
@Entity
@Table(name = "sys_user")
public class SysUser implements Serializable {

    private static final long serialVersionUID = 1L;

    @Id
    @GeneratedValue
    private Long id;

    @Column(unique = true)
    private String username;

    private String password;

    @ManyToMany
    @JoinTable(name = "sys_user_role",joinColumns = {@JoinColumn(name =
"sys_user_id")},inverseJoinColumns={@JoinColumn(name = "sys_role_id")})
    private List<SysRole> roles;

    // 省略 get、set
}

// 角色实体类
@Entity
@Table(name = "sys_role")
public class SysRole implements Serializable{

    private static final long serialVersionUID = 1L;
```

```
    @Id
    @GeneratedValue
    private Long id;

    private String name;

    public SysRole(Long id, String name) {
        this.id = id;
        this.name = name;
    }

    @ManyToMany
    @JoinTable(name = "sys_role_permission",joinColumns = {@JoinColumn(name =
"sys_role_id")},inverseJoinColumns={@JoinColumn(name = "sys_permission_id")})
    private List<SysPermission> permissions;

    // 省略 get、set
}
// 权限实体类
@Entity
@Table(name = "sys_permission")
public class SysPermission implements Serializable {

    private static final long serialVersionUID = 1L;

    @Id
    @GeneratedValue
    private Long id;

    private Long pid;

    private String name;

    private String url;

    private String description;

    // 省略 get、set
}
// 角色权限实体类
public class SysRolePermisson implements Serializable {

    /**
     * 角色
     */
    private Long roleId;

    private String roleName;

    /**
     * 权限
     */
    private Long permissionId;
```

```
        private String url;

        public SysRolePermisson(Long roleId, String roleName, Long permissionId,
String url) {
            this.roleId = roleId;
            this.roleName = roleName;
            this.permissionId = permissionId;
            this.url = url;
        }

        // 省略 get、set
    }
```

上面的示例创建了 SysUser、SysRole、SysPermission、SysRolePermisson 等实体类，其中 SysUser、SysRole、SysPermission 是数据库对应的实体类，SysRolePermisson 是关联关系。

2）定义 Repository 数据操作类，代码如下：

```
public interface SysUserRepository extends JpaRepository<SysUser, Long>{

    /**
     * 通过 username 查找 user
     * username 是唯一的前提
     *
     * @param username
     * @return SysUser
     */
    @Query(value="select id,password,username from sys_user WHERE
username=?1",nativeQuery = true)
    SysUser findUserByUsername(String username);

    /**
     * 通过用户名查找
     * @param username
     * @return List<SysRole>
     */
    @Query(value="select new com.weiz.domain.SysRole(sr.id,sr.name) \n" +
            "        from SysUser as su\n" +
            "        join su.roles as sr\n" +
            "        where su.username = ?1")
    List<SysRole> findRolesByUsername(String username);

    /**
     * 通过用户名查找权限
     * @param username
     * @return List<SysPermission>
     */
    @Query(value=" select sp.*\n" +
            "        from sys_user su\n" +
            "        left join sys_user_role  sur on su.id = sur.sys_user_id\n" +
            "        left join sys_role_permission srp on sur.sys_role_id =
srp.sys_role_id\n" +
            "        left join sys_permission sp on srp.sys_permission_id =
sp.id\n" +
```

```
            "       where su.username = ?1",nativeQuery = true)
    List<SysPermission> findPermissionsByUsername(String username);

    @Query(value="select new
com.weiz.domain.SysRolePermisson(sr.id,sr.name,sp.id,sp.url) \n" +
            "       from SysRole as sr\n"+
            "       join sr.permissions as sp")
    List<SysRolePermisson> findAllRolePermissoin();
}
```

上面的示例主要提供 SysUserRepository 类的实现,主要实现用户名密码校验、权限加载等功能。其他 Repository 都是普通的 Repository,创建接口即可。

4. Security 的配置

Security 的配置比较复杂,需要自定义 UserDetailsService 和 AccessDecisionManager,实现 AbstractSecurityInterceptor 拦截器,还要自定义 SecurityMetadataSource。最后,重写 WebSecurityConfigurerAdapter 将上面的自定义配置加入 Security 过滤链中。

1)先实现自定义的 UserDetailsService,再实现自定义的 loadUserByUsername 用户数据加载功能。示例代码如下:

```
@Component
public class MyCustomUserService implements UserDetailsService{

    private final static Logger logger =
LoggerFactory.getLogger(MyCustomUserService.class);

    @Autowired
    private SysUserRepository sysUserRepository;

    /**
     * 通过用户名获取用户的基本信息和权限
     * @param username
     * @return
     * @throws UsernameNotFoundException
     */
    @Override
    public UserDetails loadUserByUsername(String username) throws
UsernameNotFoundException {

        logger.info("根据名称获取用户信息: username is {}",username);

        SysUser user = sysUserRepository.findUserByUsername(username);
        if(user == null)
            throw new UsernameNotFoundException(String.format("No user found
with username '%s'.", username));

        // 获取所有请求的 URL
        // List<SysPermission> sysPermissions =
sysUserMapper.findPermissionsByUsername(user.getUsername());
        List<SysRole> sysRoles =
sysUserRepository.findRolesByUsername(user.getUsername());
```

```
        logger.info("用户角色个数为{}",sysRoles.size());
        List<GrantedAuthority> grantedAuthorities = new ArrayList<>();
        for (SysRole sysRole : sysRoles) {
            // 封装用户信息和角色信息到 SecurityContextHolder 全局缓存中
            logger.info("name--->{}",sysRole.getName());
            grantedAuthorities.add(new
SimpleGrantedAuthority(sysRole.getName()));
        }
        return new User(user.getUsername(), user.getPassword(),
grantedAuthorities);
    }
}
```

2）自定义 AccessDecisionManager。

Spring Security 通过 AccessDecisionManager 来决定对于一个用户的请求是否基于通过的中心控制。首先定义 MyAccessDecisionManager 类并继承 AccessDecisionManager 接口。示例代码如下：

```
@Component
public class MyInvocationSecurityMetadataSourceService implements
FilterInvocationSecurityMetadataSource {

    @Autowired
    private SysUserRepository sysUserRepository;

    /**
     * 每一个资源所需要的角色
     */
    private static HashMap<String, Collection<ConfigAttribute>> map =null;

    public void loadResourceDefine(){

        map = new HashMap<>();

        // 权限资源和角色对应的表，也就是角色权限中间表
        List<SysRolePermisson> rolePermissons =
sysUserRepository.findAllRolePermissoin();

        // 每个资源所需要的权限
        for (SysRolePermisson rolePermisson : rolePermissons) {
            String url = rolePermisson.getUrl();
            String roleName = rolePermisson.getRoleName();
            ConfigAttribute role = new SecurityConfig(roleName);
            if(map.containsKey(url)){
                map.get(url).add(role);
            }else{
                map.put(url,new ArrayList<ConfigAttribute>(){{
                    add(role);
                }});
            }
        }
    }

    /**
     * @param object
```

```
     * @return
     * @throws IllegalArgumentException
     */
    @Override
    public Collection<ConfigAttribute> getAttributes(Object object) throws
IllegalArgumentException {
        if(map ==null)
            loadResourceDefine();
        // object 中包含用户请求的 request 信息
        HttpServletRequest request = ((FilterInvocation)
object).getHttpRequest();
        for(Iterator<String> iter = map.keySet().iterator(); iter.hasNext(); )
{
            String url = iter.next();
            if(new AntPathRequestMatcher(url).matches(request)) {
                return map.get(url);
            }
        }
        return null;
    }

    @Override
    public Collection<ConfigAttribute> getAllConfigAttributes() {
        return null;
    }

    @Override
    public boolean supports(Class<?> clazz) {
        return true;
    }
}
```

在上面的示例中，最重要的是 decide()方法，通过用户的登录信息验证是否有权限执行当前的 HTTP 请求。首先，Security 会将当前登录用户信息包装到一个 Authentication 对象中，并且调用 getAttributes() 方法获取这个 URL 相关的权限，以参数 Collection<ConfigAttribute> 的形式传入这个方法。然后，decide()方法获取信息之后进行对比决策，如果当前用户允许登录，那么直接 return 即可；如果当前用户不允许登录，则抛出一个 AccessDeniedException 异常。

3）实现自定义的 AbstractSecurityInterceptor。Spring Security 是通过过滤器发挥作用的，需要将决策管理器与 MyCustomUserService 数据加载器放到过滤器中，然后将这个过滤器插入 Security 的过滤器链。

```
@Component
public class MyFilterSecurityInterceptor extends AbstractSecurityInterceptor
implements Filter{

    @Autowired
    private FilterInvocationSecurityMetadataSource securityMetadataSource;

    @Autowired
    public void setMyAccessDecisionManager(MyAccessDecisionManager
myAccessDecisionManager) {
        super.setAccessDecisionManager(myAccessDecisionManager);
```

```
        }

        @Override
        public void init(FilterConfig filterConfig) throws ServletException {

        }

        @Override
        public void doFilter(ServletRequest request, ServletResponse response,
FilterChain chain) throws IOException, ServletException {

            FilterInvocation fi = new FilterInvocation(request, response, chain);
            invoke(fi);
        }


        public void invoke(FilterInvocation fi) throws IOException, ServletException
{

            InterceptorStatusToken token = super.beforeInvocation(fi);
            try {
                // 执行下一个拦截器
                fi.getChain().doFilter(fi.getRequest(), fi.getResponse());
            } finally {
                super.afterInvocation(token, null);
            }
        }

        @Override
        public void destroy() {

        }

        @Override
        public Class<?> getSecureObjectClass() {
            return FilterInvocation.class;
        }

        @Override
        public SecurityMetadataSource obtainSecurityMetadataSource() {
            return this.securityMetadataSource;
        }
    }
```

4）自定义 SecurityMetadataSource。Spring Security 中的 SecurityMetadataSource 用于加载 URL 与权限的对应关系，对于这个我们需要自己进行定义。

```
@ @Component
public class MyInvocationSecurityMetadataSourceService implements
FilterInvocationSecurityMetadataSource {

    @Autowired
    private SysUserRepository sysUserRepository;

    /**
```

```
 * 每一个资源所需要的角色
 */
private static HashMap<String, Collection<ConfigAttribute>> map =null;

public void loadResourceDefine(){

    map = new HashMap<>();

    // 权限资源和角色对应的表，也就是角色权限中间表
    List<SysRolePermisson> rolePermissons =
sysUserRepository.findAllRolePermissoin();

    // 每个资源所需要的权限
    for (SysRolePermisson rolePermisson : rolePermissons) {
        String url = rolePermisson.getUrl();
        String roleName = rolePermisson.getRoleName();
        ConfigAttribute role = new SecurityConfig(roleName);
        if(map.containsKey(url)){
            map.get(url).add(role);
        }else{
            map.put(url,new ArrayList<ConfigAttribute>(){{
                add(role);
            }});
        }
    }
}

/**
 * @param object
 * @return
 * @throws IllegalArgumentException
 */
@Override
public Collection<ConfigAttribute> getAttributes(Object object) throws
IllegalArgumentException {
    if(map ==null)
        loadResourceDefine();
    // object 中包含用户请求的 request 信息
    HttpServletRequest request = ((FilterInvocation)
object).getHttpRequest();
    for(Iterator<String> iter = map.keySet().iterator(); iter.hasNext(); )
{
        String url = iter.next();
        if(new AntPathRequestMatcher(url).matches(request)) {
            return map.get(url);
        }
    }
    return null;
}

@Override
public Collection<ConfigAttribute> getAllConfigAttributes() {
    return null;
}
```

```
    @Override
    public boolean supports(Class<?> clazz) {
        return true;
    }
}
```

在这个类中实现了 FilterInvocationSecurityMetadataSource 接口，这个接口中的 getAttributes(Object object)方法能够根据请求的 URL 获取这个 URL 所需要的权限，我们可以在这个类初始化的时候将所有需要的权限加载进来，然后根据规则进行获取，因此这里还需要编写一个加载数据的方法 loadAuthorityResources()，并且在构造函数中调用。

5）重写 WebSecurityConfigurerAdapter。

上面编写的这些自定义的实现都有了，但是仅仅这样是没有用的，如何配置能够让它们起作用呢？

```
@Configuration
public class WebSecurityConfig extends WebSecurityConfigurerAdapter {
    private final static Logger logger =
LoggerFactory.getLogger(WebSecurityConfig.class);

    /**
     * 通过实现 UserDetailService 来进行验证
     */
    @Autowired
    private MyCustomUserService myCustomUserService;

    /**
     *
     * @param auth
     * @throws Exception
     */
    @Autowired
    public void configureGlobal(AuthenticationManagerBuilder auth) throws
Exception{
        // 校验用户
        // 校验密码
        auth.userDetailsService(myCustomUserService)
            .passwordEncoder(new PasswordEncoder() {

            @Override
            public String encode(CharSequence rawPassword) {
                return Md5Util.MD5(String.valueOf(rawPassword));
            }

            @Override
            public boolean matches(CharSequence rawPassword, String
encodedPassword) {
                return
encodedPassword.equals(Md5Util.MD5(String.valueOf(rawPassword)));
            }
        });

    }
```

```java
/**
 * 创建自定义的表单
 *
 * 登录请求、跳转页面等
 *
 * @param http
 * @throws Exception
 */
@Override
protected void configure(HttpSecurity http) throws Exception {
    http.authorizeRequests()
            .antMatchers("/","index","/login","/css/**","/js/**")//允许访问
            .permitAll()
            .anyRequest().authenticated()
            .and()
            .formLogin()
            .loginPage("/login")   // 拦截后 get 请求跳转的页面
            .defaultSuccessUrl("/hello")
            .permitAll()
            .and()
            .logout()
            .permitAll();
    }
}
```

上面的示例通过重写 WebSecurityConfigurerAdapter 的 configure()和 configureGlobal()方法，配置 Security 的权限验证规则。

5. 创建 Controller

创建 Controller 控制器，增加相应的权限 URL 请求地址。示例代码如下：

```java
@Controller
public class TestController {

    @GetMapping(value = {"/"})
    public String index(){
        return "index";
    }

    @GetMapping(value = "hello")
    public String hello(){
        return "hello";
    }

    @GetMapping(value = "login")
    public String login(){
        return "login";
    }

    @GetMapping(value = "admin")
    public String admin(Model model){
        model.addAttribute("extraInfo","你是 admin");
        return "admin";
```

```
    }
}
```

上面的示例增加了权限表中对应的/hello 和/admin 权限，同时 Security 根据请求的 URL 与数据库中的权限表匹配验证是否有权限访问该地址。

6. 创建前台页面

接下来创建 index.html、hello.html、admin.html、Login.html 等前台页面，示例代码如下：

```html
// admin.html，普通用户页面
<h1>管理员页面</h1>
<p>点击 <a th:href="@{/}">这里</a> 返回首页</p>
<div class="container">
    <div class="starter-template">
        <div sec:authorize="hasRole('ROLE_ADMIN')">
            <p class="bg-info" th:text="${extraInfo}"></p>
        </div>
        <div sec:authorize="hasRole('ROLE_USER')">
            <p class="bg-info">无更多显示信息</p>
        </div>
        <form th:action="@{/logout}" method="post">
            <input type="submit" class="btn btn-primary" value="注销"/>
        </form>
    </div>
</div>


// hello.html，普通用户页面
<h1>普通用户页面</h1>
<p>点击 <a th:href="@{/}">这里</a> 返回首页</p>
<div sec:authorize="hasRole('ROLE_USER')">
    <p class="bg-info">无更多显示信息</p>
</div>
<form th:action="@{/logout}" method="post">
    <input type="submit" class="btn btn-primary" value="注销"/>
</form>


// index.html，首页
<h1>首页</h1>
<p>进入 <a th:href="@{/admin}">管理员页面</a></p>
<p>进入 <a th:href="@{/hello}">普通用户页面</a></p>


// login.html，登录页面
<div class="starter-template">
    <p th:if="${param.logout}" class="bg-warning">已注销</p>
    <p th:if="${param.error}" class="bg-danger"
th:text="${session.SPRING_SECURITY_LAST_EXCEPTION.message}">有错误</p>
    <h2>使用账号密码登录</h2>
    <form name="form" th:action="@{/login}" action="/login" method="post">
        <div class="form-group">
            <label for="username">账号</label>
            <input type="text" class="form-control" name="username" value=""
placeholder="账号"/>
```

```
        </div>
        <div class="form-group">
            <label for="password">密码</label>
            <input type="password" class="form-control" name="password"
placeholder="密码"/>
        </div>
        <input type="submit" id="login" value="Login" class="btn
btn-primary"/>
    </form>
</div>
```

7. 验证测试

配置完成后，启动项目，在浏览器中输入 http://localhost:8888/，进入系统首页，如图 14-9 所示。

单击"管理员页面"链接，由于未登录，系统会跳转到登录页面，输入管理员的账号/密码：admin/123456，系统权限验证成功后，自动跳转到管理员页面，如图 14-10 所示。

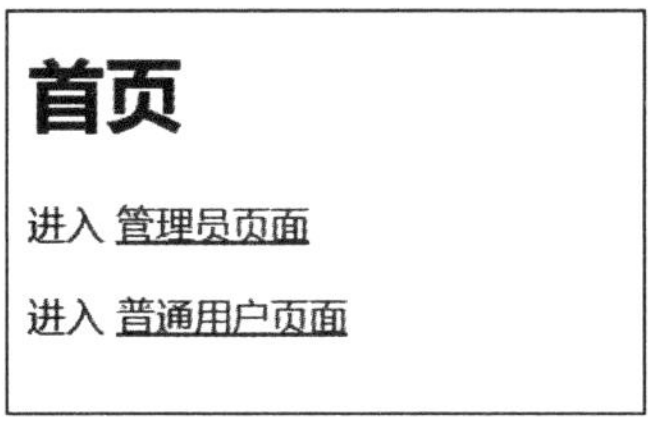

图 14-9　系统首页

图 14-10　管理员页面

返回首页，单击"普通用户页面"链接，自动跳转到普通用户页面。说明管理员同时拥有/hello 和/admin 两个页面的权限。

接下来，单击"注销"按钮，从系统中注销。返回首页，单击"普通用户页面"链接，输入管理员的账号/密码：weiz/123456，系统权限验证成功后，跳转到普通用户页面，如图 14-11 所示。

返回首页，单击"管理员页面"链接，由于普通用户没有管理员页面权限，系统会返回 403 跳转到默认错误页，如图 14-12 所示。

图 14-11　普通用户页面

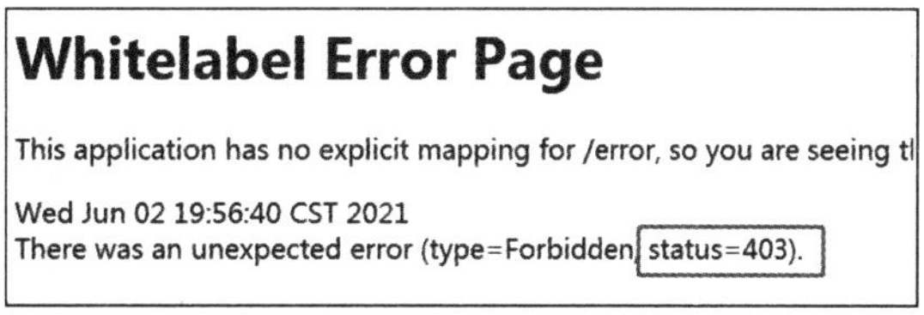

图 14-12　无权限访问页面

14.5　本章小结

本章主要介绍了 Security 实现权限控制，确保企业内部数据安全。Security 作为高自定义的认证和访问控制框架，功能强大，扩展性强，完全满足企业安全控制需求。本章首先介绍了 Spring Boot

项目如何集成使用 Security，然后介绍了 Security 是如何实现角色权限控制的，最后从实战角度介绍了如何实现基于数据库的权限控制和用户角色管理。

通过本章内容的学习，我们了解到 Spring Security 是一个专注认证和权限控制的安全框架。Spring Boot 对 Security 做了完善的支持，在 Spring Boot 项目中，可以通过不同的注解和配置来控制不同用户、不同角色的访问权限。Spring Security 是一款非常强大的安全控制框架，本章内容只是演示了常用的使用场景，若读者感兴趣，则可以在继续学习了解。

14.6　本章练习

创建 Spring Boot 项目并集成 Security，实现基于数据库的人员角色权限管理模块。

第15章

Actuator 应用监控

Spring Boot 自带监控组件——Actuator，它可以帮助实现对程序内部运行情况的监控。本章首先介绍 Actuator 轻松实现应用程序的监控治理，比如健康状况、审计、统计和 HTTP 追踪、Bean 加载情况、环境变量、日志信息、线程信息等，然后介绍如何使用 Spring Boot Admin 构建完整的运维监控平台。

15.1　Actuator 简介

本节从最基础的概念开始介绍什么是 Actuator、Spring Boot 项目如何快速集成 Actuator 以及如何配置 Actuator 端点。

15.1.1　Actuator 是什么

Actuator 是 Spring Boot 提供的应用系统监控的开源框架，它是 Spring Boot 体系中非常重要的组件。它可以轻松实现应用程序的监控治理，支持通过众多 REST 接口、远程 Shell 和 JMX 收集应用的运行情况。

Actuator 的核心是端点（Endpoint），它用来监视、提供应用程序的信息，Spring Boot 提供的 spring-boot-actuator 组件中已经内置了非常多的 Endpoint（health、info、beans、metrics、httptrace、shutdown 等），每个端点都可以启用和禁用。

Actuator 也允许我们扩展自己的端点。通过 JMX 或 HTTP 的形式暴露自定义端点，Actuator 会将自定义端点的 ID 默认映射到一个带/actuator 前缀的 URL。比如，health 端点默认映射到 /actuator/health。这样就可以通过 HTTP 的形式获取自定义端点的数据。

Actuator 同时还可以与外部应用监控系统整合，比如 Prometheus、Graphite、DataDog、Influx、Wavefront、New Relic 等。这些系统提供了非常好的仪表盘、图标、分析和告警等功能，使得你可以通过统一的接口轻松地监控和管理你的应用系统。这对于实施微服务的中小团队来说，无疑是一种快速高效的解决方案。

15.1.2 Spring Boot 集成 Actuator 应用监控框架

在 Spring Boot 项目中集成 Actuator 非常简单，只需要在项目中添加 spring-boot-starter-actuator 组件，就能自动启动应用监控的功能。

首先，创建一个 Spring Boot 项目来添加 spring-boot-starter-actuator 依赖：

```
<dependency>
    <groupId>org.springframework.boot</groupId>
    <artifactId>spring-boot-starter-web</artifactId>
</dependency>
<dependency>
    <groupId>org.springframework.boot</groupId>
    <artifactId>spring-boot-starter-actuator</artifactId>
</dependency>
```

如上面的示例所示，我们添加了 actuator 和 web 两个组件。spring-boot-starter-actuator 除了可以监控 Web 系统外，还可以监控后台服务等 Spring Boot 应用。

然后，修改配置文件，配置 Actuator 端点：

```
# 打开所有的监控点
management.endpoints.web.exposure.include=*
management.endpoint.health.show-details=always
```

最后，启动项目并在浏览器中输入 http://localhost:8080/actuator，我们可以看到返回的是 Actuator 提供的各种数据接口信息。

如图 15-1 所示，Actuator 提供了丰富的数据接口，包括/actuator/health、/actuator/env、/actuator/metrics 等。下面我们请求其中的一个地址/actuator/health，查看接口返回的详细信息。

如图 15-2 所示，/health 接口返回了系统详细的健康状态信息，包括系统的状态（UP 为正常）、磁盘使用情况等信息。

```
{
  "_links": {
    "self": {
      "href": "http://localhost:8080/actuator",
      "templated": false
    },
    "auditevents": {
      "href": "http://localhost:8080/actuator/auditevents",
      "templated": false
    },
    "beans": {
      "href": "http://localhost:8080/actuator/beans",
      "templated": false
    },
    "caches-cache": {
      "href": "http://localhost:8080/actuator/caches/{cache}",
      "templated": true
```

图 15-1　actuator 数据查询接口

```
{
  "status": "UP",
  "details": {
    "diskSpace": {
      "status": "UP",
      "details": {
        "total": 214748360704,
        "free": 56139628544,
        "threshold": 10485760
      }
    }
  }
}
```

图 15-2　/actuator/health 数据查询接口

15.2　Actuator 监控端点

上一节介绍了如何在 Spring Boot 中集成 Actuator 实现对程序内部运行情况的监控，接下来介绍 Actuator 的内置原生端点、用户自定义端点以及配置 Actuator 端点。

15.2.1　监控端点

Actuator 监控分成两类：原生端点和用户自定义端点。原生端点是 Actuator 组件内置的，在应用程序中提供了众多 Web 接口。通过它们了解应用程序运行时的内部情况，原生端点可以分成 3 类：

1）应用配置类：可以查看应用在运行期的静态信息，比如自动配置信息、加载的 Spring Bean 信息、YML 文件配置信息、环境信息、请求映射信息。

2）度量指标类：主要是运行期的动态信息，如堆栈、请求连接、健康状态、系统性能等。

3）操作控制类：主要是指 shutdown，用户可以发送一个请求将应用的监控功能关闭。

Actuator 提供了非常多的原生监控端点，比如 health 端点提供基本的应用程序运行状况信息，具体接口及说明如表 15-1 所示。

表15-1　Actuator提供的内置端点

端　点	说　明	JMX	HTTP
auditevents	显示应用暴露的审计事件（如认证进入、订单失败）	Yes	No
beans	描述应用程序上下文中全部的 Bean 以及它们的关系	Yes	No
conditions	就是 1.0 的/autoconfig，提供一份自动配置生效的条件情况，记录哪些自动配置条件通过了，哪些没通过	Yes	No
configprops	描述配置属性（包含默认值）如何注入 Bean	Yes	No
env	获取全部环境属性	Yes	No
env/{name}	根据名称获取特定的环境属性值	Yes	No
shutdown	允许优雅地关闭应用程序	Yes	No
metrics	描述程序中各种度量信息，比如内存用量、HTTP 请求数	Yes	No
health	报告应用程序的健康指标，这些值由 HealthIndicator 的实现类提供	Yes	Yes
heapdump	dump 一份应用的 JVM 堆信息	N/A	No
httptrace	显示 HTTP 足迹，最近 100 个 HTTP 请求/响应	Yes	No
info	获取应用程序的定制信息，这些信息由 info 打头的属性提供	Yes	Yes
logfile	返回 log file 中的内容（如果 logging.file 或者 logging.path 被设置）	N/A	No

Spring Boot 包括许多内置的端点，并且支持 JMX 或者 HTTP 访问。HTTP 默认对外公开只有 health 和 info 两个端点。

同时，Actuator 支持自定义端点，用户可以根据自己的实际应用定义一些比较关心的指标，在运行期进行监控。使用@Endpoint、@JmxEndpoint、@WebEndpoint 等注解实现对应的方法即可定义一个 Actuator 中的自定义端点。

15.2.2　配置监控端点

为了安全起见，在 Spring Boot 2.x 中，Actuator 的 HTTP 接口默认只开放了/actuator/health 和 /actuator/info 两个端点。表 15-2 显示了这两个属性的默认配置情况，公开或关闭端点受到 include 和 exclude 属性控制。

表15-2　Actuator端点默认打开情况

属　性	默　认
management.endpoints.jmx.exposure.exclude	
management.endpoints.jmx.exposure.include	*
management.endpoints.web.exposure.exclude	
management.endpoints.web.exposure.include	info, health

1. 打开端点

如果需要打开所有的监控点，可以在配置文件中设置为打开。具体设置如下：

```
management.endpoints.web.exposure.include=*
```

当然，也可以选择打开部分监控点：

```
management.endpoints.web.exposure.exclude=beans,trace
```

从上面的示例可以看到，端点的访问权限受到 include 和 exclude 属性控制。

2. 配置路径

Actuator 默认所有的监控点路径都在/actuator/*，当然也可以定制这个路径：

```
management.endpoints.web.base-path=/manage
```

设置完重启后，再次访问地址就会变成/manage/*。

15.2.3　自定义端点

Spring Boot 支持自定义端点，只需要在我们定义的类中使用@Endpoint、@JmxEndpoint、@WebEndpoint 等注解，实现对应的方法即可定义一个 Actuator 中的自定义端点。从 Spring Boot 2.x 版本开始，Actuator 支持 CRUD（增删改查）模型，而不是旧的 RW（读/写）模型。我们可以按照 3 种策略来自定义：

- 使用@Endpoint 注解，同时支持 JMX 和 HTTP 方式。
- 使用@JmxEndpoint 注解，只支持 JMX 技术。
- 使用@WebEndpoint 注解，只支持 HTTP。

编写自定义端点类很简单，只需要在类前面使用@Endpoint 注解，然后在类的方法上使用 @ReadOperation、@WriteOperation 或@DeleteOperation（分别对应 HTTP 中的 GET、POST、DELETE）等注解获取、设置端点信息。下面我们创建一个获取系统当前时间的自定义端点。

首先，创建自定义端点类 SystemTimeEndpoint，使用@Endpoint 注解声明端点 ID，同时需要使用@Component 注解，将此类交给 Spring Boot 管理。示例代码如下：

```
/*
 * 自定义端点类
 * @Endpoint //表示这是一个自定义事件端点类
 * Endpoint 中有一个 id //它是设置端点的 URL 路径
 * */
@Endpoint(id="systemtime")  //端点路径不要与系统自带的重合
@Component
public class SystemTimeEndpoint {
    //一般端点都是对象，或者一个 json 返回的格式，所以通常我们会将端点定义一个 MAP 的返回形式
    //通过 ReadOperation
    //访问地址是根据前缀+ endpoint 的 ID
    ///actuator/systemtime
    private String format = "yyyy-MM-dd HH:mm:ss";

    @ReadOperation //显示监控指标
    public Map<String,Object> info(){
        Map<String,Object> info  = new HashMap<>();
        info.put("system","数据管理服务");
        info.put("memo","系统当前时间端点");
        info.put("datetime",new SimpleDateFormat(format).format(new Date()));
        return info;
    }
    //动态修改指标
    @WriteOperation //动态修改指标，是以 post 方式修改
    public void setFormat(String format){
        this.format = format;

    }

}
```

在上面的示例中，我们通过@Endpoint 注解定义一个自定义端点，参数 id 为自定义端点的唯一标识和访问路径，必须唯一不重复。

做好这些配置后，就能访问 http://127.0.0.1:8080/actuator/systemtime 端点了，如图 15-3 所示。

```
{"datetime":"2021-09-08 14:53:30","system":"数据管理服务","memo":"系统当前时间端点"}
```

图 15-3　自定义端点 systemtime 的返回数据

15.3　监控信息

上一节在 Spring Boot 项目中配置了 Actuator 监控，接下来好好研究一下 Actuator 具体提供了哪些应用信息。其实，可以说 Actuator 几乎监控了应用涉及的方方面面，如健康状态、CPU、内存、磁盘、HTTP 请求等信息，本节介绍一些在项目中常用的监控信息和 Actuator 接口。

15.3.1 健康状态

所谓健康状态（Health），主要用来检查应用的运行状态，这是我们频繁使用的一个监控点，通常使用此接口提醒我们应用实例的运行状态以及应用不"健康"的原因，如数据库连接、磁盘空间不够等。

1. 健康检查

默认情况下，健康状态是开放的，只需添加依赖后启动项目，访问地址为 http://localhost:8080/actuator/health，即可看到应用的状态。

```
{
    "status": "UP"
}
```

默认情况下，最终的 Spring Boot 应用的状态是由 HealthAggregator 汇总生成的，汇总的算法如下：

1）设置状态码顺序为 setStatusOrder(Status.DOWN,Status.OUTOFSERVICE,Status.UP,Status.UNKNOWN)。

2）过滤掉不能识别的状态码。

3）如果无任何状态码，则整个 Spring Boot 应用的状态是 UNKNOWN。

4）将所有收集到的状态码按照 1）中的顺序排序。

5）返回有序状态码序列中的第一个状态码，作为整个 Spring Boot 应用的状态。

健康状态通过合并几个健康指数来检查应用的健康情况。Actuator 有几个预定义的健康指标，比如 DataSourceHealthIndicator、DiskSpaceHealthIndicator、MongoHealthIndicator、RedisHealthIndicator 等，使用这些健康指标作为健康检查的一部分。

比如，如果应用使用的是 Redis，那么 RedisHealthindicator 将被当作检查的一部分；如果使用的是 MongoDB，那么 MongoHealthIndicator 将被当作检查的一部分。

默认所有的这些健康指标被当作健康检查的一部分，也可以在配置文件中关闭特定的健康检查指标，比如关闭 Redis 的健康检查：

```
management.health.redise.enabled=false
```

2. 详细信息

默认只是展示了简单的 UP 和 DOWN 状态，为了查询更详细的监控指标信息，可以在配置文件中添加以下信息：

```
management.endpoint.health.show-details=always
```

重启项目后，重新访问 http://localhost:8080/actuator/health，返回的信息如下：

```
{
    "status": "UP",
    "details": {
        "diskSpace": {
            "status": "UP",
            "details": {
```

```
            "total": 214748360704,
            "free": 55445053440,
            "threshold": 10485760
        }
      }
    }
}
```

从浏览器返回的数据可以看到，HealthEndPoint 给我们提供了系统的健康状态和服务器磁盘信息，包括总磁盘空间、剩余的磁盘空间以及最大阈值等磁盘占用情况。

HealthEndPoint 提供的信息不仅限于此，在 org.springframework.boot.actuate.health 包下会发现 ElasticsearchHealthIndicator、RedisHealthIndicator、RabbitHealthIndicator 等。

15.3.2　应用基本信息

Actuator 提供 info 监控端点来查询应用系统的基本信息。首先在系统的配置文件中配置应用的基本信息，然后通过/actuator/info 接口查询这些信息。比如在示例项目中的配置如下：

```
info.app.name=spring-boot-actuator
info.app.version= 1.0.0
info.app.test= test
```

在上面的配置中，我们在 application.properties 配置文件中配置了系统的基本信息，以 info 开头，包括应用名、版本信息等。

启动项目，访问 http://localhost:8080/actuator/info 将返回部分信息，如下所示：

```
{
    "app": {
        "name": "spring-boot-starter-actuator",
        "version": "1.0.0.1",
        "test": "test"
    }
}
```

通过访问/actuator/info 可以查出配置的应用基本信息。可能有人会问：查询这种自己配置的静态信息有什么作用？其实，这个接口看着很简单，但是其作用很大，在实际生产环境中，通常会有很多应用通过这些配置好的基本信息来区分和查看各个应用名、版本等静态信息。

15.3.3　查看 Spring 容器管理的 Bean

Actuator 提供 Beans 监控点来查看 Spring 容器管理的 Bean 信息，包括 Bean 的别名、类型、是否单例、类的地址、依赖等信息。我们可以通过/actuator/beans 接口获取这些信息。

启动示例项目，访问地址 http://localhost:8080/actuator/beans 将返回部分信息，如下所示：

```
{
    "contexts": {
        "Admin Client-1": {
            "beans": {
                "applicationTaskExecutor": {
                "aliases": ["taskExecutor"],
```

```
                    "scope": "singleton",
                    "type": "org.springframework.scheduling.concurrent
.ThreadPoolTaskExecutor",
                    "resource": "class path resource
[org/springframework/boot/autoconfigure/task/
TaskExecutionAutoConfiguration.class]",
                    "dependencies": ["taskExecutorBuilder"]
                  },
   //省略部分
                },
              "parentId": null
          }
      }
  }
```

从以上面的返回信息可以看到，Actuator 提供了应用运行过程中所有的 Beans 以及这些 Beans 的完整信息。

15.3.4　自动配置状态

Spring Boot 的自动配置功能非常便利，但也意味着出现问题时比较难找出具体的原因。使用 Actuator 的 conditions 端点可以在应用运行时查看代码了解某个配置在什么条件下生效，或者某个自动配置为什么没有生效，请求地址为/actuator/conditions。

启动示例项目，访问地址 http://localhost:8080/actuator/conditions 将返回部分信息，如下所示：

```
{
    "contexts": {
        "Admin Client-1": {
            "positiveMatches": {
                "SpringBootAdminClientAutoConfiguration": [{
                    "condition": "OnWebApplicationCondition",
                    "message": "@ConditionalOnWebApplication (required) found
'session' scope"
                }, {
                    "condition": "SpringBootAdminClientEnabledCondition",
                    "message": "matched"
                }]
    // 省略部分

                },
                "negativeMatches": {

    "SpringBootAdminClientAutoConfiguration.ReactiveConfiguration": {
                    "notMatched": [{
                        "condition": "OnWebApplicationCondition",
                        "message": "did not find reactive web application
classes"
                    }],
                    "matched": []
                }
    //省略部分
                },
                "unconditionalClasses":
```

```
["org.springframework.boot.actuate.autoconfigure.health.HealthEndpointAutoConfi
guration"]
            }
        }
    }
```

通过返回结果可以看到，/actuator/conditions 接口返回了 Spring Boot 所有组件和类的自动装配状态信息。

15.3.5　配置属性

通过 configprops 端点可以查看配置文件中设置的属性内容以及一些配置属性的默认值，请求地址为/actuator/configprops。与 conditions 不同的是，configprops 主要是获取配置文件或默认的配置属性中的配置信息。

启动示例项目，访问地址 http://localhost:8080/actuator/configprops 将返回部分信息，如下所示：

```
{
    "contexts": {
        "Admin Client-1": {
            "beans": {
                "management.trace.http-org.springframework.boot.actuate
.autoconfigure.trace.http.HttpTraceProperties": {
                    "prefix": "management.trace.http",
                    "properties": {
                        "include": ["COOKIE_HEADERS", "REQUEST_HEADERS",
"TIME_TAKEN", "RESPONSE_HEADERS"]
                    }
                }
            //省略部分

            },
            "parentId": null
        }
    }
}
```

15.3.6　系统环境配置信息

Actuator 提供 env 端点获取系统环境变量的配置信息（env），包括使用的环境变量、JVM 属性、命令行参数、项目使用的 JAR 包等信息。与前面介绍的 configprops 不同的是，configprops 关注配置信息，而 env 关注运行环境信息。

启动示例项目，访问地址 http://localhost:8080/actuator/env 将返回部分信息，如下所示：

```
{
    "activeProfiles": [],
    "propertySources": [{
        "name": "server.ports",
        "properties": {
            "local.server.port": {
                "value": 9998
            }
        }
    },{
        "name": "systemProperties",
```

```
        "properties": {
            "java.runtime.name": {
                "value": "Java(TM) SE Runtime Environment"
            },
            "sun.boot.library.path": {
                "value": "C:\\Program Files\\Java\\jdk1.8.0_181\\jre\\bin"
            },
            "java.vm.version": {
                "value": "25.181-b13"
            },
            "java.vm.name": {
                "value": "Java HotSpot(TM) 64-Bit Server VM"
            },

            "_JAVA_OPTIONS": {
                "value": "-Dfile.encoding=UTF-8
-Dgroovy.source.encoding=UTF-8",
                "origin": "System Environment Property \"_JAVA_OPTIONS\""
            },
            "JAVA_HOME": {
                "value": "C:\\Program Files\\Java\\jdk1.8.0_181",
                "origin": "System Environment Property \"JAVA_HOME\""
            }
//省略部分
        }
    }, {
        "name": "applicationConfig: [classpath:/application.properties]",
        "properties": {
            "server.port": {
                "value": "9998",
                "origin": "class path resource [application.properties]:1:13"
            },
            "spring.application.name": {
                "value": "Admin Client-1",
                "origin": "class path resource [application.properties]:2:25"
            },
            "spring.boot.admin.client.url": {
                "value": "http://localhost:8888",
                "origin": "class path resource [application.properties]:5:30"
            },
            "spring.boot.admin.client.username": {
                "value": "admin",
                "origin": "class path resource [application.properties]:6:35"
            },
            "spring.boot.admin.client.password": {
                "value": "******",
                "origin": "class path resource [application.properties]:7:35"
            },
            "management.endpoints.web.exposure.include": {
                "value": "*",
                "origin": "class path resource [application.properties]:10:43"
            },
            "management.endpoint.health.show-details": {
                "value": "always",
                "origin": "class path resource [application.properties]:11:41"
            },
            "info.app.name": {
                "value": "spring-boot-starter-actuator",
                "origin": "class path resource [application.properties]:13:15"
            },
```

```
                "info.app.version": {
                    "value": "1.0.0.1",
                    "origin": "class path resource [application.properties]:14:19"
                },
                "info.app.test": {
                    "value": "test",
                    "origin": "class path resource [application.properties]:15:16"
                }
            }
        }]
}
```

我们通过/actuator/env 来获取系统环境的配置信息，但是系统环境的配置信息非常详细，数据太多，如果只想获取其中某一项的配置信息，应该怎么办呢？

可以通过/env/{name}地址获取指定的某一项系统环境配置信息，此地址是 env 的扩展。比如访问/env/java.vm.version 将会返回指定的系统环境配置信息：

```
{
    "java.vm.version": "25.181-b13"
}
```

上面的返回结果显示，通过 env 的扩展接口可以只获取需要的系统环境信息，而不是全部的数据。

15.3.7　JVM 堆信息

分析 JVM 堆信息是系统监控和性能分析的重要手段。Actuator 可以通过 heapdump 端点备份 JVM 堆信息，请求/actuator/heapdump 接口会返回一个 GZIP 压缩的 JVM 堆信息。

启动示例项目，访问地址 http://localhost:8080/actuator/heapdump 会自动生成一个 JVM 的堆文件 heapdump。我们可以使用 JDK 自带的 JVM 监控工具 VisualVM 来打开此文件查看内存快照，如图 15-4 所示。

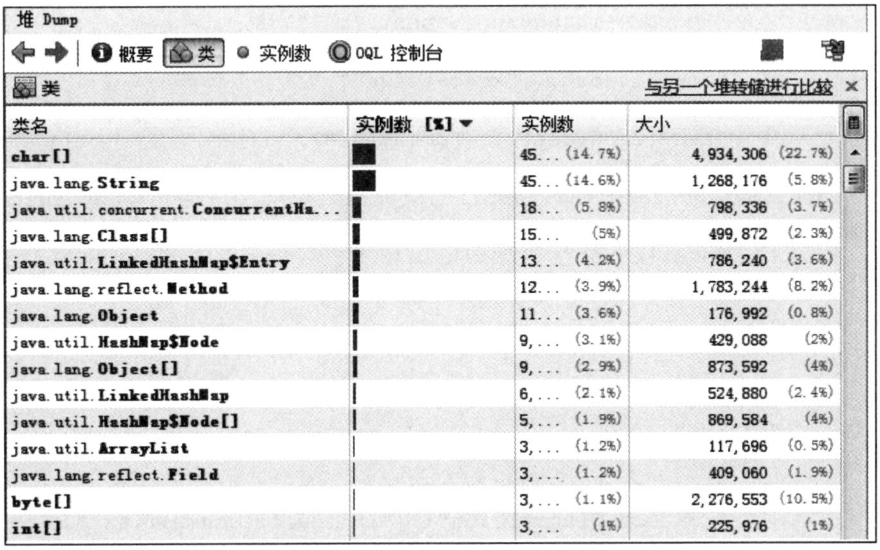

类名	实例数 [%]	实例数	大小
char[]		45... (14.7%)	4,934,306 (22.7%)
java.lang.String		45... (14.6%)	1,268,176 (5.8%)
java.util.concurrent.ConcurrentHa...		18... (5.8%)	798,336 (3.7%)
java.lang.Class[]		15... (5%)	499,872 (2.3%)
java.util.LinkedHashMap$Entry		13... (4.2%)	786,240 (3.6%)
java.lang.reflect.Method		12... (3.9%)	1,783,244 (8.2%)
java.lang.Object		11... (3.6%)	176,992 (0.8%)
java.util.HashMap$Node		9,... (3.1%)	429,088 (2%)
java.lang.Object[]		9,... (2.9%)	873,592 (4%)
java.util.LinkedHashMap		6,... (2.1%)	524,880 (2.4%)
java.util.HashMap$Node[]		5,... (1.9%)	869,584 (4%)
java.util.ArrayList		3,... (1.2%)	117,696 (0.5%)
java.lang.reflect.Field		3,... (1.2%)	409,060 (1.9%)
byte[]		3,... (1.1%)	2,276,553 (10.5%)
int[]		3,... (1%)	225,976 (1%)

图 15-4　heapdump 备份的 JVM 堆信息

通过 Actuator 的 heapdump 端点可以备份 JVM 堆信息，通过定期分析备份出来的 JVM 堆信息可以了解系统的运行情况和内存使用情况。

15.3.8 HTTP 跟踪

Actuator 提供了 httptrace 监控点用来返回基本的 HTTP 跟踪信息。默认情况下，跟踪信息的存储采用 org.springframework.boot.actuate.trace.InMemoryTraceRepository 实现的内存方式，始终保留最近的 100 条请求记录。

启动示例项目，访问地址 http://localhost:8080/actuator/httptrace 将返回部分信息，如下所示：

```
{
    "traces": [{
        "timestamp": "2020-09-19T09:27:55.296Z",
        "principal": null,
        "session": null,
        "request": {
            "method": "GET",
            "uri": "http://localhost:9998/actuator/env/java.vm.version",
            "headers": {
                "sec-fetch-mode": ["navigate"],
                "sec-fetch-site": ["none"],
                "cookie": ["operatortype=1; controllids=null; disktips=0;
username=admin; password=null; XSRF-TOKEN=974e4cfc-99a5-403c-af39-b923b452ac4b;
tokenhttp%3A%2F%2Flocalhost%3A37554=a31e180c-841d-4548-a73f-64b3f2b11562;
principalforperson=%5B%5D;
classsystemforperson=%5B%7B%22classtypeid%22%3A4%2C%22classtypename%22%3A%22123
%22%2C%22updatetime%22%3Anull%2C%22updatetimestr%22%3A%22%22%2C%22deletetime%22
%3Anull%2C%22deletetimestr%22%3A%22%22%2C%22memo%22%3A%22%22%7D%5D;
lastmgrpagecache=devicemgr; tokenhttp%3A%2F%2Flocalhost%3A5566=null;
JSESSIONID=18B8C7DBE58054D18B93E79E82F82FCC;
OINTERNAL=U2FsdGVkX18h_OLtvG8gPN9g9999EKJxcLaxzHKQ1wvM7xAe4RSpcYIeI8M9AkR6"],
                "accept-language": ["zh-CN,zh;q=0.9"],
                "upgrade-insecure-requests": ["1"],
                "host": ["localhost:9998"],
                "connection": ["keep-alive"],
                "accept-encoding": ["gzip, deflate, br"],
                "sec-fetch-dest": ["document"],
                "accept":
["text/html,application/xhtml+xml,application/xml;q=0.9,image/webp,image/apng,*
/*;q=0.8,application/signed-exchange;v=b3;q=0.9"],
                "user-agent": ["Mozilla/5.0 (Windows NT 6.1; WOW64)
AppleWebKit/537.36 (KHTML, like Gecko) Chrome/83.0.4103.106 Safari/537.36"]
            },
            "remoteAddress": null
        },
        "response": {
            "status": 200,
            "headers": {
                "Transfer-Encoding": ["chunked"],
                "Content-Disposition": ["inline;filename=f.txt"],
                "Date": ["Sat, 19 Sep 2020 09:27:55 GMT"],
                "Content-Type":
```

```
["application/vnd.spring-boot.actuator.v2+json;charset=UTF-8"]
                }
          },
          "timeTaken": 112
      }]
    }
```

通过返回结果可以看到，httptrace 记录了请求的整个过程的详细信息，包括 request、response 等信息。这有助于我们监控应用 HTTP 的请求响应情况。

15.3.9　性能监控

性能监控是 Actuator 重要的监控内容之一，使用 metrics 端点来返回当前应用的各类重要度量指标，比如内存信息、线程信息、垃圾回收信息等。

1．查看所有可追踪的度量指标

通过 /metrics 接口可以展示出所有可以监控的度量。启动示例项目，访问地址 http://localhost:8080/actuator/metrics 将返回部分信息，如下所示：

```
{
    "names": [
      "jvm.memory.max",
      "jvm.threads.states",
      "http.server.requests",
      "jvm.gc.memory.promoted",
      "jvm.memory.used",
      "jvm.gc.max.data.size",
      "jvm.gc.pause",
      "jvm.memory.committed",
      "system.cpu.count",
      "logback.events",
      "tomcat.global.sent",
      "jvm.buffer.memory.used",
      "tomcat.sessions.created",
      "jvm.threads.daemon",
      "system.cpu.usage",
      "jvm.gc.memory.allocated",
      "tomcat.global.request.max",
      "tomcat.global.request",
      "tomcat.sessions.expired",
      "jvm.threads.live",
      "jvm.threads.peak",
      "tomcat.global.received",
      "process.uptime",
      "tomcat.sessions.rejected",
      "process.cpu.usage",
      "tomcat.threads.config.max",
      "jvm.classes.loaded",
      "jvm.classes.unloaded",
      "tomcat.global.error",
      "tomcat.sessions.active.current",
      "tomcat.sessions.alive.max",
      "jvm.gc.live.data.size",
      "tomcat.threads.current",
```

```
            "jvm.buffer.count",
            "jvm.buffer.total.capacity",
            "tomcat.sessions.active.max",
            "tomcat.threads.busy",
            "process.start.time"
        ]
    }
```

从返回的 JSON 数据来看，jvm 前缀的主要是内存方面的指标，process 前缀的主要是处理器 CPU 方面的性能信息，tomcat 前缀的是 Web 方面的性能。

2. metrics 度量指标说明

metrics 端点提供了完整的应用信息，监控的指标非常全面。下面整理一份完整的 metrics 度量指标说明，如表 15-3 所示。

表15-3　metrics度量指标说明

序 号	参 数	参数说明	是否监控	监控手段
JVM				
1	jvm.memory.max	JVM 最大内存		
2	jvm.memory.committed	JVM 可用内存	是	展示并监控堆内存和 Metaspace
3	jvm.memory.used	JVM 已用内存	是	展示并监控堆内存和 Metaspace
4	jvm.buffer.memory.used	JVM 缓冲区已用内存		
5	jvm.buffer.count	当前缓冲区数		
6	jvm.threads.daemon	JVM 守护线程数	是	显示在监控页面
7	jvm.threads.live	JVM 当前活跃线程数	是	显示在监控页面，监控达到阈值时报警
8	jvm.threads.peak	JVM 峰值线程数	是	显示在监控页面
9	jvm.classes.loaded	加载的 classes 数		
10	jvm.classes.unloaded	未加载的 classes 数		
11	jvm.gc.memory.allocated	GC 时，年轻代分配的内存空间		
12	jvm.gc.memory.promoted	GC 时，老年代分配的内存空间		
13	jvm.gc.max.data.size	GC 时，老年代的最大内存空间		
14	jvm.gc.live.data.size	FullGC 时，老年代的内存空间		
15	jvm.gc.pause	GC 耗时	是	显示在监控页面
TOMCAT				
16	tomcat.sessions.created	tomcat 已创建 session 数		
17	tomcat.sessions.expired	tomcat 已过期 session 数		
18	tomcat.sessions.active.current	tomcat 活跃 session 数		

（续表）

序　号	参　数	参数说明	是否监控	监控手段
19	tomcat.sessions.active.max	tomcat 最多活跃 session 数	是	显示在监控页面，超过阈值可报警或者进行动态扩容
20	tomcat.sessions.alive.max.second	tomcat 最多活跃 session 数持续时间		
21	tomcat.sessions.rejected	超过 session 最大配置后，拒绝的 session 个数	是	显示在监控页面，方便分析问题
22	tomcat.global.error	错误总数	是	显示在监控页面，方便分析问题
23	tomcat.global.sent	发送的字节数		
24	tomcat.global.request.max	request 最长时间		
25	tomcat.global.request	全局 request 次数和时间		
26	tomcat.global.received	全局 received 次数和时间		
27	tomcat.servlet.request	servlet 的请求次数和时间		
28	tomcat.servlet.error	servlet 发生错误总数		
29	tomcat.servlet.request.max	servlet 请求最长时间		
30	tomcat.threads.busy	tomcat 繁忙线程	是	显示在监控页面，据此检查是否有线程夯住
31	tomcat.threads.current	tomcat 当前线程数（包括守护线程）	是	显示在监控页面
32	tomcat.threads.config.max	tomcat 配置的线程最大数	是	显示在监控页面
33	tomcat.cache.access	tomcat 读取缓存次数		
34	tomcat.cache.hit	tomcat 缓存命中次数		
CPU				
35	system.cpu.count	CPU 数量		
36	system.load.average.1m	平均负荷	是	超过阈值报警
37	system.cpu.usage	系统 CPU 使用率		
38	process.cpu.usage	当前进程 CPU 使用率	是	超过阈值报警
39	http.server.requests	HTTP 请求调用情况	是	显示 10 个请求量最大、耗时最长的 URL，统计非 200 的请求量
40	process.uptime	应用已运行时间	是	显示在监控页面
41	process.files.max	允许最大句柄数	是	配合当前打开句柄数使用
42	process.start.time	应用启动时间点	是	显示在监控页面
43	process.files.open	当前打开句柄数	是	监控文件句柄使用率，超过阈值后报警

3. 查看某个度量的详细信息

如果要获得每个度量的详细信息，我们需要传递度量的名称到 URL 中，具体格式是 /actuator/metrics/{MetricName}，比如要查看 CPU 的使用率 system.cpu.usage，则可以通过 /actuator/metrics/system.cpu.usage 请求 URL 获取 CPU 的使用率。

启动示例项目，访问地址 http://localhost:8080/actuator/metrics/system.cpu.usage 将返回部分信息，如下所示：

```
{
    "name": "system.cpu.usage",
    "description": "The \"recent cpu usage\" for the whole system",
    "baseUnit": null,
    "measurements": [{
        "statistic": "VALUE",
        "value": 0.25863147238365447
    }],
    "availableTags": []
}
```

上面的返回结果通过 metrics 端点支持通过参数获取当前的指标信息。这里我们通过参数 system.cpu.usage 获取 CPU 的使用率。

15.4 实战：使用 Spring Boot Admin 实现运维监控平台

我们知道，使用 Actuator 可以收集应用系统的健康状态、内存、线程、堆栈、配置等信息，比较全面地监控了 Spring Boot 应用的整个生命周期。但是还有一个问题：如何呈现这些采集到的应用监控数据、性能数据呢？在这样的背景下，就诞生了另一个开源软件 Spring Boot Admin。本节介绍什么是 Spring Boot Admin 以及如何使用 Spring Boot Admin 搭建完整的运维监控平台。

15.4.1 什么是 Spring Boot Admin

Spring Boot Admin 是一个管理和监控 Spring Boot 应用程序的开源项目，在对单一应用服务监控的同时也提供了集群监控方案，支持通过 eureka、consul、zookeeper 等注册中心的方式实现多服务监控与管理。Spring Boot Admin UI 部分使用 Vue JS 将数据展示在前端。

Spring Boot Admin 分为服务端（spring-boot-admin-server）和客户端（spring-boot-admin-client）两个组件：

- spring-boot-admin-server 通过采集 actuator 端点数据显示在 spring-boot-admin-ui 上，已知的端点几乎都有进行采集。
- spring-boot-admin-client 是对 Actuator 的封装，提供应用系统的性能监控数据。

此外，还可以通过 spring-boot-admin 动态切换日志级别、导出日志、导出 heapdump、监控各项性能指标等。

Spring Boot Admin 服务器端负责收集各个客户的数据。各台客户端配置服务器地址，启动后注册到服务器。服务器不停地请求客户端的信息（通过 Actuator 接口）。具体架构如图 15-5 所示。

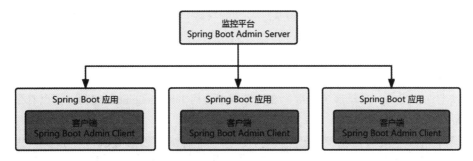

图 15-5　Spring Boot Admin 监控平台的应用架构

图 15-5 所示为 Spring Boot Admin 的整体架构，在每个 Spring Boot 应用程序上增加 Spring Boot Admin Client 组件。这样每个 Spring Boot 应用即 Admin 客户端，Admin 服务端通过请求 Admin 客户端的接口收集所有的 Spring Boot 应用信息并进行数据呈现，从而实现 Spring Boot 应用监控。

15.4.2　创建服务器端

Spring Boot Admin 服务器端主要负责收集各个客户的数据。建立一个 Spring Boot Admin 服务器端只需要简单的两步。下面通过示例演示创建 Spring Boot Admin 服务器端的过程。

1. 配置依赖

创建新的 Spring Boot 项目，在新建的项目中添加 Spring Boot Admin 服务器端的依赖 JAR 包：spring-boot-admin-starter-server。

```
<dependency>
    <groupId>de.codecentric</groupId>
    <artifactId>spring-boot-admin-starter-server</artifactId>
    <version>2.1.3</version>
</dependency>
<dependency>
    <groupId>org.springframework.boot</groupId>
    <artifactId>spring-boot-starter-web</artifactId>
</dependency>
```

添加 spring-boot-starter-web 是为了让应用处于启动状态。

2. 配置启动端口

配置服务端的启动端口为 8000：

```
server.port=8000
```

3. 启用 Admin 服务器

使用@EnableAdminServer 注解启动 Admin 服务器，示例代码如下：

```
@SpringBootApplication
// 启用 Admin 服务器
@EnableAdminServer
```

```
public class AdminServerApplication {
    public static void main(String[] args) {
        SpringApplication.run(AdminServerApplication.class, args);
    }
}
```

4. 运行测试

完成以上 3 步之后，启动服务器端，在浏览器中访问 http://localhost:8000，可以看到如图 15-6 所示的界面。

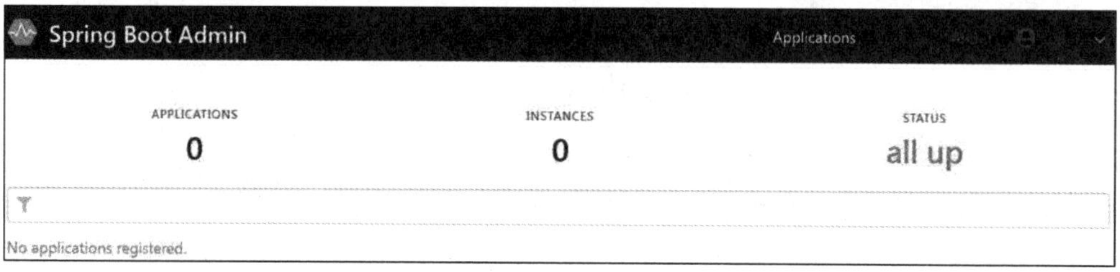

图 15-6　Spring Boot Admin 服务端系统界面

从 Admin 服务端的启动界面可以看到，Applications 页面会展示应用数量、实例数量和状态 3 个信息。这里由于没有启动客户端，因此显示出 "No applications registered." 的信息。

15.4.3　创建客户端

接下来我们创建一个客户端并注册到服务器端。

1. 配置依赖

创建新的 Spring Boot 项目，在新建的项目中添加 Spring Boot Admin 客户端的依赖 JAR 包：spring-boot-admin-starter-server。

```
<dependency>
    <groupId>de.codecentric</groupId>
    <artifactId>spring-boot-admin-starter-client</artifactId>
    <version>2.1.0</version>
</dependency>
<dependency>
    <groupId>org.springframework.boot</groupId>
    <artifactId>spring-boot-starter-web</artifactId>
</dependency>
```

spring-boot-admin-starter-client 会自动添加 Actuator 相关依赖，所以这里不需要重复添加 Actuator 的相关依赖。

2. 配置客户端

修改 application.properties 配置文件，增加如下配置：

```
server.port=8001
spring.application.name=Admin Client
spring.boot.admin.client.url=http://localhost:8000
```

```
management.endpoints.web.exposure.include=*
```

相关配置说明如下：

- server.port：服务器设置端口为 8001。
- spring.application.name：设置 Application 名称，其默认名称都是 spring-boot-application。
- spring.boot.admin.client.url：配置 Admin 服务器的地址。
- management.endpoints.web.exposure.include=*：打开客户端 Actuator 的监控。

3. 运行验证

配置完成后启动客户端，客户端会自动注册到 Admin 服务器，Admin 服务器检查到客户端的变化并展示其应用信息。重新刷新地址 http://localhost:8000 后，可以看到如图 15-7 所示的页面。

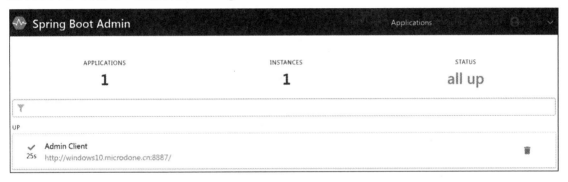

图 15-7　Spring Boot Admin 服务器启动页面

客户端启动之后，Admin 服务器界面的 Application 数量会增加。单击 Application 下的数值可以查看完整的应用信息。页面会展示被监控的应用列表，单击应用名称会进入此应用的详细监控信息页面，如图 15-8 所示。

图 15-8　应用信息显示页面

这个页面会实时显示应用的运行监控信息，包括之前介绍的 Actuator 所有的端点数据信息。

由此可见，Spring Boot Admin 以图形化的形式展示了应用的各项信息，这些信息大多来自于 Spring Boot Actuator 提供的接口。利用图形化的形式很容易看到应用的各项参数变化，甚至有些页面还可以进行一些配置操作，比如改变打印日志的级别等。

15.5　本章小结

本章主要介绍了 Actuator 轻松实现对 Spring Boot 应用的监控治理。从创建简单的项目集成 Spring Boot Actuator 开始，依次介绍了 Actuator 提供的各个监控端点、监控状态、应用基本信息、系统环境配置信息、JVM 堆信息、性能监控等各种监控信息。最后介绍了使用 Spring Boot Admin 构建完整的应用监控体系。

通过本章的学习，读者应该了解了 Spring Boot Actuator 提供的端点和监控信息，同时能够使用 Spring Boot Admin 搭建完整的应用监控体系，并根据实际的需求配置相关的监控信息的能力。

15.6　本章练习

1）创建 Spring Boot 项目并集成 Actuator，实现人员数据统计的自定义监控端点，获取系统中全部人员的统计信息。

2）使用 Spring Boot Admin 实现运维监控平台。

第16章

打包、发布与部署

本章主要介绍 Spring Boot 应用的打包、发布与部署以及在 Docker 环境下如何部署 Spring Boot 项目。

16.1　Spring Boot 的打包、发布与部署

Spring Boot 使用了内嵌容器，因此它的部署方式也变得非常简单灵活，可以将 Spring Boot 项目打包成 JAR 包来独立运行，也可以打包成 WAR 包部署到 Tomcat 容器中运行，如果涉及大规模的部署，Jenkins 成为最佳选择之一。

16.1.1　项目打包

现在 Maven、Gradle 已经成为我们日常开发必不可少的构建工具，使用这些工具很容易将项目打包成 JAR 或者 WAR 包。下面以 Maven 项目为例演示 Spring Boot 项目如何打包发布。

1. 生成 JAR 包

Maven 默认会将项目打成 JAR 包，也可以在 pom.xml 文件中指定打包方式。配置示例如下：

```
<groupId>com.weiz</groupId>
<artifactId>spring-boot-package</artifactId>
<version>1.0.0</version>
<name>spring-boot-package</name>
<!--指定打包方式-->
<packaging>jar</packaging>
```

在上面的示例中，使用 packaging 标签指定打包方式，版本号为 1.0.0。Maven 打包会根据 pom 包中的 packaging 配置来决定是生成 JAR 包或者 WAR 包。

然后，在项目根目录下，在控制台执行如下命令：

```
mvn clean package -Dmaven.test.skip=true
```

1）mvn clean package 其实是两条命令，mvn clean 用于清除项目 target 目录下的文件，mvn package 是打包命令。两个命令可以一起执行。

2）-Dmaven.test.skip=true：排除测试代码后进行打包。

命令执行完成后，JAR 包会生成到 target 目录下，命名一般是"项目名+版本号.jar"的形式，如图 16-1 所示。

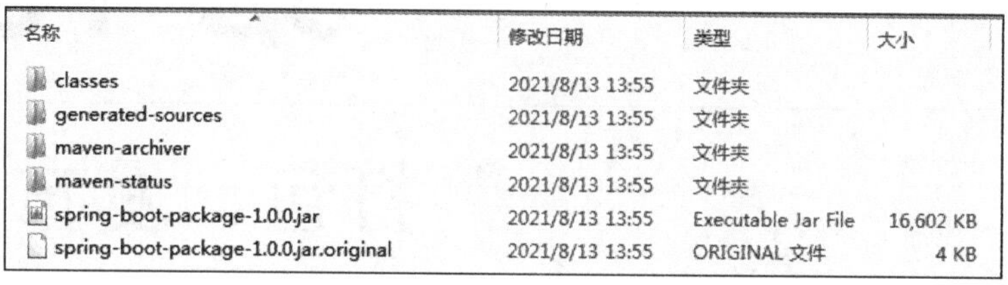

名称	修改日期	类型	大小
classes	2021/8/13 13:55	文件夹	
generated-sources	2021/8/13 13:55	文件夹	
maven-archiver	2021/8/13 13:55	文件夹	
maven-status	2021/8/13 13:55	文件夹	
spring-boot-package-1.0.0.jar	2021/8/13 13:55	Executable Jar File	16,602 KB
spring-boot-package-1.0.0.jar.original	2021/8/13 13:55	ORIGINAL 文件	4 KB

图 16-1　maven 打包生成的目录

2. 生成 WAR 包

Spring Boot 项目既可以生成 WAR 包发布，也可以生成 JAR 包发布。那么它们有什么区别呢？

JAR 包：通过内置 Tomcat 运行，不需要额外安装 Tomcat。如果需修改内置 Tomcat 的配置，只需要在 Spring Boot 的配置文件中配置即可。内置 Tomcat 没有自己的日志输出，全靠 JAR 包应用输出日志，但是部署简单方便，适合快速部署。

WAR 包：传统的应用交付方式，需要安装 Tomcat，然后将 WAR 包放到 webapps 目录下运行，这样可以灵活选择 Tomcat 版本，也可以直接修改 Tomcat 的配置，同时有自己的 Tomcat 日志输出，可以灵活配置安全策略。WAR 包相对 JAR 包来说没那么快速方便。

Spring Boot 生成 WAR 包的方式和生成 JAR 包的方式基本一样，只需要添加一些额外的配置。下面演示生成 WAR 包的方式。

步骤01 修改项目中的 pom.xml 文件。

将<packaging>jar</packaging>改为<packaging>war</packaging>，示例代码如下：

```
<groupId>com.weiz</groupId>
<artifactId>spring-boot-package</artifactId>
<version>1.0.0</version>
<name>spring-boot-package</name>
<!--指定打包方式-->
<packaging>war</packaging>
```

在上面的示例中，修改 packaging 标签，将 JAR 包的形式改成 WAR 包的形式，版本号为 1.0.0。

步骤02 排除 Tomcat。

部署 WAR 包在 Tomcat 中运行，并不需要 Spring Boot 自带的 Tomcat 组件，所以需要在 pom.xml 文件中排除自带的 Tomcat。示例代码如下：

```
<dependency>
<groupId>org.springframework.boot</groupId>
<artifactId>spring-boot-starter-web</artifactId>
```

```
</dependency>
<dependency>
<groupId>org.springframework.boot</groupId>
<artifactId>spring-boot-starter-tomcat</artifactId>
<scope>provided</scope>
</dependency>
```

在上面的示例中，将 Tomcat 组件的 scope 属性设置为 provided，这样在打包产生的 WAR 中就不会包含 Tomcat 相关的 JAR。

步骤 03 注册启动类。

在项目的启动类中继承 SpringBootServletInitializer 并重写 configure( )方法：

```
@SpringBootApplication
public class PackageApplication extends SpringBootServletInitializer {
    @Override
    protected SpringApplicationBuilder configure(SpringApplicationBuilder
application) {
        return application.sources(PackageApplication.class);
    }
    public static void main(String[] args) {
        SpringApplication.run(PackageApplication.class, args);
    }
}
```

步骤 04 生成 WAR 包。

生成 WAR 包的命令与 JAR 包的命令是一样的，具体命令如下：

```
mvn clean package -Dmaven.test.skip=true
```

执行完成后，会在 target 目录下生成：项目名+版本号.war 文件（见图 16-2），将打包好的 WAR 包复制到 Tomcat 服务器中的 webapps 目录下启动即可。

名称	修改日期	类型	大小
classes	2021/6/1 15:04	文件夹	
generated-sources	2021/6/1 15:04	文件夹	
maven-archiver	2021/6/1 15:04	文件夹	
maven-status	2021/6/1 15:04	文件夹	
spring-boot-package-1.0.0	2021/6/1 15:04	文件夹	
spring-boot-package-1.0.0.war	2021/6/1 15:04	WAR 文件	0 KB
spring-boot-package-1.0.0.war.original	2021/6/1 15:04	ORIGINAL 文件	11,222 KB

图 16-2　maven 打包生成的目录

3. 实现静态文件、配置文件、JAR 包分离

Spring Boot 打包时，默认会把 resources 目录下的静态资源文件和配置文件统一打包到 JAR 文件中。这样部署到生产环境后，一旦需要修改配置文件就会非常麻烦。所以，在实际项目中，会将静态文件、配置文件和 JAR 包分离，如图 16-3 所示。

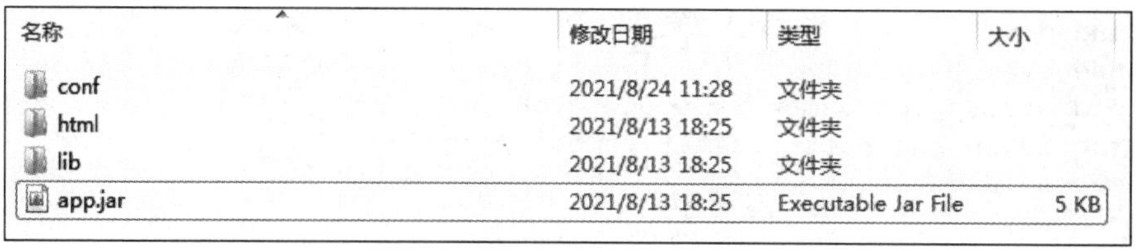

图 16-3　配置文件与 jar 包分离

lib 目录为依赖 JAR 包目录，conf 目录存放系统配置文件，html 目录为存放静态资源文件的目录。这样就把配置文件、资源文件与 JAR 包分离，如果需要修改配置文件、JS、CSS 等文件，直接修改相关文件即可，无须重新打包。

Spring Boot 通过重新定义 Maven 插件能够轻松实现静态文件、配置文件与 JAR 包的分离，只需要修改项目中的 pom.xml 文件，将 pom.xml 配置文件中的<build>节点修改为自定义 maven 打包插件即可，配置示例如下：

```
<build>
    <plugins>
        <!--定义项目的编译环境-->
        <plugin>
            <groupId>org.apache.maven.plugins</groupId>
            <artifactId>maven-compiler-plugin</artifactId>
            <configuration>
                <source>1.8</source>
                <target>1.8</target>
                <encoding>UTF-8</encoding>
            </configuration>
        </plugin>

        <!-- 打 JAR 包 -->
        <plugin>
            <groupId>org.apache.maven.plugins</groupId>
            <artifactId>maven-jar-plugin</artifactId>
            <configuration>
                <!-- 不打包资源文件（配置文件和依赖包分开） -->
                <excludes>
                    <exclude>*.yml</exclude>
                    <exclude>*.properties</exclude>
                    <exclude>mapper/**</exclude>
                    <exclude>static/**</exclude>
                    <include>templates/**</include>
                </excludes>
                <archive>
                    <manifest>
                        <addClasspath>true</addClasspath>
                        <!-- MANIFEST.MF 中 Class-Path 加入前缀 -->
                        <classpathPrefix>lib/</classpathPrefix>
                        <!-- JAR 包不包含唯一版本标识 -->
                        <useUniqueVersions>false</useUniqueVersions>
                        <!--指定入口类 -->
<mainClass>com.weiz.example01.Example01Application</mainClass>
                    </manifest>
```

```
                    <manifestEntries>
                        <!--MANIFEST.MF 中 Class-Path 加入资源文件目录 -->
                        <Class-Path>./html/</Class-Path>
                    </manifestEntries>
                </archive>
                <outputDirectory>${project.build.directory}</outputDirectory>
            </configuration>
        </plugin>
        <!-- 该插件的作用是复制依赖的 JAR 包到指定的文件夹中 -->
        <plugin>
            <groupId>org.apache.maven.plugins</groupId>
            <artifactId>maven-dependency-plugin</artifactId>
            <executions>
                <execution>
                    <id>copy-dependencies</id>
                    <phase>package</phase>
                    <goals>
                        <goal>copy-dependencies</goal>
                    </goals>
                    <configuration>

<outputDirectory>${project.build.directory}/lib/</outputDirectory>
                    </configuration>
                </execution>
            </executions>
        </plugin>

        <!-- 该插件的作用是复制指定的文件 -->
        <plugin>
            <artifactId>maven-resources-plugin</artifactId>
            <executions>
                <execution> <!-- 复制配置文件 -->
                    <id>copy-resources</id>
                    <phase>package</phase>
                    <goals>
                        <goal>copy-resources</goal>
                    </goals>
                    <configuration>
                        <resources>
                            <resource>
                                <directory>src/main/resources</directory>
                                <includes>
                                    <include>mapper/**</include>
                                    <include>static/**</include>
                                    <include>templates/**</include>
                                    <include>*.yml</include>
                                    <include>*.properties</include>
                                </includes>
                            </resource>
                        </resources>

<outputDirectory>${project.build.directory}/html</outputDirectory>
                    </configuration>
                </execution>
            </executions>
```

```
        </plugin>
    </plugins>
</build>
```

上面的示例通过重新定义 maven 打包插件实现资源文件与 JAR 包的分离。看起来很复杂，其实就实现了 3 个功能：

1）打包时排查 src/main/resources 目录下的静态文件和配置文件。

2）将项目中的依赖库复制到 lib 目录下。

3）将 src/main/resources 目录下的静态文件和配置文件复制到 target 目录下。

最后，在控制台执行如下命令：

```
mvn clean package -Dmaven.test.skip=true
```

命令执行完之后，就可以看到 target 目录下生成了 JAR 包、资源文件和配置文件，而且生成的 JAR 包变得非常小，如图 16-4 所示。

名称	修改日期	类型	大小
html	2021/8/13 18:25	文件夹	
lib	2021/8/13 18:25	文件夹	
spring-boot-package-1.0.0.jar	2021/8/13 18:25	Executable Jar File	5 KB

图 16-4　JAR 包、资源文件和配置文件

16.1.2　运行部署

内嵌容器技术的发展为 Spring Boot 部署打下了坚实的基础，内嵌容器在开发调试、项目部署等阶段发挥着巨大的作用，也带来了极大的便利性。以往我们开发部署 Web 项目时非常烦琐，而使用 Spring Boot 开发部署一个命令就能解决，不需要再关注容器的环境问题，专心写业务代码即可。

Spring Boot 内嵌的内置 Tomcat、Jetty 等容器对项目部署带来了很多的改变，在服务器上仅仅需要几条命令即可部署项目。一般开发环境直接使用 java -jar 命令启动，正式环境需要将程序部署成服务。下面开始演示 Spring Boot 项目是如何运行、部署的。

1. 启动运行

简单来说就是直接启动 JAR 包。启动 JAR 包的命令如下：

```
java -jar spring-boot-package-1.0.0.jar
```

这种方式是前台运行的，只要将控制台关闭，服务就会停止。在实际生产中，我们肯定不会在前台运行，一般使用后台运行的方式来启动。

```
nohup java -jar spring-boot-package-1.0.0.jar &
```

在上面的示例中，使用 nohup java –jar xxx.jar &命令让程序以后台运行的方式执行，日志会被重定向到 nohup.out 文件中。也可以用 ">filename 2>&1" 来更改默认的重定向文件名，命令如下：

```
nohup java -jar spring-boot-package-1.0.0.jar >spring.log 2>&1 &
```

在上面的示例中，使用 ">spring.log 2>&1" 参数将系统的运行日志保存到 spring.log 中。

以上就是简单的启动 JAR 包的方式，使用简单。

Spring Boot 支持在启动时添加定制，比如设置应用的堆内存、垃圾回收机制、日志路径等。

（1）设置 jvm 参数

通过设置 jvm 参数优化程序的性能。

```
java -Xms10m -Xmx80m -jar spring-boot-package-1.0.0.jar
```

（2）选择运行环境

前面介绍了如何配置多运行环境，在启动项目时，选择对应的启动环境即可：

```
java -jar spring-boot-package-1.0.0.jar --spring.profiles.active=dev
```

一般项目打包时指定默认的运行环境，在启动运行时也可以再次设置运行环境。

2. 生产环境部署

上一节介绍的运行方式比较传统和简单，实际生产环境中考虑到后期运维，建议读者使用服务的方式来部署。

下面通过示例演示 Spring Boot 项目配置成系统服务。

步骤01 将之前的 JAR 包 spring-boot-package-1.0.0.jar 复制到/usr/local/目录下。

步骤02 进入服务文件目录，命令如下：

```
cd /etc/systemd/system/
```

步骤03 使用 vim springbootpackage.service 创建服务文件，示例代码如下：

```
[Unit]
Description=springbootpackage
After=syslog.target

[Service]
ExecStart=/usr/java/jdk1.8.0_221-amd64/bin/java -Xmx4096m -Xms4096m -Xmn1536m
-jar /usr/local/spring-boot-package-1.0.0.jar

[Install]
WantedBy=multi-user.target
```

在上面的示例中，主要是定义服务的名字，以及启动的命令和参数，使用时只需要修改 Description 和 ExecStart 即可。

步骤04 启动服务。

```
// 启动服务
systemctl start springbootpackage
// 停止服务
systemctl stop springbootpackage
// 查看服务状态
systemctl status springbootpackage

// 查看服务日志
journalctl -u springbootpackage
```

在上面的示例中，通过 systemctl start|stop|status springbootpackage 命令启动、停止创建的 springbootpackage 服务。

如图 16-5 所示，使用 systemctl status springbootpackage 命令查看服务状态，同时还可以通过 journalctl -u springbootpackage 命令查看服务完整日志。

```
[root@localhost system]# systemctl status springbootpackage.service
● springbootpackage.service - spring-boot-package
   Loaded: loaded (/etc/systemd/system/springbootpackage.service; disabled; vendor preset: disabl
   Active: active (running) since 二 2021-06-01 15:58:55 CST; 11s ago
 Main PID: 31884 (java)
    Tasks: 49
   Memory: 409.0M
   CGroup: /system.slice/springbootpackage.service
           └─31884 /usr/java/jdk1.8.0_221-amd64/bin/java -Xmx4096m -Xms4096m -Xmn1536m -jar /usr/

6月 01 15:58:56 localhost java[31884]: 2021-06-01 15:58:56.358  INFO 31884 --- [          main]
6月 01 15:58:56 localhost java[31884]: 2021-06-01 15:58:56.362  INFO 31884 --- [          main]
6月 01 15:58:57 localhost java[31884]: 2021-06-01 15:58:57.522  INFO 31884 --- [          main]
6月 01 15:58:57 localhost java[31884]: 2021-06-01 15:58:57.535  INFO 31884 --- [          main]
6月 01 15:58:57 localhost java[31884]: 2021-06-01 15:58:57.536  INFO 31884 --- [          main]
6月 01 15:58:57 localhost java[31884]: 2021-06-01 15:58:57.591  INFO 31884 --- [          main]
6月 01 15:58:57 localhost java[31884]: 2021-06-01 15:58:57.591  INFO 31884 --- [          main]
6月 01 15:58:57 localhost java[31884]: 2021-06-01 15:58:57.779  INFO 31884 --- [          main]
6月 01 15:58:57 localhost java[31884]: 2021-06-01 15:58:57.971  INFO 31884 --- [          main]
6月 01 15:58:57 localhost java[31884]: 2021-06-01 15:58:57.981  INFO 31884 --- [          main]
```

图 16-5 查看服务状态

此外，还需要使用如下命令设置服务开机启动：

```
// 开机启动
systemctl enable springbootpackage
```

以上是打包成独立的 JAR 包部署到服务器，如果是部署到 Tomcat 中，就按照 Tomcat 的相关命令来重新启动。

16.2 使用 Docker 部署 Spring Boot 项目

在云计算领域，开发者需要具备哪些基本技能？Docker 必是其一，作为一个开源的应用容器引擎，Docker 能够让开发者打包它们的应用以及依赖包到一个可移植的容器中，然后发布到任何流行的 Linux 机器上，也可以实现虚拟化，方便快捷。本节介绍如何使用 Docker 部署 Spring Boot 项目。

16.2.1 Docker 简介

1. 什么是 Docker

Docker 是一个开源项目，诞生于 2013 年初，最初是 dotCloud 公司内部的一个业余项目。它基于 Google 公司推出的 Go 语言实现。项目后来加入了 Linux 基金会，遵从了 Apache 2.0 协议，项目代码在 GitHub 上进行维护。Docker 项目后来还加入了 Linux 基金会，并成功推动了开放容器联盟（Open Container Initiative，OCI）的成立。

Docker 自开源后受到广泛的关注和讨论，它是目前流行的 Linux 容器解决方案。以至于 dotCloud 公司后来都改名为 Docker Inc。

Docker 的目标是实现轻量级的操作系统虚拟化解决方案。Docker 的基础是 Linux 容器（LXC）

等技术。在 LXC 的基础上 Docker 进行了进一步的封装，让用户不需要去关心容器的管理，使得操作更为简便。用户操作 Docker 的容器就像操作一个快速轻量级的虚拟机一样简单。有了 Docker，就不用担心环境问题了。

2. 为什么要使用 Docker

Docker 作为一种新兴的虚拟化技术，跟传统的虚拟机方式相比具有众多的优势。首先，Docker 的启动可以在秒级实现，这相比于传统的虚拟机方式要快得多。其次，Docker 对系统资源的利用率很高，一台主机上可以同时运行数千个 Docker 容器。

Docker 除了运行其中的应用外基本不消耗额外的系统资源，这使得应用的性能很高，同时系统的开销很少。传统虚拟机方式是运行 10 个不同的应用就要启动 10 个虚拟机，而 Docker 只需要启动 10 个隔离的应用即可。

具体来说，Docker 主要有如下 6 大优势：

1）更高效地利用系统资源，Docker 对系统资源的利用率更高，无论是应用执行速度、内存损耗或者文件存储速度，都比传统虚拟机方式更高效。因此，相比于传统虚拟机方式，相同配置的主机使用 Docker 可以运行更多数量的应用。

2）更快速启动，传统的虚拟机方式启动应用服务往往需要数分钟，而 Docker 由于直接运行于宿主内核无需启动完整的操作系统，因此启动时间可以达到秒级甚至毫秒级，大大节约了开发、测试、部署的时间。

3）一致的运行环境，Docker 的镜像提供了除内核外完整的运行时环境，确保环境一致性，避免出现"测试环境没问题，生成环境频繁报错"的问题。

4）持续交付和部署，Docker 能够做到一次创建和部署后在任意平台运行。而且使用 Dockerfile 使镜像构建透明化，使得开发、运维能够理解应用运行环境，帮助更好地部署应用。

5）更轻松的迁移，Docker 确保了执行环境的一致性，因此用户可以很轻易地将应用迁移到其他平台上，而不用担心运行环境的变化导致应用无法正常运行的问题。

6）更轻松的维护和拓展，Docker 使用的分层存储以及镜像技术，使得应用复用更加容易，也使得应用的维护更新更加简单，基于基础镜像进一步扩展镜像也变得十分简单。此外，Docker 团队同各个开源项目团队一起维护了一大批高质量的官网镜像，既可以直接使用，又可以作为基础镜像进一步定制，大大地降低了应用服务的镜像制作成本。

总的来说，Docker 技术是一种更加精细、可控、基于微服务的技术，可以为企业提供更高的效率价值。

3. Docker 的架构

Docker 是 C/S 架构，主要有 Docker 服务端（Docker Daemon）和 Docker 客户端（Docker Client），具体如下：

- Docker Daemon: 运行在宿主机上，Docker 守护进程，用户通过 Docker Client（Docker 命令）与 Docker Daemon 交互。
- Docker Client: Docker 命令行工具，是用户使用 Docker 的主要方式，Docker Client 与 Docker Daemon 通信并将结果返回给用户，Docker Client 也可以通过 Socket 或者

RESTful API 访问远程的 Docker Daemon。

Docker 主要由镜像（Image）、容器（Container）、仓库（Registry）3 部分组成，如图 16-6 所示。

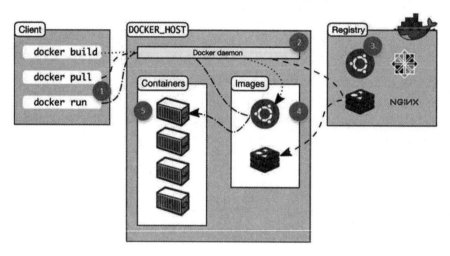

图 16-6　Docker 的组成结构

1）镜像：镜像是只读的，镜像中包含需要运行的组件。镜像用来创建容器，一个镜像可以运行多个容器；镜像可以通过 Dockerfile 创建，也可以从仓库下载。

2）容器：容器是 Docker 的运行组件，启动一个镜像就是一个容器，容器是一个隔离环境，多个容器之间不会相互影响，以保证容器中的程序运行在一个相对安全的环境中。

3）仓库：仓库负责共享和管理 Docker 镜像，用户可以上传或者下载上传的镜像，也可以搭建私有的仓库。

总结起来，镜像就相当于打包好的程序，镜像启动之后运行在容器中，仓库就是保存存储镜像的服务地址。

16.2.2　Spring Boot 项目添加 Docker 支持

上一节介绍了什么是 Docker 以及 Docker 的优势。那么如何在 Docker 上部署 Spring Boot 应用呢？接下来演示如何在 Spring Boot 项目中添加 Docker 支持，如何发布 Docker 镜像。

步骤01 创建 Spring Boot 项目。

创建一个简单的 Spring Boot 项目 spring-boot-starter-docker，并添加相关的依赖和 Controller 等。

项目创建完毕，启动项目，在浏览器访问地址 http://localhost:8080/，验证项目是否创建成功。如图 16-7 所示，页面返回"Hello Spring Boot Docker!"，说明 Spring Boot 项目配置正常。

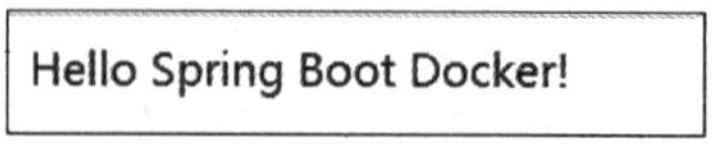

Hello Spring Boot Docker!

图 16-7　项目启动

步骤02 添加 Docker 支持。

在 pom.xml 中添加 Docker 镜像名称：

```
<properties>
    <docker.image.prefix>springboot</docker.image.prefix>
</properties>
```

在上面的示例中，配置了镜像的名称为 springboot。

步骤 03 添加 Docker 构建插件。

在 pom.xml 中添加 plugins 构建 Docker 镜像的插件，配置代码如下：

```
<build>
    <plugins>
        <plugin>
            <groupId>org.springframework.boot</groupId>
            <artifactId>spring-boot-maven-plugin</artifactId>
        </plugin>
        <!-- Docker maven plugin -->
        <plugin>
            <groupId>com.spotify</groupId>
            <artifactId>docker-maven-plugin</artifactId>
            <version>1.0.0</version>
            <configuration>
<imageName>${docker.image.prefix}/${project.artifactId}</imageName>
                >
                <dockerDirectory>src/main/docker</dockerDirectory>
                <resources>
                    <resource>
                        <targetPath>/</targetPath>
                        <directory>${project.build.directory}</directory>
                        <include>${project.build.finalName}.jar</include>
                    </resource>
                </resources>
            </configuration>
        </plugin>
        <!-- Docker maven plugin -->
    </plugins>
</build>
```

上面的配置为 maven 配置 Docker 构建插件，这样就可以使用 maven 发布 Docker 镜像。通过 ${docker.image.prefix} 引用之前定义的镜像名称。其他参数说明如下：

- ${docker.image.prefix}：自定义的镜像名称。
- <dockerDirectory>：配置 Dockerfile 的路径。
- ${project.artifactId}：项目的 artifactId。
- ${project.build.directory}：构建目录，默认为 target。
- ${project.build.finalName}：产出物名称，默认为 ${project.artifactId}-${project.version}。

配置完成之后，在 Idea 右边的 maven 中，可以看到 maven 中已经新添加了 Docker 构建插件，如图 16-8 所示。

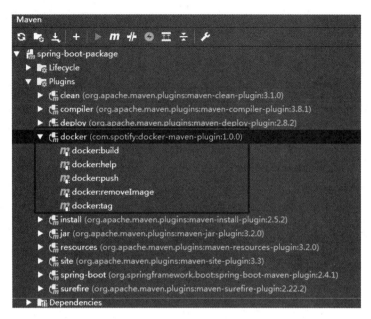

图 16-8　新添加的 Docker 构建插件

至此，我们已经成功在 maven 中配置了 Docker 构建插件。接下来只需要创建好 Dockerfile 文件，就能自动打包发布 Docker 镜像了。

16.2.3　发布 Docker 镜像

前面在 Spring Boot 项目中添加了 Docker 支持，下一步就是构建、运行 Docker 镜像。

步骤 01 创建 Dockerfile 文件。

在目录 src/main/docker 下创建 Dockerfile 文件，Dockerfile 文件用来说明如何构建镜像。示例代码如下：

```
FROM openjdk:8-jdk-alpine
VOLUME /tmp
ADD spring-boot-docker-1.0.jar spring-boot-docker.jar
ENTRYPOINT ["java","-Djava.security.egd=file:/dev/./urandom","-jar",
"/spring-boot-docker.jar"]
```

这个 Dockerfile 文件很简单，构建 JDK 基础环境，添加 JAR 到镜像中，最后使用 java-jar 命令启动。具体说明如下：

1）FROM：表示使用 JDK 8 环境为基础镜像，如果镜像不是位于本地，将会从 DockerHub 进行下载。

2）VOLUME：指向了一个 /tmp 的目录，由于 Spring Boot 使用内置的 Tomcat 容器，因此 Tomcat 默认使用 /tmp 作为工作目录，这个命令的效果是：在宿主机的 /var/lib/docker 目录下创建一个临时文件并把它链接到容器的 /tmp 目录中。

3）ADD：复制文件并且重命名。

4）ENTRYPOINT：为了缩短 Tomcat 的启动时间，添加 java.security.egd 的系统属性，指向

/dev/urandom 作为 ENTRYPOINT。

这样 Spring Boot 项目添加 Docker 依赖就完成了。

步骤 02 生成 Docker 镜像。

接下来使用 Dockerfile 生成 Docker 镜像，先将项目 spring-boot-starter-docker 复制到服务器中。需要注意的是，示例测试的服务器为 CentOS，默认安装包为 JDK 和 Docker。

然后，进入项目根目录，使用如下命令生成 Docker 镜像：

```
mvn package docker:build
```

在控制台执行上面的命令之后，首次构建可能会比较慢，当看到如图 16-9 所示的内容时表明构建成功。

```
[INFO] Using authentication suppliers: [ConfigFileRegistryAuthSupplier]
[INFO] Copying /docker/spring-boot-docker/target/spring-boot-docker-1.0.jar -> /docker/spring-boot-docker/target/docker/spring-boot-docker-1
.0.jar
[INFO] Copying src/main/docker/Dockerfile -> /docker/spring-boot-docker/target/docker/Dockerfile
[INFO] Building image springboot/spring-boot-docker
Step 1/4 : FROM openjdk:8-jdk-alpine

 ---> a3562aa0b991
Step 2/4 : VOLUME /tmp

 ---> Using cache
 ---> 2771a991dc7c
Step 3/4 : ADD spring-boot-docker-1.0.jar /spring-boot-docker-1.0.jar

 ---> f5c2eb55eecb
Step 4/4 : ENTRYPOINT ["java","-Djava.security.egd=file:/dev/./urandom","-jar","/spring-boot-docker.jar"]

 ---> Running in d1c0e2d2a992
Removing intermediate container d1c0e2d2a992
 ---> ebd99c1a3f39
ProgressMessage{id= , status= , stream= , error= , progress= , progressDetail= }
Successfully built ebd99c1a3f39
Successfully tagged springboot/spring-boot-docker:latest
[INFO] Built springboot/spring-boot-docker
[INFO]
[INFO] ------------------------------------------------------------------------
[INFO] BUILD SUCCESS
[INFO] ------------------------------------------------------------------------
[INFO] Total time:  21.648 s
[INFO] Finished at: 2021-06-01T19:01:38+08:00
[INFO]
```

图 16-9　docker build 的运行结果

通过上面的输出信息可以看到，Docker 镜像已经构建成功。使用 docker images 命令查看构建好的镜像，如图 16-10 所示。

```
[root@localhost spring-boot-docker]# docker images
REPOSITORY                       TAG       IMAGE ID        CREATED
springboot/spring-boot-docker    latest    ebd99c1a3f39    8 minutes ago
```

图 16-10　Docker 镜像列表

步骤 03 运行 Docker 镜像。

上面我们看到的 springboot/spring-boot-docker 镜像就是构建好的 Docker 镜像，接下来运行该镜像，创建并启动应用：

```
docker run -p 8080:8080 -t springboot/spring-boot-docker
```

命令执行完成之后，使用 docker ps 查看正在运行的镜像，如图 16-11 所示。

```
[root@localhost ~]# docker ps
CONTAINER ID   IMAGE                           COMMAND               CREATED
4570f51d16de   springboot/spring-boot-docker   "java -Djava.securit…" 23 seconds ago
```

图 16-11　运行中的镜像

通过上面的输出可以看到构建的应用正在运行，使用浏览器访问 http://10.2.1.231:8080/，返回结果如图 16-12 所示。这表示系统启动成功，能够正常访问。

> Hello Spring Boot Docker!

图 16-12　Docker 应用的运行结果

16.3　本章小结

本章主要介绍了 Spring Boot 项目的打包、发布和部署。从创建简单的项目打包开始，依次介绍了项目打包、项目运行以及项目部署。Spring Boot 是微服务开发的基础，Docker 是容器化部署的基础，所以重点介绍了如何使用 Docker 部署 Spring Boot 项目，实现微服务架构运维部署。

通过本章的学习，读者应该学会了 Spring Boot 项目的打包、发布和部署，对 Docker 有了大致的了解，并且了解了微服务架构的运维部署。

16.4　本章练习

1）创建 Spring Boot 项目，在 Linux 系统下打包和部署 Spring Boot 应用，并实现服务的开机自启动。

2）安装 Docker 服务，实现 Spring Boot 项目在 Docker 环境的打包部署。

第17章

综合应用实战：学生信息管理系统

本章主要结合前面所讲的技术，使用 Spring Boot 完成一个完整的学生信息管理系统，该系统的功能包括：权限管理、学生信息管理、教师管理、课程及班级管理、成绩管理等。该系统使用 Spring Boot、Thymeleaf、Security、MyBatis 等技术框架进行构建。

17.1 系统功能设计

本节首先介绍学生信息管理系统的主要功能设计、技术选型等，将前面学到的内容应用到此系统中。

17.1.1 功能设计

首先看一下学生信息管理系统都有哪些功能，主要包含权限管理、学生信息管理、课程及班级管理 3 个模块（见图 17-1），分别对学生、班级和课程信息进行增、删、改、查等操作。

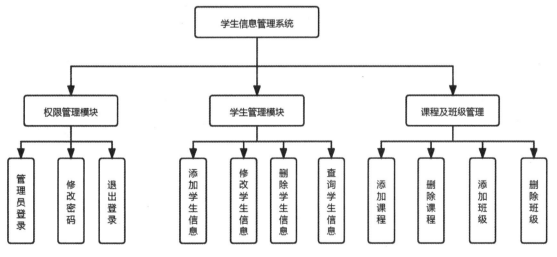

图 17-1 学生信息管理系统功能架构

17.1.2 技术选型

本系统使用 Spring Boot 集成 MyBatis、Thymeleaf、Security、Redis、Actuator 等技术实现，同

时还包含用户登录状态、参数校验、Session 缓存等具体实现。

- 使用 MySQL 存储系统数据。
- 使用 Filter 检查用户的登录状态。
- 使用 Redis 管理用户 Session 数据缓存。
- 使用 Hibernate-validator 进行参数校验。
- 使用 Thymeleaf 进行页面布局。
- 使用 Actuator 进行系统监控。
- 使用 Security 进行权限控制。

从以上内容可以看出学生信息管理系统的主要功能，基本涵盖前面介绍的所有技术框架和技术方案。如果在日常的工作中接到这样的一个系统，也是按照功能设计、技术选型、构建系统、功能实现等流程逐步实现。

17.2　构建系统

完成了重要的功能设计和技术选型之后，接下来开始构建系统，构建系统主要是设计数据库，完成系统的框架搭建。

17.2.1　设计数据库

根据前面设计的学生信息管理系统的功能模块开始设计系统的数据库结构图，最终生成完整的数据库表结构，具体结构如图 17-2 所示。

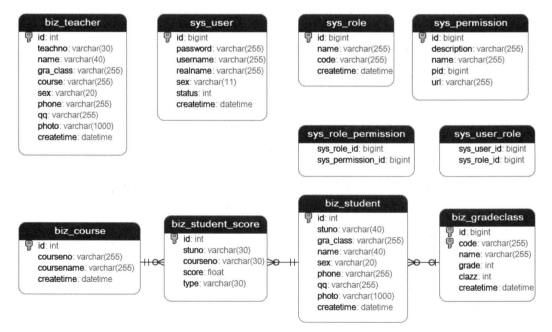

图 17-2　学生信息管理系统数据库结构设计

从图 17-2 可以看到，"sys_" 前缀用于权限管理模块相关的表，"biz_" 用于学生、课程、班级等具体的业务信息表。这也是常见的数据库设计规范，即同一功能模块中的表使用统一的前缀。

数据库设计完成后，开始创建表结构。完整的脚本语句如下：

```
<build>
    <plugins>
        <plugin>
            <groupId>org.springframework.boot</groupId>
            <artifactId>spring-boot-maven-plugin</artifactId>
        </plugin>
```

17.2.2　框架搭建

完成具体功能设计和数据库的设计之后，下面开始搭建系统，实现学生信息管理系统的基本框架。

步骤 01 创建 Spring Boot 项目。

创建一个简单的 Spring Boot 项目 student-management-system，同时修改 pom 文件，增加具体的依赖项。

```
<dependency>
    <groupId>org.springframework.boot</groupId>
    <artifactId>spring-boot-starter-web</artifactId>
</dependency>

<!-- security -->
<dependency>
    <groupId>org.springframework.boot</groupId>
    <artifactId>spring-boot-starter-security</artifactId>
</dependency>

<dependency>
    <groupId>org.springframework.boot</groupId>
    <artifactId>spring-boot-devtools</artifactId>
    <optional>true</optional> <!-- 这个需要为 true 热部署才有效 -->
</dependency>

<!-- mysql -->
<dependency>
    <groupId>mysql</groupId>
    <artifactId>mysql-connector-java</artifactId>
    <version>5.1.21</version>
</dependency>

<!-- jpa -->
<dependency>
    <groupId>org.springframework.boot</groupId>
    <artifactId>spring-boot-starter-data-jpa</artifactId>
</dependency>

<!-- springboot test -->
<dependency>
```

```
        <groupId>org.springframework.boot</groupId>
        <artifactId>spring-boot-starter-test</artifactId>
        <scope>test</scope>
</dependency>

<!--引入 spring-boot-starter-data-redis（1.4 版本后）多了个 data 加个红和粗吧 -->
<dependency>
        <groupId>org.springframework.boot</groupId>
        <artifactId>spring-boot-starter-data-redis</artifactId>
</dependency>

<dependency>
        <groupId>org.springframework.boot</groupId>
        <artifactId>spring-boot-starter-thymeleaf</artifactId>
</dependency>

<dependency>
        <groupId>org.mybatis.spring.boot</groupId>
        <artifactId>mybatis-spring-boot-starter</artifactId>
        <version>1.1.1</version>
</dependency>

<dependency>
        <groupId>commons-fileupload</groupId>
        <artifactId>commons-fileupload</artifactId>
        <version>1.3.2</version>
</dependency>

<dependency>
        <groupId>io.springfox</groupId>
        <artifactId>springfox-swagger2</artifactId>
        <version>2.8.0</version>
</dependency>
<dependency>
        <groupId>io.springfox</groupId>
        <artifactId>springfox-swagger-ui</artifactId>
        <version>2.8.0</version>
</dependency>
```

在上面的示例中，除了引入 Spring Boot 基础的启动器 Starter 外，还有 security、mysql-connector、jpa、redis、swagger2、thymeleaf、mybatis 等依赖组件。这些都是项目后续会用到的框架组件。

步骤 02 配置系统信息。

修改 application.properties 文件，配置 MyBatis 数据库、Redis、Thymeleaf、Session 失效时间等属性。示例代码如下：

```
# thymeleaf
spring.thymeleaf.prefix=classpath:/templates/
spring.thymeleaf.suffix=.html
spring.thymeleaf.encoding=UTF-8

#mybatis
mybatis.mapper-locations=classpath:mapper/*.xml
mybatis.type-aliases-package=com.weiz.sms.entity
```

```
# jpa
spring.jpa.hibernate.ddl-auto=update
spring.jpa.show-sql=true
spring.jpa.database=mysql
# 启用对文件上传的支持
multipart.enabled=true

# 日志
logging.level.root=INFO
logging.file.name=D:/var/log/spring_log.log

# 配置 SQL 打印
logging.level.com.weiz.sms.mapper=debug
spring.datasource.driverClassName = com.mysql.jdbc.Driver
spring.datasource.url =
jdbc:mysql://localhost:3306/myscoremanage?serverTimezone=UTC&useUnicode=true&ch
aracterEncoding=utf-8&useSSL=true
spring.datasource.username = root
spring.datasource.password = root
```

步骤 03 Web 配置。

创建 WebConfig 类，配置 Web 应用的资源文件地址、系统的默认启动路径等自定义配置项（即
属性）。示例代码如下：

```
@Configuration
public class WebConfig extends WebMvcConfigurerAdapter {
    @Override
    public void addResourceHandlers(ResourceHandlerRegistry registry) {
        // addResourceHandler 中的是访问路径，可以修改为其他的字符串
        // addResourceLocations 中的是实际路径

registry.addResourceHandler("/uploads/**").addResourceLocations("file:" +
ImageTools.getImg());
        super.addResourceHandlers(registry);
    }

    @Override
    public void addViewControllers(ViewControllerRegistry registry) {
        registry.addViewController("/").setViewName("login");
        registry.setOrder(Ordered.HIGHEST_PRECEDENCE);
        super.addViewControllers(registry);
    }
}
```

步骤 04 Security 配置。

此系统使用 Spring Security 进行权限控制和验证。创建 WebSecurityConfig 对 Security 进行自定
义配置，示例代码如下：

```
@Configuration
public class WebSecurityConfig extends WebSecurityConfigurerAdapter {

    private final static Logger logger =
```

```
LoggerFactory.getLogger(WebSecurityConfig.class);

    /**
     * 通过实现 UserDetailService 来进行验证
     */
    @Autowired
    private MyCustomUserService myCustomUserService;

    /**
     *
     * @param auth
     * @throws Exception
     */
    @Autowired
    public void configureGlobal(AuthenticationManagerBuilder auth) throws
Exception{
        // 校验用户名和密码
        auth.userDetailsService(myCustomUserService)
            .passwordEncoder(new PasswordEncoder() {

            @Override
            public String encode(CharSequence rawPassword) {
                return Md5Util.MD5(String.valueOf(rawPassword));
            }

            @Override
            public boolean matches(CharSequence rawPassword, String
encodedPassword) {
                return
encodedPassword.equals(Md5Util.MD5(String.valueOf(rawPassword)));
            }
        });

    }


    /**
     * 创建自定义的表单
     *
     * 登录请求、跳转页面等
     *
     * @param http
     * @throws Exception
     */
    @Override
    protected void configure(HttpSecurity http) throws Exception {
        http.authorizeRequests()
            .antMatchers("/login","/Sys/login","/css/**","/js/**","/lib/**
","/images/**","/lau/**","/fonts/**","/uploads/**")    // 允许访问
            .permitAll()
            .anyRequest().authenticated()
            .and()
            .formLogin()
            .loginPage("/Sys/login")  // 拦截后 get 请求跳转的页面
            .defaultSuccessUrl("/Sys/adminIndex")
```

```
                    .loginProcessingUrl("/login")
                    .permitAll()
                    .and()
                    .headers().frameOptions().disable()
                    .and()
                    .logout()
                    .permitAll()
                    .and()
                    .cors()
                    .and()
                    .csrf().disable();
        }
    }
```

在上面的示例中，主要是配置 Security 的登录页面、登录成功后的落地地址、允许访问的资源
文件地址等。

步骤 05 Swagger2 配置。

自定义 Swagger2 配置，使用 Swagger2 生成 API 文档，示例代码如下：

```
@Configuration
@EnableSwagger2
public class Swagger2Config implements WebMvcConfigurer {
    @Bean
    public Docket createRestApi() {
        return new Docket(DocumentationType.SWAGGER_2)
                .apiInfo(apiInfo())
                .select()
                .apis(RequestHandlerSelectors.basePackage("com.weiz.sms.contro
ller"))
                .paths(PathSelectors.any())
                .build();
    }

    private ApiInfo apiInfo() {
        return new ApiInfoBuilder()
                .title("Spring Boot 中使用 Swagger2 构建 RESTful APIs")
                .description("Spring Boot 相关文章请关注：
https://www.cnblogs.com/zhangweizhong")
                .termsOfServiceUrl("https://www.cnblogs.com/zhangweizhong")
                .contact("架构师精进")
                .version("1.0")
                .build();
    }

    /**
     *  swagger 增加 URL 映射
     * @param registry
     */
    @Override
    public void addResourceHandlers(ResourceHandlerRegistry registry) {
        registry.addResourceHandler("swagger-ui.html")
                .addResourceLocations("classpath:/META-INF/resources/");
```

```
registry.addResourceHandler("/webjars/**")
        .addResourceLocations("classpath:/META-INF/resources/webjars/"
);
    }
  }
```

步骤 **06** 统一异常处理。

接下来配置系统的全局统一异常处理，创建自定义的异常处理类 GlobalExceptionHandler，使用 @ControllerAdvice 注解方式处理全局异常，示例代码如下：

```
@ControllerAdvice
public class GlobalExceptionHandler  {
    public static final String ERROR_VIEW = "error";
    Logger logger = LoggerFactory.getLogger(getClass());
    @ExceptionHandler(value = {Exception.class })
    public Object errorHandler(HttpServletRequest reqest,
        HttpServletResponse response, Exception e) throws Exception {

    // e.printStackTrace();
        // 记录日志
        logger.error(ExceptionUtils.getMessage(e));
    // 是否是 Ajax 请求
    if (isAjax(reqest)) {
        return JSONResult.errorException(e.getMessage());
    } else {
        ModelAndView mav = new ModelAndView();
        mav.addObject("exception", e);
        mav.addObject("url", reqest.getRequestURL());
        mav.setViewName(ERROR_VIEW);
        return mav;
    }
    }

    /**
     *
     * @Title: GlobalExceptionHandler.java
     * @Package com.weiz.exception
     * @Description: 判断是否是 Ajax 请求
     * Copyright: Copyright (c) 2017
     *
     * @author weiz
     * @date 2017 年 12 月 3 日 下午 1:40:39
     * @version V1.0
     */
    public static boolean isAjax(HttpServletRequest httpRequest){
        return  (httpRequest.getHeader("X-Requested-With") != null
                && "XMLHttpRequest"

.equals( httpRequest.getHeader("X-Requested-With")) );
    }
  }
```

步骤 **07** 处理数据返回。

创建 JSONResult 通用的结果处理类，统一返回 JSON 数据格式，示例代码如下：

```java
/**
 *
 * @Title: JSONResult.java
 * @Package com.weiz.utils
 * @Description: 自定义响应数据结构
 *                  200：表示成功
 *                  500：表示错误，错误信息在 msg 字段中
 *                  501：bean 验证错误，无论多少个错误都以 map 形式返回
 *                  502：拦截器拦截到用户 token 出错
 *                  555：异常抛出信息
 * Copyright: Copyright (c) 2016
 *
 * @author weiz
 * @date 2016 年 4 月 22 日 下午 8:33:36
 * @version V1.0
 */
public class JSONResult {
    // 定义 jackson 对象
    private static final ObjectMapper MAPPER = new ObjectMapper();
    // 响应业务状态
    private Integer code;
    // 响应消息
    private String msg;
    // 响应中的数据
    private Object data;

    public static JSONResult build(Integer status, String msg, Object data) {
        return new JSONResult(status, msg, data);
    }

    public static JSONResult ok(Object data) {
        return new JSONResult(data);
    }

    public static JSONResult ok() {
        return new JSONResult(null);
    }

    public static JSONResult errorMsg(String msg) {
        return new JSONResult(500, msg, null);
    }

    public static JSONResult errorMap(Object data) {
        return new JSONResult(501, "error", data);
    }

    public static JSONResult errorTokenMsg(String msg) {
        return new JSONResult(502, msg, null);
    }

    public static JSONResult errorException(String msg) {
        return new JSONResult(555, msg, null);
    }
```

```
    public JSONResult() {

    }

    public JSONResult(Integer status, String msg, Object data) {
        this.status = status;
        this.msg = msg;
        this.data = data;
    }

    public JSONResult(Object data) {
        this.status = 200;
        this.msg = "OK";
        this.data = data;
    }

    public Boolean isOK() {
        return this.status == 200;
    }

    /**
     *
     * @Description: 将 json 结果集转化为 JSONResult 对象
     *               需要转换的对象是一个类
     * @param jsonData
     * @param clazz
     * @return
     *
     * @author weiz
     * @date 2016 年 4 月 22 日 下午 8:34:58
     */
    public static JSONResult formatToPojo(String jsonData, Class<?> clazz) {
        try {
            if (clazz == null) {
                return MAPPER.readValue(jsonData, JSONResult.class);
            }
            JsonNode jsonNode = MAPPER.readTree(jsonData);
            JsonNode data = jsonNode.get("data");
            Object obj = null;
            if (clazz != null) {
                if (data.isObject()) {
                    obj = MAPPER.readValue(data.traverse(), clazz);
                } else if (data.isTextual()) {
                    obj = MAPPER.readValue(data.asText(), clazz);
                }
            }
            return build(jsonNode.get("status").intValue(),
jsonNode.get("msg").asText(), obj);
        } catch (Exception e) {
            return null;
        }
    }

    /**
```

```
         *
         * @Description: 没有 object 对象的转化
         * @param json
         * @return
         *
         * @author weiz
         * @date 2016 年 4 月 22 日 下午 8:35:21
         */
        public static JSONResult format(String json) {
            try {
                return MAPPER.readValue(json, JSONResult.class);
            } catch (Exception e) {
                e.printStackTrace();
            }
            return null;
        }

        /**
         *
         * @Description: Object 是集合转化
         *               需要转换的对象是一个 list
         * @param jsonData
         * @param clazz
         * @return
         *
         * @author weiz
         * @date 2016 年 4 月 22 日 下午 8:35:31
         */
        public static JSONResult formatToList(String jsonData, Class<?> clazz) {
            try {
                JsonNode jsonNode = MAPPER.readTree(jsonData);
                JsonNode data = jsonNode.get("data");
                Object obj = null;
                if (data.isArray() && data.size() > 0) {
                    obj = MAPPER.readValue(data.traverse(),
MAPPER.getTypeFactory().constructCollectionType(List.class, clazz));
                }
                return build(jsonNode.get("status").intValue(),
jsonNode.get("msg").asText(), obj);
            } catch (Exception e) {
                return null;
            }
        }

        public String getOk() {
            return ok;
        }

        public void setOk(String ok) {
            this.ok = ok;
        }
    }
```

上面已经将整个系统的基础功能和框架搭建完成，主要是统一数据返回、全局异常处理、Web

应用配置、Security 配置等基础功能。这是每一个项目必须经历的步骤。

17.3　实现模块功能

前面我们搭建了整个系统的基础框架和通用功能，接下来开始实现具体的学生信息管理模块前后台的相关功能。

17.3.1　数据访问层

首先，根据之前的数据库设计表 Student 及其字段，创建实体类 Student。示例代码如下：

```
public class Student {
    private String stuno;
    private String name;
    private String psw;
    private String sex;
    private String phone;
    private String qq;
    private String photo;

    // 省略 get、set 方法

    public Student(String stuno, String name, String psw, String sex, String
phone, String qq, String photo) {
        super();
        this.stuno = stuno;
        this.name = name;
        this.psw = psw;
        this.sex = sex;
        this.phone = phone;
        this.qq = qq;
        this.photo = photo;
    }
    public Student(String stuno, String name, String sex) {
        super();
        this.stuno = stuno;
        this.name = name;
        this.sex = sex;

    }

    @Override
    public String toString() {
        return "Stu [stuno=" + stuno + ", name=" + name + ", psw=" + psw + ",
sex=" + sex + ", phone=" + phone + ", qq="
                + qq + ", photo=" + photo + "]";
    }
}
```

然后，创建 StudentMapper 类，定义对应的数据操作查询等接口。

```
@Mapper
public interface StudentMapper {
    List<Student> findStu(String stuno, String psw);
    int addStu(Map map);
    List<Student> findAllStu(Map<String, Object> map);
    List<Student> findAll();
    List<Student> findStuByName(String name, int start, int pagesize);
    int stuCount();
    List<Student> echartStu();
    int deleteByForeach(List<String> stuno);
    int deleteStu(String stuno);
    List<Student> getStuByNum(String stuno);
    int updateStu(Map map);
    List<Scores> getScoreByStuName(String name);
    List<Course> findAllCourse(Map<String, Object> map);
    int deleteCoursesByForeach(List<String> data);
    int deleteCourse(String num);
    int addCourse(Map map);
}
```

最后，创建 StudentMapper.xml 映射文件，定义 SQL 语句：

```xml
<?xml version="1.0" encoding="UTF-8"?>
<!DOCTYPE mapper PUBLIC "-//mybatis.org//DTD Mapper 3.0//EN"
        "http://mybatis.org/dtd/mybatis-3-mapper.dtd">
<mapper namespace="com.weiz.sms.mapper.GcCourseMapper">

    <select id="findScores" resultType="com.weiz.sms.entity.Scores">
        select
        s.stuno,s.name,c.coursename,ss.score,ss.type from student s
        inner join student_score ss
        on ss.stuno=s.stuno
        inner join course c
        on c.courseid = ss.courseid
        where c.coursename = #{0} and ss.type=#{1} and s.stuno like
CONCAT(CONCAT('%',#{2},#{3}),'%')
        limit #{4},#{5}
    </select>

    <select id="findAllScores" resultType="com.weiz.sms.entity.Scores">
        select
        s.stuno,s.name,c.coursename,ss.score,ss.type from student s
        inner join student_score ss
        on ss.stuno=s.stuno
        inner join course c
        on c.courseid = ss.courseid
        where c.coursename = #{0} and ss.type=#{1} and s.stuno like
CONCAT(CONCAT('%',#{2},#{3}),'%')
    </select>

    <select id="compClaScores" resultType="com.weiz.sms.entity.Scores">
        select
        s.stuno,s.name,c.coursename,ss.score,ss.type from student s
        inner join student_score ss
        on ss.stuno=s.stuno
```

```
            inner join course c
            on c.courseid = ss.courseid
            where c.coursename = #{0} and ss.type='已批改' and s.stuno like
CONCAT(CONCAT('%',#{1}),'%')
        </select>

    <select id="countScores" resultType="com.weiz.sms.entity.Scores">
        select
        s.stuno,s.name,c.coursename,ss.score,ss.type from stu s
        inner join student_score ss
        on ss.stuno=s.stuno
        inner join course c
        on c.courseid = ss.courseid
        where c.coursename = #{0} and ss.type=#{1} and s.stuno like
CONCAT(CONCAT('%',#{2},#{3}),'%')
            limit #{4},#{5}
    </select>

    <update id="updateScores">
        update student_score
        <trim prefix="set" suffixOverrides=",">
            <if test="score!=null">score=#{score},</if>
            <if test="type!=null">type=#{type},</if>
        </trim>
        where stuno=#{stuno} and courseid=(
        select courseid
        from course
        where coursename = #{coursename}
        )
    </update>

    <select id="findPersonScore" resultType="com.weiz.sms.entity.Scores">
            select
        s.stuno,s.name,c.coursename,ss.score,ss.type from stu s
        inner join student_score ss
        on ss.stuno=s.stuno
        inner join course c
        on c.courseid = ss.courseid
        where c.coursename = #{0}  and s.stuno =#{1}
    </select>
</mapper>
```

在上面的示例中，在 resources\mapper 目录下创建了 StudentMapper.xml 文件并实现了 Mapper
接口对应的方法和 SQL 语句。

17.3.2　业务逻辑层

首先定义 Service 的功能逻辑，创建 StudentService 并定义学生信息管理的接口。

```
public interface StudentService {
    List<Student> findStu(String stuno, String psw);
    int addStu(Map map);
    List<Student> findAllStu(Map<String, Object> map);
    List<Student> findAll();
```

```
    List<Student> findStuByName(String name, int start, int pagesize);
    int stuCount();
    List<Student> echartStu();
    int deleteByForeach(List<String> stuNO);
    int deleteStu(String stuNo);
    List<Student> getStuByNum(String num);
    int updateStu(Map maps);
    List<Scores> getScoreByStuName(String name);
    List<Course> findAllCourse(Map<String, Object> map);
    int deleteCourses(String num);
    int deleteCoursesByForeach(List<String> data);
    int addCourse(Map map);
}
```

然后，创建 StudentServiceImpl 类，实现 StudentService 定义的接口。

```
@ @Service
public class StudentServiceImpl implements StudentService {

    @Autowired
    StudentMapper stuMapper;
    @Override
    public List<Student> findStu(String stuno, String psw) {
        // TODO Auto-generated method stub
        return stuMapper.findStu(stuno, psw);
    }

    @Override
    public int addStu(Map map) {
        return stuMapper.addStu(map);
    }

    @Override
    public List<Student> findAllStu(Map<String, Object> map) {
        // TODO Auto-generated method stub
        return stuMapper.findAllStu(map);
    }

    @Override
    public List<Student> findStuByName(String name, int start, int pagesize) {
        // TODO Auto-generated method stub
        return stuMapper.findStuByName(name, start, pagesize);
    }

    @Override
    public int stuCount() {
        // TODO Auto-generated method stub
        return stuMapper.stuCount();
    }

    @Override
    public List<Student> echartStu() {
        // TODO Auto-generated method stub
        return stuMapper.echartStu();
    }
```

```java
@Override
public int deleteByForeach(List<String> stuNO) {
    // TODO Auto-generated method stub
    return stuMapper.deleteByForeach(stuNO);
}

@Override
public int deleteStu(String stuNo) {
    // TODO Auto-generated method stub
    return stuMapper.deleteStu(stuNo);
}

@Override
public List<Student> getStuByNum(String num) {
    // TODO Auto-generated method stub
    return stuMapper.getStuByNum(num);
}

@Override
public int updateStu(Map map) {
    // TODO Auto-generated method stub
    return stuMapper.updateStu(map);
}

@Override
public List<Student> findAll() {
    // TODO Auto-generated method stub
    return stuMapper.findAll();
}

@Override
public List<Scores> getScoreByStuName(String name) {
    // TODO Auto-generated method stub
    return stuMapper.getScoreByStuName(name);
}

@Override
public List<Course> findAllCourse(Map<String, Object> map) {
    // TODO Auto-generated method stub
    return stuMapper.findAllCourse(map);
}

@Override
public int deleteCourses(String num) {
    // TODO Auto-generated method stub
    return stuMapper.deleteCourse(num);
}

@Override
public int deleteCoursesByForeach(List<String> data) {
    // TODO Auto-generated method stub
    return stuMapper.deleteCoursesByForeach(data);
}
```

```
    @Override
    public int addCourse(Map map) {
        return stuMapper.addCourse(map);
    }

}
```

在上面的示例中，分别在 service 和 Impl 包中创建了 StudentService 和 StudentServiceImpl 实现学生信息管理模块的功能。

17.3.3　控制层

在 controller 包下创建 StudentController，实现与前台页面交互的相关 HTTP 请求接口。

```
p@Controller
@RequestMapping("/Sys")
@Api("StuInfoDeal 相关 api")
public class StudentController {
    @Autowired
    StudentService studentService;

    @RequestMapping(value = "/getStuInfo")
    @ResponseBody
    public Object getStuInfo(@RequestParam("limit") String limit,
@RequestParam("page") String page) {
        int lim = Integer.parseInt(limit);
        int start = (Integer.parseInt(page) - 1) * lim;
        Map<String, Object> map = new HashMap<>();
        map.put("start", start);
        map.put("pagesize", lim);
        List<Student> allStu = studentService.findAllStu(map);
        int total = studentService.stuCount();

        Layui l = Layui.data(total, allStu);
        return l;
    }

    @RequestMapping(value = "/getStuSimpleInfo")
    @ResponseBody
    public Object getStuSimpleInfo(@RequestParam("limit") String limit,
@RequestParam("page") String page) {
        int lim = Integer.parseInt(limit);
        int start = (Integer.parseInt(page) - 1) * lim;
        Map<String, Object> map = new HashMap<>();
        map.put("start", start);
        map.put("pagesize", lim);
        List<Student> allStu = studentService.findAllStu(map);
        List<Student> stu = new ArrayList<>();
        for(int i = 0;i<allStu.size();i++) {
            String stuno = allStu.get(i).getStuno();
            String name = allStu.get(i).getName();
            String sex = allStu.get(i).getSex();
            stu.add(new Student(stuno,name,sex));
```

```
        }
        int total = studentService.stuCount();
        System.out.println(total);
        Layui l = Layui.data(total, stu);
        return l;
    }


    @ApiOperation("获取学生的信息")
    @ApiResponses({ @ApiResponse(code = 400, message = "请求参数没填好"),
            @ApiResponse(code = 404, message = "请求路径没有或页面跳转路径不对") })
    @RequestMapping("/getStuByName")
    @ResponseBody
    public Layui getStuByName(@RequestParam("key[id]") String name,
@RequestParam("limit") String limit,
            @RequestParam("page") String page) {
        int lim = Integer.parseInt(limit);
        int start = (Integer.parseInt(page) - 1) * lim;
        if (name.equals("")) {
            Map<String, Object> map = new HashMap<>();
            map.put("start", start);
            map.put("pagesize", lim);
            List<Student> stuList = studentService.findAllStu(map);
            int total = studentService.stuCount();
            Layui l = Layui.data(total, stuList);
            return l;
        } else {
            List<Student> stuList = studentService.findStuByName(name, start,
lim);
            int total = stuList.size();
            Layui l = Layui.data(total, stuList);
            return l;
        }
    }


    @RequestMapping("/deleteStus")
    @ResponseBody
    public String deleteStus(@RequestParam("nums") Object nums) {
        String datas = nums.toString();
        System.out.println(datas);
        String[] str = datas.split(",");
        List<String> data = new ArrayList<String>();
        for (int i = 0; i < str.length; i++) {
            data.add(str[i]);
        }

        System.out.println(data.toString());
        if (studentService.deleteByForeach(data) > 0) {
            return "success";
        } else {
            return "fail";
        }
    }
```

```
@RequestMapping("/deleteStu")
@ResponseBody
public String deleteStu(@RequestParam("num") String num) {
    if (studentService.deleteStu(num) > 0) {
        return "success";
    } else {
        return "fail";
    }
}


@RequestMapping("/getStuByNum")
@ResponseBody
public Layui getStuByNum(@RequestParam("num") Object num) {
    String stuNo = num.toString();
    List<Student> stuList = new ArrayList<>();
    stuList = studentService.getStuByNum(stuNo);
    int total = stuList.size();
    Layui l = Layui.data(total, stuList);
    System.out.println(num);
    return l;
}


@RequestMapping("/updateStu")
@ResponseBody
public String updateStu(@RequestBody Map map) {
    System.out.println("stu psw:"+map.get("psw"));
    map.put("psw", Md5Util.MD5(map.get("psw").toString()));
    studentService.updateStu(map);
    return "success";

}


@RequestMapping("/getScoreByStuName")
@ResponseBody
public Layui getScoreByStuName(HttpSession httpSession) {
    String name = (String) httpSession.getAttribute("name");
    List<Scores> scoreList = new ArrayList<>();
    List<Scores> datas = new ArrayList<>();
    scoreList = studentService.getScoreByStuName(name);
    for(int i=0;i<scoreList.size();i++) {
        if(scoreList.get(i).getType().equals("已批改")) {
            datas.add(scoreList.get(i));
        }
    }

    Layui l = Layui.data(datas.size(), datas);
    return l;

}
}
```

在上面的示例中，除了实现前台页面交互的相关 HTTP 请求接口外，还定义了 API 相关的说明信息。这样在 Swagger 中就可以生成详细的接口说明文档。

17.3.4 前端页面

完成了后台业务功能后，接下来实现前端页面及交互功能，在 resource\templates 目录下创建 student-index.html 学生信息列表页面。示例代码如下：

```html
<!DOCTYPE html>
<html xmlns:th="http://www.thymeleaf.org">

<head>
    <meta charset="UTF-8">
    <title>学生信息列表</title>
    <meta name="renderer" content="webkit">
    <meta http-equiv="X-UA-Compatible" content="IE=edge,chrome=1">
    <meta name="viewport"
        content="width=device-width,user-scalable=yes, minimum-scale=0.4,
initial-scale=0.8,target-densitydpi=low-dpi"/>
    <link rel="stylesheet" href="/css/layui.css">
    <link rel="stylesheet" href="/css/sign.css">
    <link rel="stylesheet"
        href="/js/css/modules/layui-icon-extend/iconfont.css">
    <link rel="shortcut icon" href="/favicon.ico" type="image/x-icon"/>
    <link rel="stylesheet" href="/css/font.css">
    <link rel="stylesheet" href="/css/xadmin.css">
    <script type="text/javascript" src="/js/jquery-3.3.1.min.js"></script>
    <script src="/lib/layui/layui.js" charset="utf-8"></script>
    <script type="text/javascript" src="/js/xadmin.js"></script>
    <script type="text/javascript" src="/js/jquery.table2excel.js"></script>
    <!-- 让 IE8/9 支持媒体查询，从而兼容栅格 -->
    <!--[if lt IE 9]>
    <script
src="https://cdn.staticfile.org/html5shiv/r29/html5.min.js"></script>
    <script
src="https://cdn.staticfile.org/respond.js/1.4.2/respond.min.js"></script>
    <![endif]-->
</head>
<body>
<div class="x-body">
    <div class="layui-row">
        <div class="demoTable" style="margin-bottom: 20px">
            搜索姓名：
            <div class="layui-inline">
                <input class="layui-input" name="id" id="demoReload"
autocomplete="off">
            </div>
            <button class="layui-btn" data-type="reload"><i
class="layui-icon">&#xe615;</i></button>
        </div>
    </div>

    <xblock>
        <button class="layui-btn layui-btn-danger" onclick="delAll()"><i
class="layui-icon"> </i>批量删除</button>
        <button class="layui-btn" onclick="stuAdd()"><i class="layui-icon">
</i>添加</button>
```

```
        </xblock>
        <table id="test" lay-filter="test"></table>
    </div>
</body>

<script type="text/html" id="barDemo">
    <a title="修改信息 " onclick="stuModi()" href="javascript:;">
        <i class="layui-icon">&#xe642;</i>
    </a>
    <a title="删除" onclick="deleteStu()" href="javascript:;" lay-event="edit">
        <i class="layui-icon">&#xe640;</i>
    </a>
</script>

<script>
    var documentWidth = $(document).width();
    layui.use('table', function () {
        var table = layui.table;
        table.render({
            elem: '#test'          // 绑定 table 表格
            , id: 'stuInfo'
            , method: 'post'
            , url: 'getStuInfo'   // 后台 springmvc 接收路径
            , page: { // 支持传入 laypage 组件的所有参数（某些参数除外，如 jump/elem）
```
- 详见文档
```
                layout: ['limit', 'count', 'prev', 'page', 'next', 'skip'] //自
```
定义分页布局
```
                //,curr: 5          // 设置初始在第 5 页
                , groups: 1          // 只显示 1 个连续页码
                , first: false      // 不显示首页
                , last: false       // 不显示尾页
                , limit: 5
                , limits: [5, 10, 15]
            }
            , cols: [
                [
                    {type: 'checkbox', width: documentWidth * 4 / 100}
                    , {field: 'stuno', title: '学号', width: documentWidth * 10 /
100, sort: true}
                    , {field: 'name', title: '姓名', width: documentWidth * 8 / 100}
                    , {field: 'sex', title: '性别', width: documentWidth * 8 / 100}
                    , {field: 'phone', title: '手机号', width: documentWidth * 10
/ 100}
                    , {field: 'qq', title: 'qq 号', width: documentWidth * 10 / 100}
                    , {field: 'operation', title: '操作', toolbar: '#barDemo'}
                ]
            ]
        });

        var $ = layui.$, active = {
            reload: function () {
                var demoReload = $('#demoReload');
                table.reload('stuInfo', {
                    page: {
```

```
                    curr: 1     // 重新从第 1 页开始
                },
                url: 'getStuByName'
                , where: {
                   key: {
                       id: demoReload.val()
                   }
                }
                , method: 'post'
            });
        }
    };

    $('.demoTable .layui-btn').on('click', function () {
        var type = $(this).data('type');
        active[type] ? active[type].call(this) : '';
    });

});

function delAll(argument) {
    layui.use('table', function () {
        var table = layui.table
        var checkStatus = table.checkStatus('stuInfo');
        if (checkStatus.data.length == 0) {
            parent.layer.msg('请先选择要删除的数据行！', {icon: 2});
            return;
        }
        var nums = "";
        for (var i = 0; i < checkStatus.data.length; i++) {
            nums += checkStatus.data[i].stuno + ",";
        }

        parent.layer.msg('删除中...', {icon: 16, shade: 0.3, time: 5000});
        $.ajax({
            url: 'deleteStus',
            data: {'nums': nums},
            type: 'post',
            success: function (data) {
                if (data == "success") {
                    parent.layer.msg('删除成功！', {icon: 1, time: 2000, shade:
0.2});

                    location.reload(true);
                } else {
                    parent.layer.msg('删除失败！', {icon: 2, time: 3000, shade:
0.2});
                }
            }
        });
    });

}

function deleteStu() {
    layui.use('table', function () {
```

```
            var table = layui.table
            var checkStatus = table.checkStatus('stuInfo');
            var num = checkStatus.data[0].stuno;
            $.ajax({
                url: 'deleteStu',
                data: {'num': num},
                type: 'post',
                success: function (data) {
                    if (data == "success") {
                        parent.layer.msg('删除成功！', {icon: 1, time: 2000, shade:
0.2});

                        location.reload(true);
                    } else {
                        parent.layer.msg('删除失败！', {icon: 2, time: 3000, shade:
0.2});

                    }
                }
            });
        });
    }


function stuAdd() {
    layer.open(
        {
            type: 2,
            title: '增加页面',
            skin: 'layui-layer-lan',
            shadeClose: false,
            shade: 0.8,
            area: ['700px', '450px'],
            resize: true,
            content: 'stuAdd',
            end: function () {
                window.location.reload(); // 刷新父页面
            }
        });
    }


function stuModi() {
    var num = "";
    layui.use('table', function () {
        var table = layui.table
        var checkStatus = table.checkStatus('stuInfo');
        num = checkStatus.data[0].stuno;
    });
    layer.open({
        type: 2,
        title: '修改页面',
        skin: 'layui-layer-molv',
        shadeClose: false,
        shade: 0.8,
        area: ['700px', '450px'],
        content: 'stuModi?num=' + num,
        end: function () {
            window.location.reload();       // 刷新父页面
```

```
            }
        });
    }

    function screen() {
        // 获取当前窗口的宽度
        var width = $(window).width();
        if (width > 1200) {
            return 3;    // 大屏幕
        } else if (width > 992) {
            return 2;    // 中屏幕
        } else if (width > 768) {
            return 1;    // 小屏幕
        } else {
            return 0;    // 超小屏幕
        }
    }

    function exportTable() {
        location.href = "/export";
    }

    layui.use(['form', 'layer', 'table', 'upload'], function () {
        var table = layui.table
            , form = layui.form, upload = layui.upload;
        var uploadInst = upload.render({
            elem: '#uploadExcel'
            , exts: "xls"
            , url: '/ImportStu'
        });
    })
</script>
</html>
```

在上面的示例中，学生信息列表页面是整个学生信息管理模块的主页面，包括添加、修改、删除、查询等功能。

然后，创建学生信息添加页面 student-add.html：

```
<!DOCTYPE html>
<html xmlns:th="http://www.thymeleaf.org">
<head>
    <meta charset="UTF-8">
    <meta name="viewport"
          content="width=device-width, user-scalable=no, initial-scale=1.0,
maximum-scale=1.0, minimum-scale=1.0">
    <meta http-equiv="X-UA-Compatible" content="ie=edge">
    <title>添加学生</title>
    <link rel="stylesheet" href="/css/layui.css">
    <link rel="stylesheet" href="/css/sign.css">

    <link rel="stylesheet"
href="/js/css/modules/layui-icon-extend/iconfont.css">
    <link rel="shortcut icon" href="/favicon.ico" type="image/x-icon"/>
    <link rel="stylesheet" href="/css/font.css">
    <link rel="stylesheet" href="/css/xadmin.css">
```

```
        <script type="text/javascript" src="/js/jquery-3.3.1.min.js"></script>
        <script src="/lib/layui/layui.js" charset="utf-8"></script>
        <script type="text/javascript" src="/js/xadmin.js"></script>
    </head>
    <body class="layui-unselect lau-sign-body" style="padding-top: 0px ">
    <form action="" class="layui-form">
        <div class="layui-form-item">
            <div class="layui-inline">
                <label class="layui-form-label"><i class="iconfont
layui-icon-extend-bianhao" id="num">学号</i></label>
                <div class="layui-input-block">
                    <input type="text" name="stuno" placeholder="请输入学号"
autocomplete="off" class="layui-input"
                            id="inputnum">
                </div>
            </div>


            <div class="layui-inline">
                <label class="layui-form-label"><i class="iconfont
layui-icon-extend-ziyuan"></i> 姓名</label>
                <div class="layui-input-block">
                    <input type="text" name="name" placeholder="请输入姓名"
autocomplete="off" class="layui-input">
                </div>
            </div>
        </div>

        <div class="layui-form-item">
            <div class="layui-inline">
                <label class="layui-form-label"><i class="layui-icon
layui-icon-password"></i> 密码</label>
                <div class="layui-input-block">
                    <input type="password" name="psw" placeholder="请输入密码"
autocomplete="off" class="layui-input">
                </div>
            </div>


            <div class="layui-inline">
                <label class="layui-form-label"><i class="iconfont
layui-icon-extend-xingbie2"></i> 性别</label>
                <div class="layui-input-block" style="margin-right: 50px">
                    <input type="radio" name="sex" value="男" title="男" checked="">
                    <input type="radio" name="sex" value="女" title="女">
                </div>
            </div>
        </div>

        <div class="layui-form-item">
            <div class="layui-inline">
                <label class="layui-form-label"><i class="iconfont
layui-icon-extend-QQ"></i>QQ</label>
                <div class="layui-input-block">
                    <input type="text" name="qq" placeholder="请输入 QQ"
autocomplete="off" class="layui-input">
                </div>
            </div>
```

```html
        <div class="layui-inline">
            <label class="layui-form-label"><i class="iconfont
layui-icon-extend-icon-test"></i>手机号</label>
            <div class="layui-input-block">
                <input type="text" name="phone" placeholder="请输入手机号"
autocomplete="off" class="layui-input">
            </div>
        </div>
    </div>

    <div class="layui-upload" style="margin-top: 20px;text-align:center">
        <button type="button" class="layui-btn layui-btn-primary" id="test1"><i
class="layui-icon">&#xe67c;</i>选择文件
        </button>
        <img id="demo1" style="width:30px;height:30px;padding-left: 200px;">
    </div>
    <div class="layui-form-item lau-sign-other" style="margin-top:
20px;text-align:center">
        <button type="button" class="layui-btn layui-btn-normal" lay-submit
lay-filter="register"
                style="margin-right: 100px">提交
        </button>
    </div>

</form>
</body>
<script src="/lib/layui/layui.js"></script>
<script>
    $(function () {
        var imgpath;
        var url = 'registerStuDeal'
        layui.use('upload', function () {
            var $ = layui.jquery
                , upload = layui.upload;
            // 普通图片上传
            var uploadInst = upload.render({
                elem: '#test1'
                , url: 'uploadImg'
                , field: "photo"  //默认是 file
                , before: function (obj) {
                    // 预读本地文件示例，不支持 IE8
                    obj.preview(function (index, file, result) {
                        $('#demo1').attr('src', result); // 图片链接（base64）
                    });
                }
                , done: function (res) {
                    // 如果上传失败
                    if (res.code > 0) {
                        return layer.msg('上传失败');
                    }
                    imgpath = res.data;

                }
                , error: function () {
                    // 演示失败状态，并实现重传
                    var demoText = $('#demoText');
                    demoText.html('<span style="color: #FF5722;">上传失败</span>
<a class="layui-btn layui-btn-xs demo-reload">重试</a>');
```

```
            demoText.find('.demo-reload').on('click', function () {
                uploadInst.upload();
            });
        }
    });
});

layui.use('form', function () {
    var form = layui.form;
    // 监听提交
    form.on('submit(register)', function (data) {
        var loginjson = JSON.stringify(data.field);
        var logindata = JSON.parse(loginjson);
        logindata.photo = imgpath;
        data = JSON.stringify(logindata)
        $.ajax({
            url: url,
            data: data,
            type: 'POST',
            dateType: 'json',
            contentType: 'application/json',
            success: function (data) {
                if (data == "success") {
                    layer.msg("注册成功！", function () {
                    });
                }
            },
            error: function (args) {
                layer.msg("账号已经存在或者信息未填完整,注册失败！", function ()
{
                });
            }
        });
    });
});
</script>
</html>
```

最后，创建学生信息修改页面 student-modify.html：

```
<!DOCTYPE html>
<html xmlns:th="http://www.thymeleaf.org">
<head>
    <meta charset="UTF-8">
    <meta name="viewport"
        content="width=device-width, user-scalable=no, initial-scale=1.0,
maximum-scale=1.0, minimum-scale=1.0">
    <meta http-equiv="X-UA-Compatible" content="ie=edge">
    <title>修改-学生信息管理系统</title>
    <link rel="stylesheet" href="/css/layui.css">
    <link rel="stylesheet" href="/css/sign.css">
    <link rel="stylesheet"
href="/js/css/modules/layui-icon-extend/iconfont.css">
    <link rel="shortcut icon" href="/favicon.ico" type="image/x-icon"/>
    <link rel="stylesheet" href="/css/font.css">
```

```
        <link rel="stylesheet" href="/css/xadmin.css">
        <script type="text/javascript" src="/js/jquery-3.3.1.min.js"></script>
        <script src="/lib/layui/layui.js" charset="utf-8"></script>
        <script type="text/javascript" src="/js/xadmin.js"></script>
    </head>
    <body class="layui-unselect lau-sign-body" style="padding-top: 0px">
    <form action="www.baidu.com" class="layui-form">
        <div class="layui-form-item">
            <div class="layui-inline">
                <label class="layui-form-label"><i class="iconfont
layui-icon-extend-bianhao"> 学号</i></label>
                <div class="layui-input-block">
                    <input type="text" name="stuno" id="stuNo" placeholder="请输入学
号" autocomplete="off" class="layui-input">
                </div>
            </div>

            <div class="layui-inline">
                <label class="layui-form-label"><i class="iconfont
layui-icon-extend-ziyuan"></i> 姓名</label>
                <div class="layui-input-block">
                    <input type="text" name="name" id="name" placeholder="请输入姓名"
autocomplete="off" class="layui-input">
                </div>
            </div>
        </div>
        <div class="layui-form-item">
            <div class="layui-inline">
                <label class="layui-form-label"><i class="iconfont
layui-icon-extend-xingbie2"></i> 性别</label>
                <div class="layui-input-block" style="margin-right: 50px">
                    <input type="radio" name="sex" value="男" title="男" checked="">
                    <input type="radio" name="sex" value="女" title="女">
                </div>
            </div>

            <div class="layui-inline">
                <label class="layui-form-label"><i class="layui-icon
layui-icon-password"></i> 密码</label>
                <div class="layui-input-block">
                    <input type="password" name="psw" id="psw" placeholder="请输入密
码" autocomplete="off" class="layui-input">
                </div>
            </div>
        </div>

        <div class="layui-form-item">
            <div class="layui-inline">
                <label class="layui-form-label"><i class="iconfont
layui-icon-extend-icon-test"></i>手机号</label>
```

```html
                <div class="layui-input-block">
                    <input type="text" name="phone" id="phone" placeholder="请输入手
机号" autocomplete="off" class="layui-input">
                </div>
            </div>

            <div class="layui-inline">
                <label class="layui-form-label"><i class="iconfont
layui-icon-extend-QQ"></i>QQ</label>
                <div class="layui-input-block">
                    <input type="text" name="qq" id="qq" placeholder="请输入 QQ"
autocomplete="off" class="layui-input">
                </div>
            </div>
        </div>

        <div class="layui-upload" style="margin-top: 20px;text-align:center">
            <button type="button" class="layui-btn layui-btn-primary" id="test1"><i
class="layui-icon">&#xe67c;</i>选择文件
            </button>
            <img id="demo1" style="width:30px;height:30px;padding-left: 200px;">
        </div>
        <div class="layui-form-item lau-sign-other" style="margin-top:
20px;text-align:center">
            <button type="button" class="layui-btn layui-btn-normal" lay-submit
lay-filter="updateStu"
                    style="margin-right: 100px">提
            交
            </button>
        </div>
    </form>
</body>
<script src="/lib/layui/layui.js"></script>
<script th:inline="javascript">
    $(function () {
        var num = [[${num}]];
        $.ajax({
            url: 'getStuByNum',
            type: 'POST',
            data: {'num': num},
            success: function (data) {
                var datajson = JSON.parse(data)
                //alert(JSON.stringify(datajson.data[0].num))
                $("#stuNo").val(datajson.data[0].stuno)
                $('#name').val(datajson.data[0].name)
                $('#psw').val(datajson.data[0].psw)
                $('#repsw').val(datajson.data[0].psw)
                $("input[name=sex][value='男']").attr("checked",
datajson.data[0].sex == '男' ? true : false);
                $("input[name=sex][value='女']").attr("checked",
```

```
datajson.data[0].sex == '女' ? true : false);
                $('#phone').val(datajson.data[0].phone)
                $('#qq').val(datajson.data[0].qq)
                $('#phone').val(datajson.data[0].phone)
            }
        });
        var imgpath;
        layui.use('upload', function () {
            var $ = layui.jquery
                , upload = layui.upload;

            var uploadInst = upload.render({
                elem: '#test1'
                , url: 'uploadImg'
                , field: "photo"  // 默认是 file
                , before: function (obj) {
                    // 预读本地文件示例，不支持 IE8
                    obj.preview(function (index, file, result) {
                        $('#demo1').attr('src', result); // 图片链接（base64）
                    });
                }
                , done: function (res) {
                    // 如果上传失败
                    if (res.code > 0) {
                        return layer.msg('上传失败');
                    }
                    imgpath = res.data;

                }
                , error: function () {
                    // 演示失败状态，并实现重传
                    var demoText = $('#demoText');
                    demoText.html('<span style="color: #FF5722;">上传失败</span>
<a class="layui-btn layui-btn-xs demo-reload">重试</a>');
                    demoText.find('.demo-reload').on('click', function () {
                        uploadInst.upload();
                    });
                }
            });
        });

        layui.use('form', function () {
            var form = layui.form;
            // 监听提交
            form.on('submit(updateStu)', function (data) {
                var updateJson = data.field;
                updateJson.oldNum = num;
                updateJson.photo = imgpath;
                data = JSON.stringify(updateJson)
                $.ajax({
```

```
            url: 'updateStu',
            data: data,
            type: 'POST',
            contentType: 'application/json',
            success: function (data) {
                layer.msg("修改成功！", function () {

                });
            },
            error: function (args) {
                layer.msg("账号已经存在或者信息未填完整，注册失败！", function () {

                });
            }
        });

        });
    });
});
</script>
</html>
```

以上所述就是学生信息管理模块的全部前端页面，包含学生信息的查询、新增、修改、删除和分页等全部功能。

17.4　系统演示

前后台功能模块实现后，接下来运行项目，验证系统运行的效果，在浏览器中输入 http://localhost:8080/，系统自动跳转到登录页面，如图 17-3 所示。

图 17-3　系统登录页面

系统登录账号的用户名和密码都是 admin。账号和密码验证成功后，进入学生信息管理系统的后台主界面，如图 17-4 所示。

单击"数据管理"→"学生信息管理"，进入学生信息管理维护功能界面，如图 17-5 所示，包含学生信息查询、添加、修改、删除与批量删除、分页查询等功能。

图 17-4 系统主界面

图 17-5 学生信息管理维护功能界面

17.5 本章小结

本章主要介绍了使用 Spring Boot 以及之前介绍的框架组件实现完整的学生信息管理系统,从系统最初的功能设计、技术选型到系统技术框架搭建,再到最后实现具体的业务功能。本章从项目实战的角度出发,一步一步构建功能完整的项目系统,基本上覆盖了之前介绍的 Spring Boot 开发过程中经常用到的技术和解决方案。

通过这个实战系统的开发,希望读者可以对使用 Spring Boot 构建应用系统有一个全面的了解,并能够使用 Spring Boot 构建自己的应用系统。